苑囿哲思.004

U0170218

园　易

刘庭风　著

中国建材工业出版社

图书在版编目（CIP）数据

园易 / 刘庭风著 . -- 北京：中国建材工业出版社，2020.8

（苑囿哲思）

ISBN 978-7-5160-2912-1

Ⅰ . ①园… Ⅱ . ①刘… Ⅲ . ①《周易》－应用－古典园林－园林设计－研究－中国 Ⅳ . ① TU986.62

中国版本图书馆 CIP 数据核字（2020）第 078663 号

园易

Yuanyi

刘庭风　著

出版发行：**中国建材工业出版社**

地　　址：北京市海淀区三里河路 1 号

邮政编码：100044

经　　销：全国各地新华书店

印　　刷：北京中科印刷有限公司

开　　本：787mm×1092mm　1/32

印　　张：19.875

字　　数：350 千字

版　　次：2020 年 8 月第 1 版

印　　次：2020 年 8 月第 1 次

定　　价：**78.00 元**

思哲圃苑

孟兆祯先生题字

中国工程院院士、北京林业大学教授

内容摘要

《易经》是中国哲学的基础，它比宗教更客观地认识了人与自然的关系，以及自然要素之间的关系。本书把园林的易表达为初级、中级和高级三个阶段。初级阶段指象天法地和比物拟人的模仿规划和设计。象天指象征古天文学的星象：三垣、北斗七星（九星）、二十八星宿、文昌星、银河、日月；法地指象征中国地理形胜：五岳、四海、四渎；比物指象征人类生活生产的用器、利器、贵器，如：城池、玉器、弓箭、文房四宝等；拟人指象征人体结构和形态：骨胳、四肢、七窍、五感、经络、血脉、皮肉、发肤。中级阶段是易学的原理和操作，讲究阴阳、五行、八卦等基本概念和图式化的规划设计应用。高级阶段指应用自然气论与人类命运之间的共同体理论，进而在强化龙脉、水门、护砂、朝阳等环境要素作用时，形成了负阴抱阳、藏风聚气的胎息和穴居理论。在江南园林中，吉凶数理体系的数术与人居的空间结合，试图解释和改变不可抗拒的自然命运。哲学的思索和探讨，演化为法式和图式，是中华民族集体智慧的结晶，具有非理性、准科学性，以及强烈的地域人文色彩，作为民族文化值得研究和保护。

序　言

　　哲学思想是园林文化的最高层面。我们常说的儒、道、佛三家是中国哲学的"三驾马车"。儒家、道家、佛家是中国古代社会三教九流系统的三教大类，各有理想的社会组织形式和家居环境图式。

　　儒家以统治者自居，讲究如何教化民众，构建和谐的天下大同的局面。于是，仁德、礼制、孝道、后乐等经典教义，反映在园林点景题名上，起教化作用。道家自然观使得园林成为澄怀观道、坐忘凡尘、虚静逍遥的场所。在濠梁观鱼，在苑囿见心，成为超凡脱俗的修行方法。佛家理念在园林中也表现突出。在皇家苑囿里，佛教建筑成为园林的视觉中心。为了调和民族矛盾，藏传佛教成为最富特色的建筑景观，与汉传佛教并驾齐驱，甚至超越了汉传佛教。各派园林对世界图式的不同解读，形成了"天下名山僧占多"的风景寺院二元结构。

　　具有创新特色的是，作者把易学单独列出，独显《易经》对中国园林的影响程度。《易经》作为三家共同遵从的法则，以其独特的世界图式，与户外环境空间的山水、植物、建筑结合，反映了中国先人的世界观与传统的空间论。这种空间文化超越了宗教，直击世界本原，反映了中国先人独特的观照和体认方式。

文化自信，就包括园林文化的自信。中国园林一直被认为是世界园林之母。在这种语境之下，作者以宏大的视野，把儒道佛三足体系发展为包括易学的四足体系，真实反映了中国风景园林的多义性、综合性、时空性、源流性，是对中国传统文化认识的更上一层楼。

中国科学院院士、天津大学教授

2019 年 6 月 6 日

目　录

第1篇　园林易学

第 3 篇　呼象喝形

第 4 篇　园林与堪舆

第1篇　园林易学

第 *1* 章　太极与阴阳观：
太极池、阴阳池

第 1 节　太极点与太极池

太极即为天地未开、混沌未分阴阳之前的状态。太极是阐明宇宙从无极而太极，以至万物化生的过程。最初提出太极的是《庄子》："大道，在太极之上而不为高；在六极之下而不为深；先天地而不为久；长于上古而不为老。"后见于《易传》："易有太极，是生两仪。两仪生四象，四象生八卦。"后世逐渐推演为成熟的太极观念，着实吸收了庄子混沌哲学的精华。

太极来源于天象，古太极图是描绘宇宙起源与演化的立体模型，古人认为北斗七星是推动宇宙运行的动力源，北斗的斗柄指向因四季流动，而太极图又是在八卦的中心。

如果按照古代天文学的假设，把宇宙设计成球形，再将北斗九星放在球中心，再用线条把九星连接起来，则可得到太极图的雏形，即太极图的 S 曲线来源于北斗九星的连线。因为古人认为北斗九星处于北天球中央掌控的位置，北斗九星是其他星体的统帅。有的学者认为太极图是宋朝道士陈抟老祖传出的，原叫"无极"图。太极图的类型很多，但它们都把对宇宙万物万象的探索包含到看似简单的图形符号中（图 1-1）。太极生两仪中的两仪最主要代表的是阴和阳，其中阴阳鱼太极图中白色代表阳，黑色代表阴。阴阳鱼的画法有多种，并没有对错之分，它只是表明事物的阴阳两个方向。若地在地球上表示方位，则应参考太阳的光线来源，阳面在南，阴面在北。

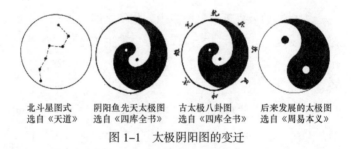

| 北斗星图式 选自《天道》 | 阴阳鱼先天太极图 选自《四库全书》 | 古太极八卦图 选自《四库全书》 | 后来发展的太极图 选自《周易本义》 |

图 1-1　太极阴阳图的变迁

太极本为说明世界的起源为混沌状态，后来发展为一物一太极的观点，即万物都有产生发展的起始原点。物的太极点可分为太极关键点、太极重点、太极中心点、太极起始点、太极基准点的理念。由此可见宇宙中任何地方都有物，则任何地方都可立太极点，但是，并不是每个太极点都对人类有意义。人类把与自身相关的家居、室内、村落、城市、天下（国家）最重要的那些基准点，定为室太极、宅太极、村太极、城太极、国太极。这一点是集体仪式活动场所，具有公认的神圣性。中原之河南被称为是天下之中，洛阳、郑州、驻马店、馆陶，都认为自己是天下之中。而最被公认的是九朝古都洛阳"天下之中，山河共戴，形势甲于天下"。天下之中以利于王朝同时管控全域，政令军令、人员物资可以同时以最快时间投送到全国各地。

营邑、营宅、营园都要先确定一个太极点作为行政、家居、游乐的基准点，该点被称为穴。其头穴不仅是一个点，也可以是一个区域。建筑群内往往以庭院中心为太极点。这个中心以三种形式出现，第一是供人活动的铺地，第二是人们只能望却不能到的水池中心，第三是以主体建筑为中心，如天坛、地坛、日坛、月坛。在一个基地中，太极点是分级的，最高一极是全宅太极点。又有住宅太极点、园林太极点、院落太极点、室内太极点。太极点一定是至关重要的其他建筑或景物的参考点或基准点。

中国住宅由主体建筑和院落构成。主体建筑称为建筑明堂，庭院称为堪舆明堂。前者用于评价藏风聚气的契合度，看过白（注：坐在主人席或嘉宾席望前院，可见天空，称为过白。它是檐口高度与前院尺度的指标。看得见天空为过白底线，天空显露得越多越好）；后者用于评价院门气口和八卦方位的吉凶状况。堂是民居建筑的最高级别类型，在皇家建筑和宗教建筑中称为殿。历史上曾有明堂五室和明堂九室之争，争的是五室的小体量还是九室大体量的规模问题。中心太极点在几何中心，五室仅是由中心室加上东南西北四室构成，而九室是五室加上东北、东南、西南、西北四隅构成。

在住宅中，太极点常以殿、堂的前院中心为太极点。紫禁城三大殿以太和殿的室内几何中心为太极点，网师园住宅以万卷堂为太极点，余荫山房以邬家祠堂的堂为太极点，套房以客厅为太极点。以此类推，官衙以大廊为太极点，寺院以大雄宝殿为太极点，道观以三清殿为太极点，孔庙以大成殿为太极点，张良庙以正殿为太极点，岱庙以天配殿为太极点，晋祠以圣母殿为太极点。具体到室内，就是主人席和嘉宾席中间的神位供案位。在太和殿上，就是皇帝宝座。

宅园园林的园林区分为若干种类型。第一类是江南园林的水池中心式，如网师园分为院太极和室太极，如图 1-2 所示。每个院落的太极点在院落中心，人可以在此举行室外活动，是天地人合一之处。每个室太极都是主人赋予一定功能的室内活动场所，是人与人相聚交流之所。燕誉堂、梯云室、五峰书屋、看松读画轩、殿春簃前庭皆是如此。这五组院落中，以看松读画轩院落最大，是全园的中心，故它的太极点就是整个园林的一级太极点。水池太极点用于水池周边游览活动，虽然它的太极点在水池中心，不能接近，但是，周游赏景离不开它，景与观的看与被看都要穿越它，故它既是中心点，也是关键点，在建设阶段，它还是不可移动的标志点和基准点。四周景物的定位和建设以此为基准。故这个水池太极点是隐太极点，却是客观存在的。看松读画轩是室内活动的太极点，它处于嘉宾席与主人席中间的神位（供案）处。

第二类就是国家坛庙的天坛（图 1-3）、地坛、日坛、月坛、社稷坛、团城等，以坛体为太极点。它是露天功能建筑，没有室内。祭祀仪式以此为中心，布置各种功能建筑和仪式路线（气路）。

第三类就是建福宫花园。它是由九宫格平面格成，院落太极点与室内太极点重合。

第四类是镜心斋。它是园区的中心，东南西北各有一个水池；同时，也是室内的中心。

第五类是太极聚落。诸葛八卦村，它是全村的中心园林，太极点是阴阳鱼的中心。新疆特克斯县城是中国唯一建筑完整而又正规的八卦城。其中心也是一个圆形绿化广场。太极点是广场中心的建筑。

第六类是福建圆形土楼。它的几何中心就是太极点。中心没有建筑时太极点就在空院中心，中心设置四合院时，太极点在方形祠堂构成的四合院，属于楼中院，如图 1-4 所示。

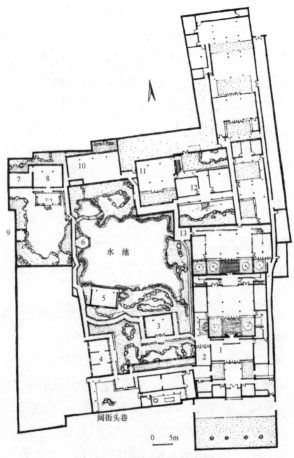

图1-2 网师园太极点分布图

1—轿厅；2—网师小筑；3—道古轩；4—蹈和馆；5—濯缨水阁；

6—月到风来亭；7—潭西渔隐；8—殿春簃；9—冷泉亭；

10—看松读画轩；11—集虚斋；12—五峰书屋；13—射鸭廊

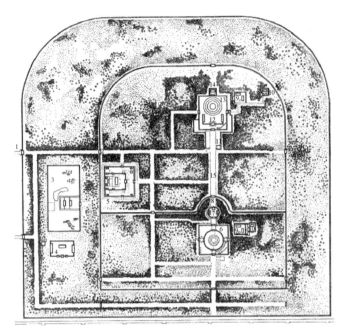

图 1-3　天坛平面图（图片来源：《中国建筑史》）

1—西门；2—西天门；3—神乐署；4—牺牲所；5—斋官；6—圜丘；

7—皇穹宇；8—成贞门；9—神厨；10—宰牲亭；11—具服台；

12—祈年门；13—祈年殿；14—皇乾殿；15—丹陛路

　　择址定位工具的罗盘，中心称为天池。当它与场地的太极点重合时，可以作为判断吉凶方向理法二十四山、七十二龙、120分金的基准点。尽管罗盘可以做到准确定位，但是，方位的差异性用吉凶来评定，从感知上没有那么显著，在科学上也缺乏依据。然而，它已经成为中国传统相地文化的基石。罗盘的天池观被借用于园林景观,如天山的天池、长白山的天池。但这些风景区的天池是以高取胜, 以距天最近而得名, 并非为中心式太极点而得名。

图1-4　土楼太极点

江南园林若以水池为中心, 此水池完全可以称为太极池。诸葛八卦村中心太极池因外轮廓形似圆钟, 故名钟池,钟池内的水池,则以具象鱼为母题,形成阴鱼和阳鱼的复合,如图1-5所示。

图1-5　诸葛村太极池和阴阳井（薛钦匀绘制）

第2节　两仪与阴阳景观

太极生两仪，两仪指阴和阳。在易学中，它是事物的两个方面，在规划、建筑、园林、室内等设计中，它以太阳照射为衡量标准，照得到太阳的地方称为阳面，照不到的地方称为阴面。建筑单体的南、东、西三面可照到太阳，都称阳面，而北面照不到太阳，称阴面。主体建筑从早上到傍晚所能照射的时间称为日照时数，它以《城市居住区规划设计标准》的日照时数把全国分为若干区域，每个区域的时间规定不同，有以大寒日为准，也有以冬至日为准，时间的低限是两小时，有些要求三小时。在平面布局中，只有坐北朝南的房子才能有最长的日照时数，而其他朝向的则各有不同。东厢房坐东朝西，上午为阴下午为阳，西厢房坐西朝东，上午为阳下午为阴。俗语之中的东晒、西晒、南晒，指门迎太阳、窗迎太阳、墙迎太阳，只不过门窗迎阳不仅会造成室内温度升高，而且会使器物受紫外线照射而得到消毒，但是墙体西晒则只使室内温度升高。因此，影壁和照壁是以太阳照射为考量的构筑物，它是防晒构筑，也是防风构筑。照到者为照壁，照不到者为影壁，可见还与观点和使用区域有关。

在庭院中，照得到太阳的地面称为阳地，照不到的地方称为阴地。因为常绿树与落叶树的差异，常绿树的北面常年为阴地，而落叶树的北面，在落叶之前为半阴地，因为太阳可透过树叶射入，而落叶之后则成为阳地。故中原和北方的住宅处以种落叶树为主，以利于冬天太阳的摄取。

建筑阴阳景观以阴阳井为土楼的典型。福建永定承启楼的第二环与第三环之间的东面和西南面的天井各有一口水井，俗称阴阳井，各代表阳、阴，大小、深浅、水温、水质各不相同。从科学上来看，两井的水质差异如此之大，是由于井处于不同的地下水脉上。至于哪口井适合饮用，则以水质鉴定为依据，不可盲目地以水色或阴阳来区分。

诸葛八卦村的中心太极池按阴阳鱼分成水陆两部分，两部分都以鱼为像，有鱼头、鱼眼、鱼身、鱼尾。鱼身东西向，一南一北，分别代表阴鱼和阳鱼。鱼眼位置水陆各有一口井，分别代表阴井和阳井，如图1-5所示。

紫禁城御花园中做了一个阴阳相对的院落建筑。东面绛雪轩为凸字形，西面建筑养性斋为凹字形。凹凸的大小尺寸，严丝合缝，代表了阴阳两仪的完整结合。至于东阳西阴，显然与太阳关系不大，只是为了阴阳理念与凹凸进行表里比拟而已，如图1-6所示。

太极阴阳S线，也作为一道景观被中国人所推崇，称为太极湾。在陕西黄陵县的黄帝陵，在轩辕庙的东面沮河呈S形，而县城南的河道，也呈S形，当地人以此为神奇之象。黄河十九道湾，每两道湾都构成S形，如图1-7所示。在山区普遍存在的山水交际呈现S形曲线美，是山水自然信息的文化符号，中国人格外崇拜。

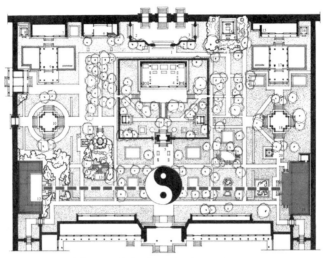

图1-6　御花园凹凸相合图（自绘）

1—承光门；2—集福门；3—延和门；4—钦安殿；5—天一门；

6—延晖阁；7—位育斋；8—玉翠亭；9—澄瑞亭；10—千秋亭；

11—四神祠；12—养性斋；13—鹿囿；14—御景亭；15—摛藻堂；

16—凝香亭；17—浮碧亭；18—万春亭；19—绛雪轩；20—井亭

　　黄河陕晋段的太极湾，西北边是陕西省清涧县玉家河镇赵家畔村，东南边为山西省石楼县辛关镇。它是天下黄河九十九个拐峁之一，如图1-8所示。黄河在陕晋峡谷段，总体流向为由北向南，自辛关黄河大桥以南6公里处，陡然向东，转了一道极为奇特的大弯。若从高处俯视，该弯西窄东宽、尾部圆满，宛如葫芦状，两面基本对称。入弯处至出弯处水流总距离为8000米。弯内陆地以入弯与出弯处最窄，仅为 700 米，最宽处为 1700 米，最高处与水面垂直距离为 196 米，湾道极为凶险。

图 1-7　黄帝陵太极湾沙盘图

图 1-8　清涧太极湾（薛钦匀绘制）

彬县太极湾位于陕西咸阳彬县太峪镇的新堡子乡姚联村，泾河大拐弯处。这里距泾河源头 210 公里，山环水绕，河流在峡谷间曲折迂回，左冲右突，河流湍急，呈阴阳太极图案，形似太极，故得名太极湾，如图 1-9 所示。

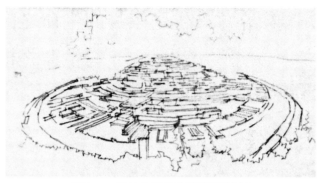

图 1-9　彬县太极湾（胡郡仪绘制）

第2章　生殖崇拜的生命之门
与生命之根

　　阴阳景观在风景区中表现为生命之根与生命之门，两者分别以男女性器官为象征物。它首先代表了雌雄两性之别。其次，它代表了对生命来源的崇拜。

　　福建连城冠豸山景区的生命之根和生命之门就是代表。生命之根生长在冠豸山顶长寿亭下的峡谷中，一根硕大无朋的圆柱形石柱拔地而起，高达 56 米，雄伟高大，如图 2-1 所示。它孑然挺立于山谷中、天地间，直指苍穹，充盈着阳刚之气，给人以奋进、拼搏的无限遐想。坐游船到石门湖畔，可见石壁上的生命之门。光滑的石壁突现一道狭缝，缝中临水处有一眼黑色的洞，洞的四周长着小草和青苔，洞下水光辉映，令人浮想联翩，产生探秘的欲望，如图 2-2 所示。

　　全国有十大生命之根。冠豸山生命之根排第一。第二是位于广东韶关仁化县城南丹霞山，号称天下第一奇石的

图 2-1 冠豸山生命之根

阳元石。该石高 28 米，直径 7 米。第三是滇藏凉山州的盐源山生命之根。第四是四川华蓥山大天坑与小天坑之间的溶洞钟乳石，在 10 米多高的洞顶上悬挂着大小不等、形状各异的钟乳石，其中一根长 4 米多，直径 50 多厘米的钟乳石悬吊空中，俨然男子阳具。第五是西安石海洞生命

图 2-2　冠豸山生命之门

之根，高达 30 余米，上大下略小，顶部呈锥形。它正对着石海古僰寨寨门，地方志载："僰人崇石祖，婚嫁、生育、丧葬往而祭之。"生命之根是古僰民族生殖崇拜的图腾物，古僰人婚嫁、生育、丧葬时，都在此献三牲飨物祭拜。第六是浙江新昌穿岩十九峰的生命之根。第七是福建太姥山生命之根。第八是浙江上村乡生命之根。第九是江西赣州通天寨生命之根。该景区也有一个生命之门,两者阴阳配对。第十是湖北神农架生命之根。它矗立于板壁岩之间,直入云霄,体现着雄性的阳刚之美。

　　人根峰位于内蒙古巴彦淖尔市磴口县敖伦布拉格镇的山谷中,高近 30 米,要十几人才能合抱;整体呈褐红色,最高处长着少许绿草,如图 2-3 所示。人根峰附近母门洞,位于内蒙古阿拉善境内,是敖镇梦幻峡谷的自然景观。母门洞酷似女性生殖器官,洞内常年湿润,洞内的岩石节理形象逼真,似乎是一个母亲在等待新生命的诞生,如图 2-4 所示。

图 2-3　敖伦布拉格镇
人根峰

图 2-4　敖镇梦幻谷母门洞
（胡郡仪绘制）

　　师宗县的凤凰山峡谷,是最具特色的生命之门,以此为特色景观成立了中华生命文化主题公园。江西龙虎山的仙女岩,是受地壳的运动,崖壁裂出长条缝隙,雨水顺着缝隙削蚀溶解,砾岩有胶有溶,逐渐冲刷演化成怪异的溶洞,勾勒出仙女般的岩石壁画,惟妙惟肖地绘制在天然崖石上。该壁画坐南朝北,高数十丈,两边张开相互对称,中间长有青草,线纹清晰,风姿绰约。

第3章 八卦景观的御花园、
八卦村、八卦城

八卦是易经的图式，分为先天八卦和后天八卦。先天八卦由伏羲发明，后天八卦由周文王改进。八卦是道家文化的基础概念，是一套用四组阴阳组成的形而上的哲学符号。其深邃在于它可以解释自然和社会的诸种现象。

根据史料记载，八卦的形成源于河图和洛书，是三皇五帝之首的伏羲所发明的。伏羲氏在天水卦台山始画八卦，一画开天。八卦表示事物自身变化的阴阳系统，用"—"代表阳，用"--"代表阴，用这两种符号，按照大自然的阴阳变化平行组合，组成八种不同形式，叫作八卦。八卦其实是最早的文字表述符号。

八卦是中国先人用来推演世界上空间和时间内的各类事物关系的工具。每一卦形代表一定的事和物。乾代表天，坤代表地，巽（xùn）代表风，震代表雷，坎代表水，离代表火，艮（gèn）代表山，兑代表泽。八卦互相搭配又变成复卦的六十四卦，用来象征各种自然现象和人事现象，基于当今社会人和事物繁多；八卦在中医里指围绕掌心周围八个部位的总称。八卦是易学文化代表，渗透在东亚文化的各个领域。八卦在城市规划和园林设计中常与天文、阴阳、五行和八方结合运用。后天八卦的五行配对为：乾、兑为金，坤、艮为土，震、巽为木，坎为水，离为火。

宇宙观上：乾为天，坤为地，震为雷，巽为风，坎为水，离为火，艮为山，兑为泽。

家庭观上：乾父也，坤母也，震长男，巽长女，坎中男，离中女，艮少男，兑少女。

动物观上：乾为马，坤为牛，震为龙，巽为鸡，坎为豕，离为雉，艮为狗，兑为羊。

身体观上：乾为首，坤为腹，震为足，巽为股，坎为耳，离为目，艮为手，兑为口。

运动观上：乾健也，坤顺也，震动也，巽入也，坎陷也，离丽也，艮止也，兑说也。

权力观上：乾为君（主），坤为众（臣）。

先天八卦与后天八卦的卦名和卦象未变，只是方位变了，这是基于伏羲和文王对天地生成方式理解的不同。后天八卦每个相对的卦序相加都为十，先天八卦每个相对的卦序相加都为九。在应用上，先天八卦为体，后天八卦为用。实际上，大部分是以后天八卦为规划设计的原理。如图 3-1 所示。

先天八卦与二十四山罗盘圈层

先天八卦

后天八卦

后天八卦与二十四山

图 3-1　先天八卦与后天八卦图

第 1 节　八卦村

　　诸葛八卦村原来叫高隆村，位于浙江省金华市兰溪市西部，是迄今发现的诸葛亮后裔的最大聚居地。因诸葛亮擅长八卦布阵，故村域格局按八卦图式布列，且保存了二百余间明清建筑，是国内仅有、举世无双的古文化村落。

　　诸葛八卦村一带地形如锅底，中间低平，四周渐高。四方来水，汇聚锅底，形成一口池塘，这就是钟池。钟池是诸葛八卦村的太极点。以钟池为中心，八条小巷向八个方向延伸，直通村外八处土岗，其平面酷似八卦图。小巷又派生出许许多多横向环连的窄弄堂，弄堂之间千门万户，星罗棋布着许多古老的民居。接近钟池的小巷较直，往外延伸时渐趋曲折，而许多小巷纵横相连，似通非通，犹如迷宫一般。如图3-2所示。

　　据考证，诸葛亮十四世孙诸葛利（公元952年）宦游山阴（绍兴）后任寿昌县令，卒于寿昌。其子青由寿昌徙往兰溪西陲砚山下，传至二十七世诸葛大师（1280年），因原址局面狭窄，觅得地形独特的高隆岗，不惜以重金从王姓手中购得土地，以先祖诸葛亮九宫八卦阵布局营建村落。从此诸葛亮后裔便聚族于斯，瓜瓞绵延。到明代后半叶，已形成一个建筑独特、人口众多、规模庞大的村落。故有人认为村落布局是诸葛亮八阵图的翻版，在和平安全防卫和战争时期抵御外来侵入，具有很强的实战性。

　　广东省高要市回龙镇黎槎村，是第二个被称为八卦村的村落。黎槎村成村于南宋，最初为周姓，明永乐年间苏、蔡两姓族人从南雄珠玑巷迁入，渐为大姓。村子总平面呈圆形，直径约200m，如图3-3所示。村子东西两侧由两个月牙形大水塘拼合而成。在两片水塘之间，中心村落以道路与外界相连。黎槎村民按宗族和房派分片居住，分为十个里或坊，苏、蔡两姓各占一半。每个里、坊开一坊门，门外有台阶通往低处的环村路。民居中间错落分布着18个祖堂。坊门外，分布有9个酒堂。酒堂旁边有古榕树及小广场、古井等公共设施，如图3-4所示。

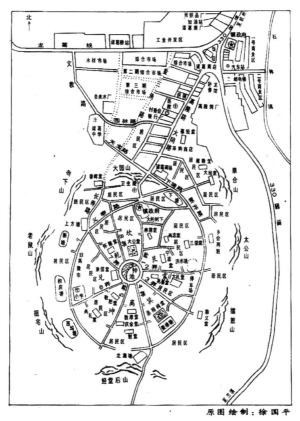

原图绘制：徐国平

图3-2　诸葛村平面图（徐国平绘）

图 3-3　黎槎村鸟瞰图（徐晓东摄）

❶ 禾泽广场
❷ 停车场
❸ 野趣农庄
❹ 八卦护观
❺ 南桥
❻ 湖心岛
❼ 阊阆栖坪
❽ 民宿庭院

图 3-4　黎槎村公共建筑分布图（罗德胤、孙娜绘）

　　从形态上看，黎槎村可以说比诸葛村更像八卦：第一，它的轮廓几乎是一个完整的圆形；第二，中心是一个圆坛，相当于太极点；第三，它的住宅是一排排的，横向布置，和构成八卦图案的一个个"—"或"--"很接近；第四，其功能布局是，祖堂（仁和里上厅）的两间廊房给祖母住，一间卧室，一间厨房；祖堂下方的一排房屋中有两间房，一间是爸妈住，另一间给他和兄弟们住；再下方的一排房屋中又有两间房，一间是爸妈的厨房，另一间给兄弟们住；在仁和里的坊门之外的左手侧，还有两间房，一间是柴房，另一间是牛棚；房屋总计有 8 间。如图 3-5 所示。（罗德胤、孙娜，黎槎"八卦村"：与洪水共生，南方建筑，2014.1）

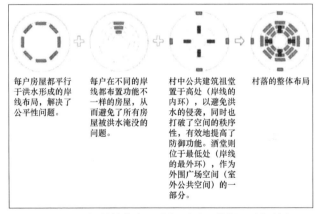

每户房屋都平行于洪水形成的岸线布局，解决了公平性问题。

每户在不同的岸线都布置功能不一样的房屋，从而避免了所有房屋被洪水淹没的问题。

村中公共建筑祖堂置于高处（岸线的内环），以避免洪水的侵袭，同时也打破了空间的秩序性，有效地提高了防御功能。酒堂则位于最低处（岸线的最外环），作为外围广场空间（室外公共空间）的一部分。

村落的整体布局

图 3-5　黎槎村村落布局分析图（罗德胤、孙娜绘）

广东肇庆市高要区蚬岗镇文武村也是八卦村，形成于明朝，八卦圈层直径 600 米，约 20 圈。每进一圈，房屋递减，至岗顶最后一圈房屋有十多间。岗顶乃八卦中心：原栽种有 8 棵古榕树，暗含乾坤八卦玄机，分别种于乾、坤、震、巽、坎、离、艮、兑八个方位。十六祠堂：在圆形的环村大道上不同的方位建有 16 座祠堂，有的祠堂相隔只有几米远。最具代表性的是始建于明代天启年间、重修于清代光绪年间的李氏大宗祠。祠堂为三进三厅，气宇恢宏，雕梁画栋，十分壮观。全村共有 8 个出口，8 大水塘，每个出口均栽种有古榕树。整个村庄布局精巧玄妙，把十六祠分布在八卦迷宫中，蕴含博大精深的道家文化八卦数理玄机，意即太极生两仪，两仪生四象，四象生八卦，及后是八八六十四卦，最终生生不息，如图 3-6 所示。

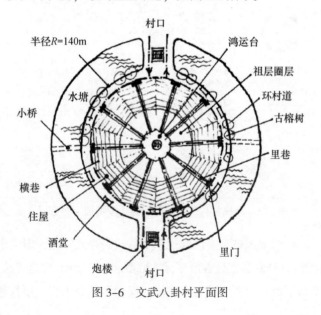

图 3-6　文武八卦村平面图

广东肇庆市高要区牛江镇莲塘村也是一个八卦村。该村住着冯氏家族，于明成化七年（1471年）从相邻仕洞村迁入，今有五百余人。初时村庄非八卦格局，只是乱局中暗合八卦。万历二十年（1592年）初贬广东徐闻典史的明朝进士、戏曲家、文学家汤显祖（1550—1616年）回江西临川老家途中，留宿莲塘，听说莲塘村暗合八卦，于是，把村庄明确调整为八卦格局。以莲塘村中村的六屋村开程巷为中心，向四周呈现不规则的放射状，村中所有的房屋、巷道、水沟，几眼水井和村周围天然生成"三凹三凸三沙三水"的环境，按"坎、震、巽、离、坤、兑、乾、艮"分布，形成儿宫八卦之阵，据说暗藏着汤显祖设计的"九板十踏"玄机。从此，莲塘村的诸葛九宫八卦阵形成了一种"霸气"，隐隐然带有慑人的气势，如图3-7所示。（冯创志，人杰地灵的莲塘八卦村，源流）

图3-7　莲塘八卦村远景（冯创志摄）

安徽黄山市呈坎镇呈坎村也是八卦村。全村面积二十公顷，六百多户村民。此村东汉三国时就有人居住，初名龙溪，唐末江西柏林罗氏兄弟迁此，按《易经》八卦定局。《罗氏族谱》载"盖地仰露曰呈，洼下曰坎"，更名呈坎。坎本身是八卦之一，代表水和北方。南宋时又依八卦之理，重改河道，增置建筑，直至明代中叶方完工。此村被南宋理学兼风水大师朱熹誉为："呈坎双贤里，江南第一村。"全村外环境以山为本，以水为魂，按先天八卦排布，分别是：东面离卦：灵金山，东南离卦：丰山，南面兑卦：观音山，西南巽卦：马鞍山，西面坎卦：葛山，西北艮卦：龙山，北面坤卦：鲤王山，东北震卦：长春山，太极 S 线是潨川。"前面河、中间圳、后面沟。"两条水圳将河水引入村中，街街巷巷有水沟，门前水不停息地流过，既方便了村民的日常生活，又有消防上的考虑，更形象地传达了"聚水如聚财、纳四水于村中"的传统文化内涵。整个村落按《易经》"阴（坎）、阳（呈）二气统一，天人合一"布局，形成枕山面水，二圳三街九十九巷，宛如迷宫秘局，如图 3-8（范霄鹏、刘歆一，龙溪点穴黄山市呈坎村田野调查，室内设计与装修，2018）和图 3-9 所示（艾昕、呈旅，水墨画就的八卦村，中华民居 2010）。

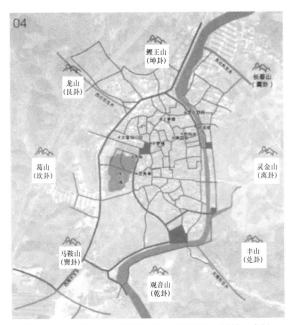

图 3-8　呈坎八卦村平面图（范霄鹏、刘歆一摄）

图 3-9　呈坎八卦村水景（呈旅摄）

第 2 节　八卦城

特克斯县是新疆伊犁哈萨克自治州的县城，地处伊犁河上游的特克斯河谷地东段。特克斯县城是中国唯一建筑完整而又正规的八卦城。特克斯八卦城最早出现在南宋时期，道教全真七子之一、龙门派教主长春真人丘处机应成吉思汗的邀请，前往西域向大汗指教治国扶民方略和长生不老之道。历时三年的西游天山途中，丘处机发现了集山之刚气、川之柔顺、水之盛脉为一体的特克斯河谷，确定了八卦城的理念，开辟坎北、离南、震东、兑西四个方位，成为八卦城的原始雏形。

七百年后的 1936 年冬天，精通易理的新疆王盛世才的岳父邱宗浚调任伊犁屯垦使兼警备司令后，在特克斯查勘时发现了丘处机的遗址，规划八卦城图。1938 年，各类公私用房在县城开始兴建。县长请来俄罗斯专家帮助测量、打桩和放线。由于没有线绳，县长就指派专人从商人店铺中购来成捆的布匹，撕成布条，连结成长长的布条绳线，再用 20 头牛拉犁，最终犁出了八卦城街道的雏形，如图 3-10 所示。

特克斯县城一带是蒙古牧民的草场，西北三条小河汇聚，多处常年喷涌的泉水滋养着辽阔的牧草。地势开阔，四通八达的场地，背靠连绵起伏、巍峨峻拔的乌孙山，前临环回的特克斯河。

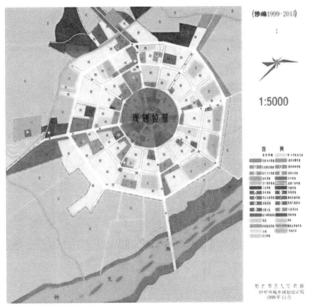

图 3-10 特克斯八卦城规划图

（图片来源：伊犁州城乡规划院）

特克斯城以中心八卦文化广场为太极阴阳两仪，按八卦方位以相等距离、相同角度如射线般向外伸出八条主街，每条主街长 1200 米，每隔 360 米左右设一条连接八条主街的环路，由中心向外依次共有四条环路，其中一环八条街、二环十六条街、三环三十二条街、四环六十四条街。街道按八卦方位形成了六十四卦，充分地反映了 64 卦 386 爻的易经数理。为了不让人们迷路，各街道都设置了方位说明牌。为看清八卦格局，从飞机上可一览，登上 50 米高的观光塔，亦可饱览八卦神秘。如图 3-11 所示。为了保护八卦城的完整性，适应城市的发展，在老城附近又规划了一座九宫格的新城。

图 3-11　特克斯八卦城鸟瞰

（图片来源：新经济"旅游线图"）

第 3 节　八卦台

1. 八卦台（伏羲画卦台）

八卦台也称画卦台，位于河南淮阳龙湖，是中国人文始祖伏羲最初演绎八卦的地方，是淮阳八景之一。唐代《元和郡县志》载："宛丘县八卦坛在县北一里，古伏羲氏始画八卦于此。"宋代《太平寰宇记》载："宛丘县本汉陈县……八卦坛在县西北一里。"淮阳历经战乱，又多次被洪水淹没，到明朝时，画卦台上的唐宋建筑已倾废无几。明代皇帝崇信道教，在皇宫和各地兴建道观。正统三年（1438年），八卦台增筑亭垣十三门、石刻一座。嘉靖二十四年（1545年），建大殿七间，石刻四座，东西厢房各三间。嘉靖三十五年（1556年），续建立坊于西侧，匾曰"观察遗址"。万历元年（1573年），增建卷棚五间，黄瓦八角亭一座，内奉宋铸铜像。知州许汝升立坊于旧处，匾曰"则图古遗"。万历二十一年（1593年）知州王大绍立先天图石雕，俗称石算盘，高广皆五尺。如图 3-12 所示。

图 3-12　淮阳八卦台

清康熙八年（1669年），重修大殿三楹。清康熙二十八年（1689年），修正补葺，重修殿宇。至清末叶，八卦台只存大殿五间、大门及八角亭一座，宋代伏羲铜像一尊，唐代李北海书"伏羲画卦台"石碑一通。民国《淮阳县志》上有明正德九年河南地方都察院陈珂拜书写的"先圣伏羲画卦台"石碑。

民国十七年（1928年），八卦台正殿被行政长官肖楚才拆除，只余大门一座，道士灵魁门下苦守。民国二十一年（1932年），已经88岁高龄的灵魁向专员甄纪印道，洪福寺小学某先生床下发现宋铸伏羲像一尊。1959年，八卦台上遗存的仅有高五六丈、粗六七尺的古柏一株，俗称八卦柏，明万历年间石刻两方，一为半埋于土中的先天图，另一为御史方大美的诗，其余唐宋明清的碑碣都荡然无存。1962年，淮阳县政府将画卦台列为县级文物保护单位，无奈"文化大革命"时，台上文物毁损殆尽，只余八卦柏。八卦台上的"八卦台"碑记载了八卦台的生前身后事。（薇薇小艾的妈妈的博客，录根淮阳之八卦台，2018.5.21）

伏羲八卦台就在龙湖的中轴线上。龙湖是伏羲发现并决定率全族在此生活的地方，故它被称为中华民族的母亲湖。如今的龙湖东西阔4.4公里，南北长2.5公里，围堤14公里，面积11平方公里。水面由柳湖、东湖、弦歌湖、南坛湖4个湖区组成。2005年重修的八卦台位于淮阳城北一里的龙湖中，台高两米，占地十余亩，四面环水，南北为人民公园的中轴大道。八卦台是一个四合院，内有主殿五间，拜殿三间。八卦亭基座平面为八角形，建于八级台阶的底台之上，天花上绘有先天八卦图。院内八卦柏已有千余年历史，倾向北方。八卦亭前石龟两只，各有一青石碑，一碑刻河图，一碑刻洛书。伏羲八卦亭前侧有一方青石算盘。青石算盘散布算盘子，既像河图，又像洛书，到底像何物，至今无人能解。画卦台前白龟池，相传伏羲氏于蔡水得白龟，凿池养之。白龟池与湖水相连，有蔡池秋月之美称。1984年8月16日，一只白龟再现，为东关王大娃所获，体重650克，腹、背呈乳白色，龟甲高隆，甲上图案13块，甲周图案24块，眼似珍珠，四肢有鳞，尾巴较长，为稀世白龟。经专家鉴定，龟龄250余岁，白龟献瑞就此传为佳话。

6500年前，太昊伏羲氏率领部族，长途跋涉，发现了水草丰茂的龙湖，决定定都宛丘。《尔雅·释丘》说："丘上有丘，为宛丘。陈有宛丘。"宛丘就是以淮阳的古地形命名的。中间高，四周低，有水环绕，形似一个倒扣的碗，故名宛丘。《太平寰宇记》载：宛丘在县东南。

老子发展了易理，孔子五十岁才学易，对易经进行了注解。《易经·系辞下》记载：伏羲"作结绳而为网罟，以佃以渔""始画八卦"。伏羲教民结网罟、养牺牲、兴庖厨，部落生存才有了保障。他定姓氏，制嫁娶，画八卦，诸夷归服，以龙纪官，肇始了中华文明，中华民族始称龙的传人，奠定了中华民族的血脉之根。

伏羲以前，人们用蓍草和龟纹卜筮。伏羲从白龟背纹中悟出了八卦原理，创立了先天八卦。把卜筮的事件与方位结合，与数结合。先天八卦位是乾南坤北，离东坎西，兑东南，巽西南，震东北，艮西北，先天八卦的顺序是乾一、兑二、离三、震四、巽五、坎六、艮七、坤八，这些序数为先天数。现在八卦台前有两只白龟各驮一碑，上面各画河图和洛书。周文王的八卦是在伏羲八卦基础上，演化调整而成。

2.鹿邑八卦台

八卦台在河南鹿邑的明道宫内，明道宫在老子故里鹿邑城内，始建于汉，兴盛于唐宋，是纪念老子传道讲学的地方。八卦台在明道宫第三进院落主殿玄元殿前的院落正中。如图3-13所示。

图3-13　鹿邑明道宫八卦台（杨洁绘制）

以青石为基，汉白玉为栏；围栏上镌刻有"八仙"张果老、吕洞宾、韩湘子、何仙姑、铁拐李、汉钟离、曹国舅、蓝采和他们使用的法器鱼鼓、宝剑、笛子、荷花、葫芦、扇子、玉板、花篮图案。

台中央地面上是阴阳鱼太极图形，太极图由一个圆圈和圆内相互环抱的黑、白鱼图形组成，其中黑鱼带有白眼睛，白鱼带有黑眼睛，黑为阴，白为阳，以喻阴阳二气冲和。黑、白鱼形分别代表构成万物的阴、阳二气，阴、阳构成了世界，构成了宇宙，即一切事物都存在阴、阳两方面，阴阳之间相互对立，相互统一，相互依存，相互渗透，又相互转化，事物的发展过程总是表现为阴阳双方的对立与统一。

第 4 节　御花园（暗八卦）

　　北京明清紫禁城的御花园是一座按八卦图式布局而成的园林。全园面积近一公顷，南北几近正方形。中心穴位就是钦安殿院落。院落东西有钟亭和鼓亭，以此形成院落东西和南北轴线交点——太极点。以此太极点向八个方位形成先天八卦（图3-14）和后天八卦格局（图3-15）。

　　正北有六个门：三个牌坊门：集福门、延和门、承光门；三个随墙门：顺贞中门、顺贞西门、顺贞东门，所用理念是先天八卦的"天一生水，地六成之"，既有水，又有六，故又是意象上的后天八卦坎卦，如图3-16所示。从此门往北望，可见通过玄武门（今神武门）的护城河水，是真正的坎水。

　　正南离卦为高达六米的香炉，代表了后天八卦的离卦，是火象，如图3-17所示。为惧火势蔓延扩大，于是把钦安殿南门题为天一门，以喻此方暗含水源，天降甘霖，如图3-18所示。

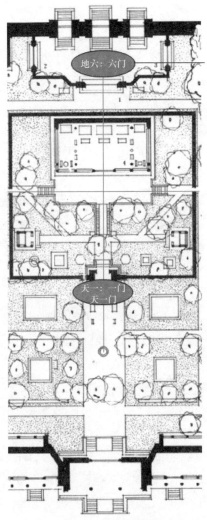

六门：
三个牌坊门：
集福门
延和门
承光门
三个随墙门：
顺贞中门
顺贞西门
顺贞东门

图 3-14　御花园先天八卦格局

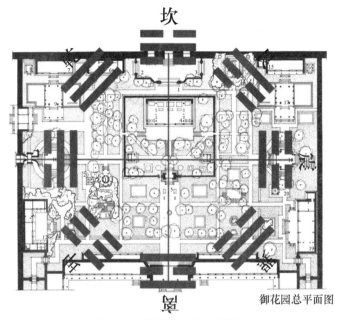

御花园总平面图

图 3-15　御花园后天八卦格局

1—承光门；2—集福门；3—延和门；4—钦安殿；5—天一门；
6—延晖阁；7—位育斋；8—玉翠亭；9—澄瑞亭；10—千秋亭；
11—四神祠；12—养性斋；13—鹿圃；14—御景亭；15—摛藻堂；
16—凝香亭；17—浮碧亭；18—万春亭；19—绛雪轩；20—井亭

　　正东为万春亭，正西为千秋亭。一个代表春天，在东面和震卦，如图 3-19 所示；一个代表秋天和兑卦，在西面，如图 3-20 所示。震卦五行上属木，故通往主门的道路是中间甬道，两侧斜向分枝，形似树干分枝之象。兑卦在五行上属金，故环千秋亭构建环形道路，以象征金属条带可以绕圆的特点。

图 3-16 御花园坎门

图 3-17 御花园离卦香炉

图 3-18　御花园天一门

图 3-19　御花园震卦万春亭

图 3-20　御花园兑卦千秋亭

东北艮位，是山象。用房山石堆筑 14 米高的假山，名堆秀山，山顶有一亭，名御景亭，如图 3-21 所示，与宋徽宗在皇城东北艮位建园林艮岳相近。艮岳以高山为主要景观，宋徽宗亲自指导规划设计，成立花石纲，搜罗天下名花异石，并亲自题写《艮岳记》。

西南坤位，是土象、母象，以土为地，构筑鹿囿，如图 3-22 所示。囿中有台，台下用于圈息，台上为观景。坤卦辞曰："元亨，利牝（pìn）马之贞。"爻辞曰："六一：履霜，坚冰至。六二：直方大，不习无不利。六三：含章可贞，或从王事，无成有终。六四：括囊，无咎无誉。六五：黄裳，元吉。上六：龙战于野，其血玄黄。用六：利永贞。"象辞曰："至哉坤元，万物资生，乃顺承天。坤厚载物，德合无疆。"坤卦以厚德载物和其血玄黄以应卦象。皇帝日常饮鹿血以壮阳。

图 3-21　御花园艮卦堆秀山

图 3-22　御花园坤卦鹿囿

西北乾位，是天象，明代在此构建清望阁，清代改延晖阁，如图 3-23 所示。此阁与东部的堆秀山都依北墙而筑，形成左右均衡布局。阁为通天性建筑，具有仙意。帝王在此借天空万象变化，与天宫天帝展开治国问对。故乾卦象辞曰："天行键，君子以自强不息。"象辞道："大哉乾元，万物资始，乃通天。云行雨施，品物流形。大明终始，六位时成。时乘六龙以御天。乾道变化，各正性命，保合太和，乃利贞。首出庶物，万国咸宁。"

图 3-23　御花园乾卦延晖阁

东南巽位，是风象。在此构建汉白玉的舞雩台，以孔子率弟子于暮春在沂水沐浴后，在舞雩台临风起舞为典故，如图 3-24 所示。为了加大风速，在台南构筑一个汉白玉扇形池，如图 3-25 所示。

图 3-24　御花园舞雩台

图 3-25　御花园扇形池

第 *4* 章 六十四卦: 颐和园、乾隆花园、咸若馆

第1节 颐和园与颐卦

颐和园前身是乾隆建的清漪园, 占地约 290 公顷。乾隆十五年 (1750 年), 乾隆皇帝为孝敬其母孝圣皇后动用448 万两白银, 把瓮山和瓮山泊构建为园林。咸丰十年(1860年), 清漪园被英法联军焚毁。慈禧太后动用海军军费, 在光绪十四年 (1888 年) 重建, 由于经费有限, 乃集中财力修复前山建筑群, 并在昆明湖四周加筑围墙, 改名颐和园, 成为离宫。

颐和园之名, 一是源于"颐养冲和", 二是源于易经六十四卦中第二十七卦颐卦。象曰:"山下有雷, 颐。君子以慎言语, 节饮食。"《象》曰:"颐之时大矣哉。颐, 贞

吉。观颐，自求口实。"此卦是异卦，下震上艮相叠。震
为雷，艮为山。山在上而雷在下，外实内虚。本卦上卦为
艮为山，下卦为震为雷，雷出山中，万物萌发，这是颐卦
的卦象（表4-1）。君子观此卦象，思生养之不易，从而谨
慎言语，避免灾祸。节制饮食，修身养性。又有易学家
道：客方的消极被动给了主方积极发展的机会，客方像山，
只要不触及客方利益，主方就可以在广阔的原野上尽情发
展，不过，主方也不能指望从客方得到什么，主方必须着
力于"自求口实"，西方消极地给慈禧机会，但是，她内虚
外实。

表 4–1　颐卦六爻及译解

爻序	爻辞	象辞	译文	景观
初九	舍尔灵龟，观我朵颐，凶	观我朵颐，亦不足贵也	送给你灵龟，你还看着我的脸颊，不是贵人之道	南湖岛为龟形
六二	颠颐，拂经；于丘颐，征凶	六二征凶，行失类也	在山丘上离经叛道，劫人钱财，非常凶险	颐是山丘状脸颊，喻万寿山。颠颐即在山顶
六三	拂颐，贞凶。十年勿用，无攸利	十年勿用，道大悖也	违背养生正道，靠歪门邪道过活，会十年连续倒霉	拂是违背不顺，不顺山之高下，喻不顺势而为

续表

爻序	爻辞	象辞	译文	景观
六四	颠颐，吉。虎视眈眈，其欲逐逐，无咎	颠颐之吉，上施光也	在山顶上生活，尽管有老虎虎视眈眈，也是平安无事的，因为得到上天的恩赐	动物老虎
六五	拂经，居贞吉。不可涉大川	居贞之吉，顺以从上也	虽有违祖制家法，但居住还是吉利的，唯不可横渡大河	经指经典制度家法。居指居住。大川
九六	由颐，厉吉。利涉大川	由颐厉吉，大有庆也	依循生活正道，纵有艰难险阻也是吉利的。适于横渡大河，有福报	大川

　　颐本是指脸颊，被易经用来成卦，说明颐与人事有重大关系。颐的形态似山，故六二中道"丘颐"。山丘是颐卦的载体，顺山就势，九六中称为"由颐"，则"利涉大川"，纵"厉"亦"吉"，且"大有庆也"。"拂颐"即不顺山坡形势，坚持己见则"凶"，而且"十年勿用，无攸利"。在山颠上生活称"颠颐"，纵"虎视眈眈，其欲逐逐"，亦"无咎""吉"，原因是"上施光也"。"拂经"指违背常理，则"征凶"，但是，作为"居"住来说，还是"贞吉"的。"拂经"与"由颐"其意相顺承，前者是改革，后者是顺应形势。可能此卦正是说到了慈禧太后心中的关注点，西方列强环峙并侵

略，太平天国、白莲教、义和团又离经叛道，四处起义。"舍尔灵龟"可能是慈禧做主送给西方列强各种赔款，列强们还不肯善罢甘休，依旧"观我朵颐"，看着我们的大好河山。一方面保守派想遵守旧制，但是，改革派却要"戊戌变法"，令她头痛不已。到底是"拂经"还是"由颐"，她十分忐忑。当她来此登山（颠颐）或居住之时，她想得更多的是"居贞吉"。南湖岛像一只大龟，但是，令其烦恼。

第 2 节　慈宁宫花园与咸卦

1. 慈宁宫花园历史简介

　　慈宁宫花园位于故宫内廷外西路慈宁宫和寿康宫南面，亦称为慈宁宫南花园或寿康宫花园。慈宁宫花园占地约 0.9 公顷，是明代嘉靖皇帝为了让其生母章圣皇后在深宫之中有一个悠闲享乐的去处而建，如图 4-1 所示。明嘉靖十五年（1536 年）四月初九日，嘉靖皇帝下旨："命建慈庆宫为太皇太后居，慈宁宫为皇太后居。"嘉靖皇帝作为明代诸位皇帝中崇道最痴迷者，于同年五月对宫中佛教进行了一次彻底清除，焚烧佛像、佛骨等物，在佛殿旧址上建慈宁宫和慈庆宫。嘉靖十七年（1538 年）七月，"慈宁宫工完，奉章圣居之"。作为慈宁宫的附属花园，慈宁宫花园的始建年代与慈宁宫相差不多，亦建于明嘉靖年间。

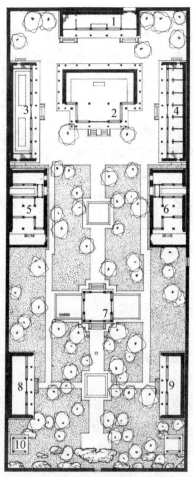

图4-1 慈宁宫花园总平面图

1—慈荫楼；2—咸若馆；3—吉云楼；4—宝相楼；5—延寿堂；

6—含清斋；7—临溪亭；8—西配房；9—东配房；10—井亭

第4章 六十四卦：颐和园、乾隆花园、咸若馆

慈宁宫花园一直是太皇太后、皇太后、太妃、太嫔们居住、游玩、念经的地方，其经过多次改建和添建。明万历六年（1578年），慈宁宫花园中"添盖临溪馆一座"。临溪馆的增设，是慈宁宫花园的神来之笔。将园林分为南北两部分，亦成为园中唯一与水相关联的建筑。万历皇帝万历十一年（1583年）五月将花园内"咸若亭"匾更换为"咸若馆"匾。作为慈宁宫花园的主体建筑，"咸若亭"在嘉靖年间就已命名。"咸若"二字出自《尚书·皋陶谟》，皋陶与大禹讨论如何治理国家时大禹说："吁！咸若时，惟帝其难之。"道家专著《坐忘论》中亦有云："或因观利而见害，惧祸而息心；或因损舍涤除，积习心熟，同归于定，咸若自然。"嘉靖与万历皇帝均信奉道教，因此命名"咸若"有道家无为忘我之意义。亦指不忘王道教化之功，正是因为皇帝治国安邦，太后太妃们才得以安享晚年。

同年，亦将"临溪馆"更名为"临溪亭"，并加盖端化亭一座。据成图于康熙朝的《皇城宫殿衙署图》所绘，花园中共有建筑十二座，虽然每座建筑并未标注名称，但仍能清楚地辨识出咸若馆、临溪亭等花园主体建筑。清乾隆二年（1737年）："粘补慈宁宫宫门、大殿、后殿、围房及南花园殿宇房屋"；乾隆七年（1742年），乾隆皇帝下诏编撰《国朝宫史》，该书首次对慈宁宫花园内部进行了较为详细的介绍："慈宁门之南为长信门。凡大朝贺，门前陈设皇太后仪驾，文武二品以上大臣俱于门外随班行礼。南为

永安门。其左为迎禧门，右为览胜门。右门之内即花园也。园中为咸若馆，东北为端化亭，上有楼。楼之南有室，匾曰：'含清晖'。咸若馆前有池，池上为临溪亭。东为翠芳亭，西南为绿云亭"。乾隆九年（1744 年）三月，乾隆皇帝下旨粘修慈宁宫等处房间，花园内的咸若馆、咸若馆东西配殿和端化亭亦得到了修缮。改造动作最大的是在乾隆三十年（1765 年），二月初四内务府的奏折《奏报慈宁宫花园添建楼宇座所用银两数目片》中提到：添建咸若馆后楼一座（慈荫楼）五间、配楼两座（吉云楼和宝相楼）共计十四间、临溪亭前东西配殿两座计十间等，延寿堂一座（包括三卷房一座九间，后层房三间，游廊一间），重修咸若馆五间，改建抱厦三间，改做井台两座、花台两座、药栏门一座、成堆青石山高峰一座，等等。之后虽有改动，但变化不大，所以乾隆三十年（1765 年）的改建确立了今天的格局。

2. 咸若馆与咸卦

慈宁宫花园整体布局是按照宫殿主次相辅、左右对称来安排的。其中有建筑 11 座，占地总面积不超过全园的五分之一，主要集中在花园的北部。花园南部地势平坦开阔，植花种树，叠石筑池以作为建筑的陪衬和庭园的点缀。慈宁宫花园整体氛围深邃幽雅、脱俗肃穆，旨在使太后、太妃嫔们不费跋涉之劳而取得山林之趣。花园入口揽胜门设在东墙，入口处以叠石障目，主殿咸若馆位于中轴线上，面阔 5 间，前出抱厦，平面呈倒凸形。黄琉璃瓦歇山顶，翘起的六个翼角各坠一个铜铃，远远望去十分轻巧，是供奉佛像和储藏经文的地方，如图 4-2 所示。咸若馆东西两侧分别是宝相楼和吉云楼，也是供佛藏经之处。宝相、吉云两楼南面各有小院一座：延寿堂、含清斋。咸若馆后正北方为慈荫楼，楼底层东梢间开一小门，与慈宁宫花园南庭院相通。花园南部有一东西窄长的矩形水池，当中横跨汉白玉石桥，桥上建亭一座，名曰临溪亭，北与咸若馆相对。

图 4-2　慈宁宫花园咸若馆

笔者将太极点放在园中的很多位置，都无法达到八卦方位的属性对应图，园中的山石和水都在离位，其他方位并无属性明显的特殊功能、建筑形式、景观形式、方位、历史记载。对比故宫御花园的中心式八卦构图，可以断定，慈宁宫花园与八卦的方位对应并无关系，由于宁寿宫花园与乾卦相关联的布局方式，慈宁宫花园极可能用咸卦来布局，由此进行如下分析："咸"是《周易》第三十一卦，主卦是艮卦，卦象是山，为刚。客卦是兑卦，卦象是泽，为柔。山泽通气，即表示感应。《象传》中这样解释此卦："咸，感也。柔上而刚下，二气感应以相与。"例如少年男女相爱心灵的感应、物理上的电磁感应等。咸若馆是慈宁宫的主体建筑，其意蕴就非常重要。在此提出其营造与咸卦相关的假设，并将咸卦与园林布局的关系进行探索与对比。

通过卦象分析可知，虽然院落布局被分成六部分，但是，若把中间建筑当成阳，把左右建筑当成阴，则都不相对应，故此与六爻不相对应。由此可知，慈宁宫花园的整体布局只是卦意与咸相对，而卦象却没有与其建筑布局相对，如图4-3所示。

咸卦经文：咸：亨，利贞。取女，吉。"亨"，通达，顺利；"贞"，坚持；"取女"是形象比喻，只有在婚姻关系中才可以直接作"娶妻"解释，在主客双方关系中，可以理解为吸取客方资源以壮大自己。意为顺利，利于坚持下去，娶女吉利。

初六：咸其拇。意为感应到脚的大脚趾上，心里想着向外走。

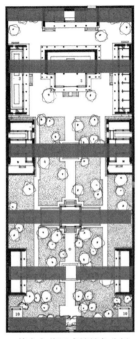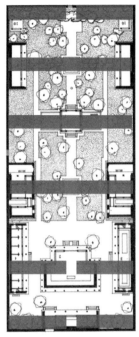

慈宁宫花园咸卦卦象分析　　　慈宁宫花园主客卦相反分析

图 4-3　咸卦主客卦与平面对应图

六二：咸其腓，凶，居吉。意为感应到了小腿上，虽然凶险但是在屋中安守就会吉，不会受到伤害。

九三：咸其股，执其随，往吝。意为感应发生在大腿上，不要盲从妄动，会有困难。

九四：贞吉，悔亡。憧憧往来，朋从尔思。意为守正道没有忧愁，往来心意不定，还不够光明正大。

九五：咸其脢，无悔。意为脊背感应则动。

上六：咸其辅颊舌。意为无所顾忌地交流。

咸卦描述的是两个人的相处之道，尤其被人称道为夫妻之道。在慈宁宫中做咸卦也是为了告诉后宫女子体会如何做人母、如何做人妻、如何体会夫君的处境。

通过与中医穴位图对比分析发现，咸若馆在头位，牡丹台是膻中穴位，临溪亭是丹田穴位，下面一个平台是会阴，包含人体三大重要部分。特别是丹田，在气功里面称为气海，气运行至此，形成大周天、小周天，以此为中心进行绕行。气海，海是水，故在此做一个水池。如图4-4所示。

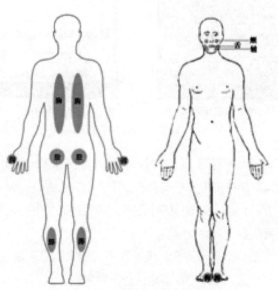

图4-4　人体部位与咸卦六爻对应图

　　其平面布局是故宫花园中最为严谨对称的，包括建筑、花坛、水井的设置以及绿地的划分。这一现象与人体的对称性相似，按照身体部位对应园林要素来布局整个花园，可以作为一种造园指导思想的猜测。按照咸卦的卦象来一一布局各园林要素，也可以作为园林规划初期的一个推测，如图 4-5 所示。

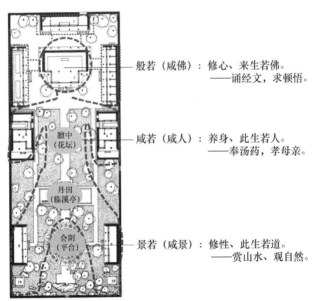

般若（咸佛）：修心、来生若佛。
　　　　　　——诵经文，求顿悟。

咸若（咸人）：养身、此生若人。
　　　　　　——奉汤药，孝母亲。

景若（咸景）：修性、此生若道。
　　　　　　——赏山水、观自然。

图 4-5　慈宁宫花园人体穴位对应图

慈宁宫花园咸卦卦象分析表见表 4-2。

表4-2 慈宁宫花园咸卦卦象分析表

卦辞	人体部位	内涵	对应院落元素	功能
初六	拇	想要走	井亭、假山、小门	游玩、出入
六二	腓	凶险但需安守	东西配房、花坛	观赏、居住
九三	股	不能盲动	鱼池、临溪亭	游憩、赏鱼
九四	心	悔亡，心意不定	延寿堂、含清斋、花坛	居住、丁忧
九五	脢	无悔	咸若馆、吉云楼、宝相楼	礼佛、佛堂
上六	辅颊舌	交流	慈荫楼	藏经楼

3. 咸卦与景观设计

"盈天下而皆象矣"，中国文化是一种"象以载道""借象喻意"的象征性文化。而在这种象征性文化中，周易的卦象又以其万象之纲领、万象之滥觞而成为中国古人心目中的象中之象的"元象"。咸卦作为《易经》下经之首，表示天地万物人伦之间的生生不息，有感必有应，所应又是感。天地之间阴阳感应而生万物，万物分男女，男女感应结为夫妇，从而衍生出父子，君臣尊卑，从而礼义生。人如果不知感应之道，则心智闭塞，以自我为中心，更无法感应到天地万物的衍生规律。景观设计是营造空间的学问，营造空间源于、高于自然就必须师法自然。中国园林是中国传统文化的载体，具有丰富的哲学内涵。将中国传统文化特有的民族符号重新诠释设计，也会是现代景观设计的亮点。

　　咸卦与景观设计相结合，除了咸卦的卦象可与景观元素相对应之外，咸卦的卦意也可与景观元素类比。以咸卦之人体形式为布局布置园林景观要素，整体均衡对称，亭台楼阁点缀重要节点；山石分割空间的同时创造了良好的风水环境；水体丰富中心轴线景观；植物围合园林边界，营造良好的植物文化景观。通过对咸卦象与意的分析综合从而指导现代景观设计，是传统文化与景观设计结合的一个新的思路。

第 3 节　宁寿宫花园的乾卦象征

　　宁寿宫后宫区西部为宁寿宫花园，俗称乾隆花园，始建于乾隆三十七年（1772 年）。南北狭长如飘带，长 160 余米，东西宽近 40 米，占地面积 10 余亩，纵深大致分隔为六个院落。中轴线上的建筑依南北轴线布置。1770 年乾隆降旨设计宁寿宫花园，并估算了耗费。1772 年在园中叠石，构山洞和甬道等。1773 年安设铜缸、石座、栏杆。1777 年悬挂匾额并增添刻字、给花卉添加保护罩、在庭院内陈设石座、在一进院中添加叠石。花园建成之后至今，在乾隆时期形成的格局并没有改动过，只有微小的修补。如图 4-6 所示。

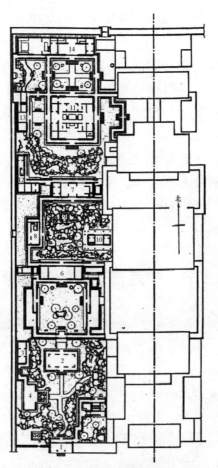

图 4-6　宁寿宫花园平面图

1—衍祺门；2—吉华轩；3—旭晖亭；4—禊赏亭；5—抑斋；6—遂初堂；
7—萃赏楼；8—延趣楼；9—耸秀亭；10—三友轩；11—符望阁；
12—养和精舍；13—长粹轩；14—倦勤斋；15—竹香馆

　　宁寿宫花园与建福宫花园有相似之处，从北部符望阁的布局来看，完全仿照建福宫花园。与正方形基地的御花园相比，宁寿宫花园为南北狭长的多进院落，并没有在八卦和五行的布局上展开设计。造成这一现象的原因可能是建造者乾隆的喜好问题。乾隆在位时极力抑制道教的发展，与其父雍正帝对道教丹药的迷恋及与道士交往甚密的做派截然不同①。但是却从另一方面应用了易经文化的卦爻。将乾卦的六爻应用在序列性极强的宁寿宫花园的园林中，并以卦辞的内涵来组织和营造各个院落。如图 4-7 所示。同时，我们发现，六个院子有一个共同的要素就是假山。假山像龙一样穿行于六个院落，形成一条隐形的龙，与初九爻辞的潜龙相呼应，也是乾隆二字的谐音，如图 4-8 所示。

　　第一个院落是龙脉的祖山，位于倦勤斋西室，是画在西墙上的一座山峰，高大异常，云雾生其巅。祖山为中国风水学意义上的龙脉源头——昆仑山。从全国其他地方来看昆仑山，是看不见的。故用一幅挂在墙上的画表示虚幻中的祖山。

　　乾卦是《周易》第 1 卦，象曰：天行健，君子以自强不息。卦辞为"元亨利贞"。从象征喻意的角度看，乾卦是在劝人奋发进取，但进取方向要注意，需要把握节奏，顺应形势。以下对六爻与六个院落分别进行对应讲解。

---

① 卿希泰, 由申. 乾隆朝的道教事务管理 [J]. 湖南大学学报 (社会科学版),2016,30(02):119-125.

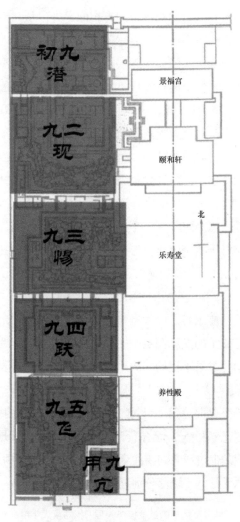

图 4-7　宁寿宫花园乾卦六爻图

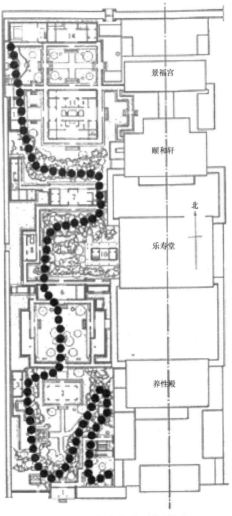

景福宫

颐和轩

北

乐寿堂

养性殿

图 4-8　宁寿宫花园龙脉图

第一阶段是初九：潜龙勿用。这个阶段的关键词就是潜藏，韬光养晦不显山露水。卦辞的解释为：龙在深海中潜伏着，雄心壮志暂时压制住，等到一旦雷雨大作，就可以在万里长空一展大志。初九对应倦勤斋院落，院内西侧有假山一座，假山上筑有竹香馆，院内局促并且有一弓形墙。乾卦初九这一爻在院落中的表现为明堂局促狭窄，没有用武之地。龙脉假山上构建竹香馆，似乎被压制了，山外又被曲线的龙墙将其囚禁起来，龙墙上开了窄小的八卦门。假山体量与竹香馆基本相同，从八卦门进去时仰望竹香馆和假山，给人以压制感和逼迫感。

压制内心贪玩之思，在竹香馆中勤勉学习和修炼，是此景的本意。竹香馆有联"庭有松筠趣，筵多翰墨香"[1]，八卦门匾额："映寒碧"[2]，说明了这一意思。乾隆题又联曰"流水今日，明月前身"[3]，倦勤斋阁下联"经书趣有永，翰墨乐无穷"，数次提及"翰墨""寒碧"等象征寒窗苦读诗书的字样，从侧面证明乾隆皇帝在暗示自己要韬光养晦，用心读书积累学识。"明月"暗指这里曾经是明代前朝的宫殿，如今，已被乾隆皇帝改造成为"清"幽的花园了。联中"流水"暗指大清的清流，以水克月，以清克明。

---

① 据《国朝宫史续编》卷五九。

② 据《国朝宫史续编》卷五九。

③ 据《日下旧闻考》卷一八。联出自唐司空图《二十四诗品·洗练》："载瞻星辰，载歌幽人。流水今日，明月前身。"

第 4 章 六十四卦：颐和园、乾隆花园、咸若馆

第二阶段是九二：见龙在田，利见大人。这个阶段的关键词是表现自我。经过前一阶段（初爻）的潜藏和韬光养晦，能力大增，到了表现才能给世人看的时候。卦辞解释为：凌云壮志在心中很久，心心念念这件事，虽然时机还未成熟，但是可以小试牛刀。

九二对应符望阁院落。院内自西向南有假山一座，主体建筑为符望阁，西侧有玉粹轩，西南角筑有养和精舍。符望有得天之助，俯瞰众生，统领天下。皇帝如玉之精粹，在精舍之中修炼，如今养和已成，公诸于众。

乾卦九二卦爻在院落中的表现为，假山位在中轴，案山朝作，实体而无虚洞。成山峦形状，没有山峰群立的效果，与初九的假山相比，九二的假山气势更宏伟，与主体建筑符望阁一样气势凌人，是"现龙"崭露头角和锋芒毕露的时候。

符望阁南门内联之一"居中揽外襟怀畅，击毂摩肩职植殷"[1]，符望阁东门内联"云卧天窥无不可，风清月白致多佳"[2]，这些对联当中可体会到"窥天""畅怀"等崭露头角，

---

[1] 据《日下旧闻考》卷一八。上联写符望阁之外形：居内揽外，一览无余，把酒临风，襟怀舒畅，浮想联翩。下联言展望所见盛世景象：马车击毂，行人摩肩、旗幡招展，绣带飘扬。毂：车轮中间的圆木，周围与车辐的一段相接，中间有圆孔，可以插轴。

[2] 据《日下旧闻考》卷一八。状景联。上联用拟人映衬的手法，描绘景色之美，从符望阁望去，宁寿宫花园内岚霭在假山间飘逸，恰似云卧其上，清风阵阵，霞光道道，远近明灭，正像天窥其中，构思甚巧。下联承上，由实入虚又发奇想，从园内之景一下子跳到了月色之美。

把酒临风，畅襟舒怀之意。同时也有泰然处之，不论处境如何都要静静磨砺的描述，如：符望阁北向匾联"万汇天全，观生物气象；四时景备，得久照光华。横批：清虚静泰。"[1]符望阁东联"即事畅天倪，知仁同乐；会心成静寄，远近咸宜"[2]。此中表达了得天之汇，合天之时，畅观生意，清虚静泰的思想。联匾虽有泰、咸两卦名、却无卦意。

第三阶段是九三：君子终日乾乾，夕惕若，厉，无咎。这个阶段的关键词为惕，人无完人，时刻需要警惕，锋芒毕露之时优点和缺点都会公之于众，就会有歹人作怪的情况，所以要时刻小心谨慎。卦辞解释为：技艺还未成熟之时，仍然需要闻鸡起舞，每日做功课，谦逊地待人接物，也要有防人之心，当祸事来时才能临危不乱。

九三对应萃赏楼院落，园中塞满假山石，假山沟壑纵横、峰峦叠起、悬崖峭壁、谷洞连通，正中为萃赏楼，东南辟三友轩，西面连廊接有延趣楼。正中赏景，西面顺延天趣和人趣，到东南则为岁寒三友之轩了。

乾卦九三卦爻在院落中的表现为山石之间沟壑纵横，

---

① 据《国朝宫史续编》卷五九。站在符望阁向北观望，景山、北海白塔尽收眼底。冬去春来，青山绿水，四时景色一览无遗，使人心气平和，处之泰然。联语写景，匾额寓意，相得益彰，天衣无缝。

② 据《国朝宫史续编》卷五九。哲理联，是作者生活经验的高度浓缩，在说明主观感受对客观世界的能动作用。阐述着"仁者乐山，智者乐水"的豁达。

步道崎岖，悬崖峭壁，行走其中需要步步小心，时刻警惕，稍有不慎便会发生危险。萃赏楼楼上西室匾联"素壁题诗还自检,明窗披帙雅相亲。"[1]在老子的朴素之壁上题诗"自检"，无疑是告诫自己，处事要谦逊谨慎，与雅客为友，不与小人相亲。这点在萃赏楼中宇的联中也可以看出："闲庭不改风还月,欹案依然易与诗。"[2]说明休闲之时，风月是自然之物，难以改变，只有深入伏案研读《易经》与《诗经》，方能得道大通。

第四阶段是九四：或跃在渊，无咎。这个阶段的关键词是跃，如同鲤鱼跃龙门，需要寻找机会登跃龙门。卦辞解释为：动起来如离弦的箭，静的时候如巍峨的千年山脉，君子需要分析时势，决定自己的进退。

九四对应遂初堂院落，院落中并无假山，乾卦九四卦爻在院落中的表现比较特别，龙脉在此断了！与古华轩院落的满布山石相比，遂初堂院落显得一览无遗。因为龙跃起或钻入地下。这里的地也很特别，称为海墁铺地。意思是地如海波，与爻辞的"渊"相吻合。

遂初堂的"初"，指的是初心初志，是在渊之志。遂

---

[1] 据《日下旧闻考》卷一八。"素壁""明窗"是客观环境，"题诗""披帙"是人物活动，"自检""相亲"是主观态度，由远及近，由外及内，层层推递，悠然勤勉留恋于诗书间的乐趣尽在其中。

[2] 据《日下旧闻考》卷一八。

初堂东室门联云："墨斗砚山足遣逸，琪花瑶草底须妍"[1]，内室联云："屏山镜水皆真縡，萝月松风合静观。"[2] 屏山就是朝山，镜水就是朱雀池。水面成镜，围山成屏。虽院中无水，但是，用像海的波纹海墁铺地铺在院中，象征渊薮。渊代表深渊的水，说明看是平静的水面，底下却暗藏汹涌。遂初堂内楣间匾额"养素陶情"，只有老子的朴素，才是无敌的。遂初堂东配殿匾额"惬志舒怀"。只有如初心之志，方可舒怀畅饮。

第五阶段是九五：飞龙在天，利见大人。这个阶段的关键词就叫飞，卦辞解释为，苦苦的等候终会有结束的时刻。届时风雷突然出现，五湖四海任邀游，含笑云上抒胸臆，贤能之人将相助。

九五对应的院落为古华轩院落。古华轩前檐下有古楸一株，建轩时树龄已逾百年，为了保护这棵楸树，乾隆修改了最初的设计方案，变成倚树建轩，故名"古华轩"。古华轩的前方，龙山跌宕起伏，宛如飞龙在天，或起或降。最高点是东面的假山，也就是古华轩的青龙位。龙山上构台，台上立一仙子，名"仙人承露台"，以备挹取朝露饮用。西有旭晖亭迎夕阳，更有禊赏亭以行文人斗诗的游戏。

---

[1] 据《日下旧闻考》卷一八。巨大的墨砚就足够令人安逸了，何须还填上美丽的琪花瑶草呢。下联是正话反说，更添景色之美。

[2] 据《日下旧闻考》卷一八。联语从人造的屏山镜水与萝月松风写起，言只要心中有景，便会蔓延风光；只要平心静气，就会有看不尽的山水。

第 4 章 六十四卦：颐和园、乾隆花园、咸若馆

古华轩联之一云："星琯叶珠杓，祥开万象；云屏通碧汉，瑞启三阳。"[①]《陈书·高祖纪下》："朕受命君临，初移星琯，孟陬嘉月，备礼泰坛。"表示皇帝君临天下，天上的星象北斗七星如叶子一样呈现祥瑞。云彩把天上的银河连起来，如同三阳开泰。《易》八卦中的《乾》卦，由三阳爻构成，故这里以"三阳"指乾卦。另外，古人称农历十一月冬至一阳生，十二月二阳生，正月三阳开泰，合称"三阳"。唐崔琮《长至日上公献寿》诗："应律三阳首，朝天万国同。"

古华轩联之二："明月秋风无尽藏，长楸古柏是佳朋。"长楸和古柏是此地的长者，以它们为友才是顺应天道。

第六阶段是上九：亢龙有悔，盈不可久也。《象辞》说：升腾到极限的龙会有灾祸之困，这是警戒人们崇高、盈满是不可能长久保持的。这个阶段的关键词是悔，即悔曾过激，控制情绪和适可而止。与初九相近，收敛气势，隐藏锋芒才是正道。卦辞解释为：在青云中盘旋已久，多次出去逍遥游，然而天色已晚，夜幕将至，还是应该踏上归途，走上来时的路。

与上九对应的是抑斋的院落。院落整体较局促、狭小，

[①] 据《楹联丛话》卷二。上联从天上星象写起，星辰运转，说明一元复始，下联用"三阳开泰"预示春天到来，充满朝气。星琯：古称一周年。星：二十八星宿；琯：指十二律管，引二十八宿及十二律以一年为运转周期，故称。珠杓：对北斗七星柄部三颗星的美称，又称斗柄、杓星。碧汉：天空。汉：天河。三阳：三阳开泰的简称。

与初九的院落相近。抑斋西邻矩亭。矩是规矩之意，不按规矩，超出规矩，就会好心办坏事，故心情压抑，封闭小院，反省思过。主体建筑为抑斋，表明了抑制之意。按常理，中国主体建筑都是奇数开间，独此处为偶数，减小了一个开间。《钦定四库全书》中对抑斋的描述为："抑者，不过欲退损以去骄吝，慎密以审威仪，所为敬业乐群之事耳。"[1]抑斋乾隆题联云："心田静洗全如水，鼻观群芬讵必莲。"[2]心田本来不静，亢奋有力，才导致漏洞百出，失误连连，故应静心修炼，洗净焦躁。由原来眼观变成鼻观，更是修心。院北为高大假山，成为靠山，但是，院内仅为小体量的假山，山上构一亭，名撷芳亭，成为抑斋的案山，表明通过修省之后，还是可以撷取芳华的。

从乾隆花园的庭院布局来看，乾隆可以说是挖空心思，合理利用基地南北长条形的特点，把乾与龙结合在一起，并把乾卦的六爻与庭院意象相结合，发展成为有意味的空间。

其实，在乾隆花园中还有一景"萃赏楼"，萃也是六十四卦之一。卦辞："萃。亨，王假有庙。利见大人，亨，利贞。用大牲吉。利有攸往。"象曰："泽上于地，萃。君子以除戎器，戒不虞。"萃卦解读是：通泰。王到宗庙举行

①《钦定四库全书》御制文二集卷十一《抑斋记》。
②据《日下旧闻考》卷一八。"心田"：佛教语，即心，"鼻观"：佛家有观想法，鼻为六根之一。

祭祀。占得此卦，利于会见贵族王公，亨通，这是吉利的贞兆。用牛牲祭祀，也很吉利，并且出行吉利。《象辞》说：本卦上卦为兑，兑为泽；下卦为坤，坤为地。泽水淹地，是萃卦的卦象。君子观此卦象，以洪水横流，祸乱丛聚为戒，从而修治兵器，戒备意外的变乱。

第 5 章　五行观

　　五行是中国古代道教哲学的一种系统观，广泛用于中医、堪舆、命理、相术和占卜等方面。五行的意义包含借着阴阳演变过程的五种基本动态：水（代表润下）、火（代表炎上）、金（代表收敛）、木（代表伸展）、土（代表中和）。五行理论阐释了世界万物的形成及其相互关系。它强调整体，旨在描述事物的运动形式以及转化关系。阴阳是古代的对立统一学说，五行是原始的系统论。

　　五行学说是我国古代的取象比类学说，不是五种元素，而是将万事万物按照润下、炎上、曲直、从革、稼穑的性质归属到水火木金土五个项目中，与西方古代的地、水、火、风四元素学说有区别。

　　五行理论最早见于《尚书·洪范》记载："五行：一曰水，二曰火，三曰木，四曰金，五曰土。水曰润下，火曰炎上，木曰曲直（弯曲，舒张），金曰从革（成分致密，善分割），土爰稼穑（意指播种收获）。润下作咸，炎上作苦，曲直作酸，从革作辛，稼穑作甘。"这里不但将宇宙万物进行了分类，而且对每类的性质与特征都做了界定。后人根据对五行的认识，又创造了五行相生相克理论。如图 5-1 所示。

五行相生相克图　　　　河图阴阳五行图

图 5-1　五行生克图

相生，是指两类属性不同的事物之间存在相互帮助，相互促进的关系；具体是：木生火，火生土，土生金，金生水，水生木。相克，则与相生相反，是指两类不同五行属性事物间是相互克制的，具体是：木克土，土克水，水克火，火克金，金克木。

五行生克理论在城市规划、建筑、室内和园林中都有表现。首先，人们通过园林要素与五行相应。用石头代表金，用树木代表木，用水体代表水，而火虽是一种物质，但是在园林中并不表现。如，一亩园西面池西用假山代表金。

其次，五行也代表五种形状，金是代表圆形，木代表直线，水代表波形，火代表三角形，土代表方形。元朝至元二十七年 (1290 年)，徽州新叶村的叶氏三世祖东谷公请堪舆大师金履祥（1232—1303，字吉父，号次农，自号桐阳叔子，兰溪人）为家族相地选址。金见前方朝山道峰山是火形山，要求朝向它的祠堂前开挖大水塘，用以克火，如图 5-2 所示。后来，陆续构成的并留存至今的 13 座祠堂有 6 座祠堂：序堂、崇仁堂、荣寿堂、常竹堂、存心堂和西山祠堂，水塘都设计为半月形状。祠堂是族人的核心，在其北边设水池，对于防火灾，提供日常用水，提供开放空间都有好处。水池设计得大，是因为建筑坐南朝北，处"坤丁"位，"火"太重。半圆如聚宝盆，寓意吉祥。

图 5-2　新叶村祠堂水克火照片

再次，结合八卦方位，乾兑属金，坤艮属土，震巽属木，坎为水，离为火。前述的御花园东面万春亭属木，故道路成树枝状，西面兑位属金，道路取环状。

又次，天象五星。太阳是离地球最近的唯一恒星，太阳系内的八大行星对人类的生命和生活有着重要的价值和影响。尤其是水星、金星、火星、木星、土星，这五大行星对人类产生着深远的影响。罗经中的浑天星度五行圈层是在浑天说的背景下创制的。早在人类刚进入农业时代时，中国古人就注意到天上有五颗行星和其他星星不一样，相对位置是变化的。这五颗行星距离地球最近，并且可用肉眼观测。古人依据辰星、太白、荧惑、岁星、填星这五大行星的运行规律抽象出"天有五行"这个概念，从而映射到"地有五行"，后来发展为"五行学说"。即所谓"天有五星，地有五行"①。古代天文学中记录辰星、太白、荧惑、岁星、填星的特点和星象。古人又将日、月及金、木、水、火、土星合起来称之为"七政"，又叫"七曜"。现代天文学中的水星、金星、火星、木星、土星这太阳系的五大行星有具体质量、大小、色彩、亮度、运转、运行轨道、与太阳和地球的距离、结构、大气层、极光、磁场、地形地貌等这些属性特点。

古代天文学中的五星与现代天文学中的五星相匹配。

---

① 黄石公，王宗臣，校正详图青囊经，增补四库未收方术汇刊第1辑。

中国古人对五大行星的认识始于西周时期的洪范五行观念，洪范五行从名称及其属性来看，仅指人们生活和生产所利用的五种物质要素。直到春秋战国时期阴阳五行学说形成。西汉时期，司马迁在对行星的实际观测时发现五星的特点，中国的五星与西方的五星命名具有一定的区别与联系。

第 6 章　九宫格：建福宫花园、
　　　　　宁寿宫花园和慈宁宫花园

　　建福宫花园位于紫禁城的西北，是乾隆在紫禁城的第一个作品。乾隆四年（1739年）就下旨进行建设，至乾隆二十三年（1758年）慧曜楼建成全面告竣。1923年毁于大火，2002年，香港实业家陈启宗捐助复建。在园林西部用九宫格布局，如图6-1所示。每一宫一个院落，有些还有明堂和龙虎位厢房。乾宫主体建筑为坐落在假山上的碧琳馆，坐西朝东，有明堂有朝案；坎宫为敬胜斋门口院落，明堂开阔，左右回廊，门两侧有两口水缸象征水；艮位吉云楼院落，楼前原有假山秀石，亦以此象征山；震宫为延春阁东面空地，独立成院，有两个出入口，北通吉云楼院落，西进延春阁。震为五行之木，可能古代有种树木；巽宫假山上有石桌石凳，角落里有一建筑，朝案完整；离宫为假山，上构积翠亭；坤宫为转角，堆石假山，上建玉壶冰及曲廊；

兑宫凝晖堂，有独立明堂。在九宫的乾、兑、坤、离和巽五宫，用龙脉贯穿。发脉于敬胜斋的西室，也是整个九宫格的乾位西端，用一幅墙上的山岳图表示，为意象的龙脉源头。碧琳馆、玉壶冰、积翠亭和石桌椅者是建置在假山龙脉之上。龙脉走向为发于西北乾位，一路向南，折东结束于巽位，呈现 L 形，与龙的蜿蜒曲折同义同形。

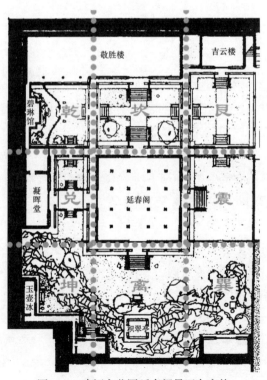

图 6-1　建福宫花园延春阁景区九宫格

第6章 九宫格：建福宫花园、宁寿宫花园和慈宁宫花园

中宫为延春阁，平面呈方形，面阔五间，四出廊，二层出平座，四面各三间。延春阁虽然外观二层，内实为三层，为明二暗三有夹层的楼阁式做法。延春阁室内平面在明堂布局中称为明堂九室，是在明堂五室的四正上加上四维，于是形成九宫格局，如图6-2所示。明堂九室的中宫就是土宫。东宫是青阳太庙，西宫是总章太庙。北宫是元堂，南宫是明堂，东宫是青阳，西宫是总章。四维之中按太极点向外，分左右两个，如图6-3所示。

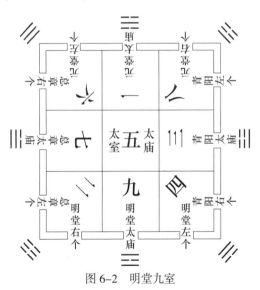

图6-2　明堂九室

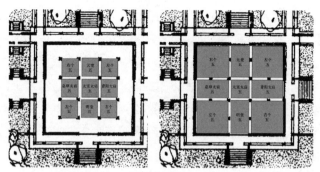

图6-3　延春阁室内九宫格

　　宁寿宫花园是乾隆在建福宫花园建成三十年之后，于乾隆三十七年（1772年）动工，至四十二年（1777年）建成。宁寿宫花园进一步发展了建福宫花园的九宫格和龙脉理论。首先是北部景区是对建福宫花园处春阁景区的模仿，既是对九宫格的模仿也是对龙脉穿九宫的模仿，如图6-4所示。中宫为符望阁，相当于延春阁。乾宫是竹香馆，相当于碧琳馆。坎宫是倦勤斋，相当敬胜斋。艮宫是北入口院落，相当于吉云楼。震宫与建福宫东院入口院落一样做法。巽宫为曲折建筑。离宫为假山、螺髻亭和水盆，以水消火。坤宫为假山和养和精舍，相当于假山和玉壶冰。兑宫为玉粹轩，相当于凝晖堂。九宫的乾、兑、坤、离都是龙脉所在。因为宁寿宫在东面，故艮宫和巽宫因为基地限制不可能完全相同，龙脉止于离宫，未至巽宫。坤宫反倒因为外基地的平整得以完形。符望阁仿延春阁而建，平面也是明堂九室，成为迷楼。

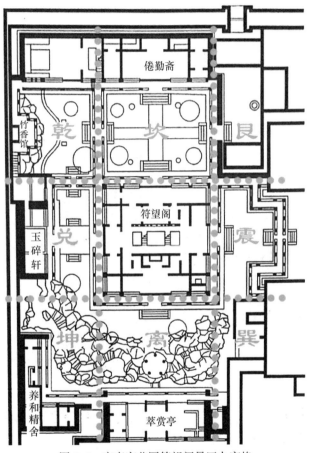

图 6-4　宁寿宫花园符望阁景区九宫格

慈宁宫花园位于慈宁宫的南面，是在仁寿宫故址上建成的。始建于明嘉靖十五年（1536 年），时有咸若馆和翠芳亭（清东配房）和绿云亭（清西配房）。万历皇帝于万历六年（1578年）添建临溪馆，形成朱雀池。真正使其变成南北九宫格局的是清代乾隆皇帝。他在乾隆三十年（1765年）添建慈荫楼、吉云楼、宝相楼、含清斋、延寿堂，重修咸若馆，最后奠定了今天的双九宫格局，如图6-5所示。

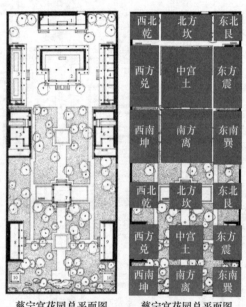

慈宁宫花园总平面图　　慈宁宫花园总平面图

图6-5　慈宁宫花园九宫格

1—慈荫楼；2—咸若馆；3—吉云楼；4—宝相楼；5—延寿堂
6—含清斋；7—临溪亭；8—西配房；9—东配房；10—井亭

北九宫的中宫是全园的主体建筑咸若馆。乾宫为绿化，坎宫为慈荫楼，艮宫为绿化，震宫吉云楼，巽宫含清斋，离宫牡丹台，坤宫延寿堂，兑宫宝相楼。南九宫以四方平台为中宫，乾宫为绿化，坎宫为临溪亭和水池，艮宫为绿化，震宫为东配房，巽宫为井亭和山石，离宫为假山，坤宫为井亭和山石，兑宫为西配房。

其实，圆明园的九洲清晏也是九宫格局。太极点在湖中，北面坎宫上下天光和慈航普渡的二洲为一宫，体量与南面一宫的九洲清晏景区一样。震宫是天然图画，兑宫是坦坦荡荡，乾宫是杏花春馆，坤宫是茹古涵今，艮宫是碧桐书屋，巽宫是镂月开云，如图6-6所示。

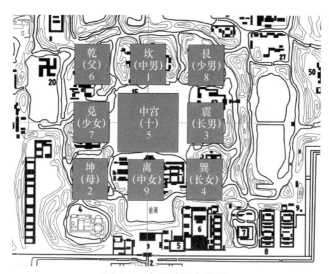

图6-6　九洲清晏九宫格

第 2 篇　象天法地

象天法地，也叫法天象地，是中国传统营造的基本理念。象天法地语出《周易》"仰则观象于天，俯则观法于地"，老子《道德经》亦云"人法地，地法天，天法道，道法自然"。象天法地在秦汉时期盛极一时。战国时吕不韦之《吕氏春秋》提出"爰有大圜在上，大矩在下，汝能法之，为民父母"的"法天地"思想。西汉刘安的《淮南子》道："上考之天，下揆之地，中通诸理"；西汉董仲舒在《春秋繁露》中提出"天—地—人"的对应："天德施，地德化，人德义。天气上，地气下，人气在其间。"东汉张衡在《灵宪》中道："在天成象，在地成形；天有九位，地有九域；天有三辰，地有三形；有象可效，有形可度。"

这种天地人的关系最后落实在象天法地的城市规划、建筑、园林，也用于室内装饰、彩绘、服饰等诸多平面图形造像上。这种创作，从春秋战国至明清，从未停止，徐斌根据吴庆洲（1996）、郭湖生（2014）、黄建军（2005）、王子林（2005）、王静（2013）的成果整理了"历史文献中关于象天法地都城规划的记载"（徐斌，法天地而居之——汉长安象天法地垯划思想初探），象天指运用天象的星象、天象的日月星辰作为模仿的依据。法地，指运用地形地貌、名胜古迹、地名景名作为模仿对象。

象天法地不能离开秦咸阳城的规划。《史记》卷六的秦始皇本纪道："（三十五年）为复道，自阿房，渡渭，属之咸阳，以象天极，阁道绝汉，抵营室也。"《水经注》卷十九道："秦始皇作离宫于渭水南北,以象天宫。故《三辅黄图》曰:'渭水贯都,以象天汉。横桥南度,以法牵牛。桥广六丈,南北二百八十步,六十八间,七百五十柱。'"今本《三辅黄图》卷一载:"始皇穷极奢侈。筑咸阳宫,因北陵营殿,端门四达,以则紫宫,象帝居。渭水贯都,以象天汉;横桥南渡,以法牵牛。桥广六丈,南北二百八十步,六十八间,八百五十柱,二百一十二梁。"其中天汉、牵牛、阁道、天极、营室皆为天星。

对照《史记·天宫书》和现代天文图,徐斌、武廷海、王学荣等在《秦咸阳规划中象天法地思想初探》中厘清了天象与秦咸阳宫殿的格局,指出秦孝公十二年(前350年)迁都咸阳,次年迁都;秦惠文王(前337—前331年)在位时对咸阳宫进行扩建,使之"南临渭,北临泾";秦昭襄王时(前302—前251年)东征分周而称西帝(齐湣王称东帝)正式出现咸阳宫之名。《史记正义》引《三辅旧事》道:"秦于渭南有兴乐宫,渭北有咸阳宫,秦昭王欲通二宫之间,造横桥,长三百八十步。"此时之咸阳已有象天法地,早已确立了南北双宫、北主南辅、横桥南渡的格局。秦始皇统一天下称皇,(前242—前210年)在位时咸阳宫仍为朝宫,荆轲刺秦王即发生于此。始皇三十五年,咸阳规划中,在渭南上林苑中构建新宫阿房宫为天极,成立新的城市中心。秦始皇在渭南北两宫之间,宛如天帝通过银汉阁道星,往来于天极星和营室星之间。

第7章　北斗七星

在北纬35°左右的黄河流域，古人最先以北极星定北来辨别方向。后来又发现斗柄状的北斗星经常围绕北极星转动，并且距离北极星又不远。由于中国古人发现北斗星正好处于头顶紫微垣的正北，具中央统帅的地位，渐渐产生北斗崇拜。正源于此，地母翻卦九星（坐山九星）被排在杨公三合罗盘第二个圈层。

第1节　北斗星的作用

北斗星的标准有北斗七星和北斗九星两种。北斗星处于大熊星座内，属于拱极星座。北斗七星是接近北极星的七颗星，人们用想象的线条将这七颗星联系起来，像一个有柄的斗，且又在北方天空，故名北斗七星，有些国家把它称为"四轮车"或"耕犁"。北斗七星由斗魁和斗杓组成。北斗九星是在北斗七星的基础上加之左辅星和右弼星，实际上后人几乎不使用第八、九颗星作为斗柄的指向。北斗七星名称分

别是：天枢、天璇、天玑、天权、玉衡、开阳、摇光。前面
四星是斗勺，后面三星是斗柄。左辅和右弼就在摇光的左右。
北斗七星则经常用于天文学和人类的生活中，如图 7-1 所示。
北斗星既有中文名，也有英文名，详见表 7-1。

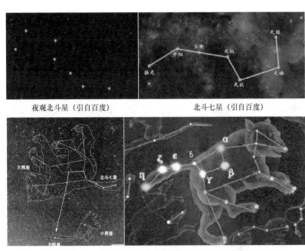

夜观北斗星（引自百度）　　　　　　北斗七星（引自百度）

北半球五月初的大熊座图（引自百度）　北斗星与大熊座意象关系图（引自百度）

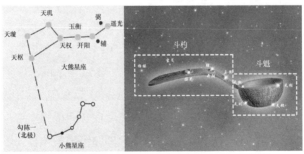

北斗九星（摘自《罗盘奥秘》）　　北斗九星的意象构成图（引自百度）

图 7-1　北斗星与大小熊星座

表 7-1　北斗星中西对照表（于小芳制）

序号	中国星官	拜耳命名	视星等	其他名称	距地（光年）
第一颗星	天枢星	大熊座 α 星	2.0	Dubhe	124
第二颗星	天璇星	大熊座 β 星	2.4	Merak	79
第三颗星	天玑星	大熊座 γ 星	2.5	Phecda	84
第四颗星	天权星	大熊座 δ 星	3.4	Megrez	81
第五颗星	玉衡星	大熊座 ε 星	1.7	Alioth	81
第六颗星	开阳星	大熊座 ζ 星	2.4	Mizar	78
第七颗星	摇光星	大熊座 η 星	1.9	Alkaid	101
第八颗星	辅星（招摇星/洞明星）	大熊座80星/牧夫座 γ 星	4.03	Seginus	—
第九颗星	弼星（玄戈星/隐光星）	牧夫座 λ 星	4.18	—	—

备注：视星等是衡量星星的明暗程度的标准，星等值越小，星星就越亮；星等的数值越大，它的光就越暗。

北斗七颗星，与太阳一样是银河系中的恒星，因七颗星距我们相对近而亮度等级高，从地球上看，北方七颗星特别明亮硕大耀眼且组形如勺斗。实际上，七颗恒星距离地球的远近不同，约在 60 光年至 200 光年之间，它们与太阳同样环绕着银河中心运行，且总是同步恒速运行，因此，北斗七星总是在我们的北方位。虽然各自运行的速度与距离有别，但从地球上看，60 光年之外的恒星天体群，小有变化难以察觉。

北斗星的作用很多，主要用于辨别方向，确定四季，星占命运，用于军事等。

1.北斗星辨别方向和定四季的作用

北斗七星之所以用来辨方向：第一方面是因为它离北极星特近，北极星是北方的标志，就可以辨别北向方位，在人们的肉眼看来，北斗七星是在围绕着北极星转移；第二方面是因为北斗星是恒星的一组，不受地球围绕太阳周年运动的影响，夜空一年四季都可以看见。北斗七星作为夜空中的天象景观给中国先人留下了众多美好的印象与幻想，如图 7-2 所示。

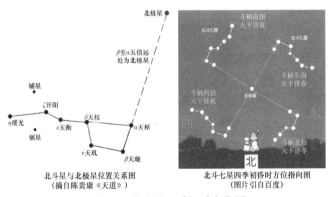

北斗星与北极星位置关系图
（摘自陈贵康《天道》）

北斗七星四季初昏时方位指向图
（图片引自百度）

图 7-2　北斗星四季初昏方位图

2.北斗星在古代星占学中的应用

中国古人认为北斗星在星体中处于中央统帅之位，从人们的视觉来看，就像北斗星在指挥其他天体运行似的，故被称为"帝车之象"。据陈贵康《天道》图示，北斗星在北天极的位置还是有变化的，如图 7-3 所示。陈贵康还绘出了北斗七星在宇宙中的空间图，如图 7-4 所示。

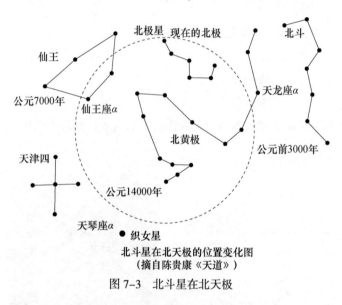

北斗星在北天极的位置变化图
（摘自陈贵康《天道》）

图 7-3　北斗星在北天极

　　将北斗星入占，主要依据北斗星的明亮与否。古代星占家对于北斗占测做了诸多拓展：第一方面将北斗七星的每一星做了用于占测的安排，从给七星每一星定一个名称开始，进而使每一星对应某些事物；第二方面对各星的变化做出对应的占测，此变化主要是指各星的明亮与否；第三方面将北斗七星配以日月火土水木金之七曜；第四方面将北斗七星进行分野；第五方面将北斗星与卦气说相结合；第六方面配北斗七星"建除十二神"；第七方面将北斗九星配五行（表 7-2 至表 7-4）。

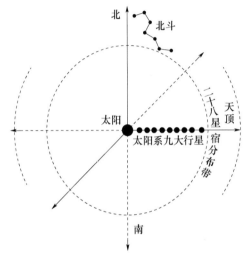

以太阳为中心质点的北斗与宇宙关系图
（摘自陈贵康《天道》）

图 7-4　以太阳为中心的北斗与宇宙关系图

表 7-2　北斗七星的职能阴阳五行属性表

（依据《淮南子・天文训》，于小芳制）

次序	原义	星官	七政	阴阳	五行	属性
第一颗	天枢	正星	主阳德	主阳	主土	七星之枢纽
第二颗	天璇	法星	主刑阴	主阴	主金	掌旋转
第三颗	天玑	公星	主祸害	主阴	主木	主变动

续表

次序	原义	星官	七政	阴阳	五行	属性
第四颗	天权	伐星	主天理	主阳	主火	掌权衡
第五颗	玉衡	杀星	主中央	主阳	主水	平轻重
第六颗	开阳	危星	主天仓五谷	主阳	主木	开阳气
第七颗	摇光	部星	主兵	主阴	主金	摇光芒

表7-3 北斗星对应七曜与分野整理表
（依据《淮南子·天文训》，于小芳制）

次序	原义	马融七曜	皇甫谧七曜	陆绩分野	皇甫谧分野
第一颗	天枢	正日	太白	徐州	雍州
第二颗	天璇	主月	填星	益州	冀州
第三颗	天玑	命火，荧惑	荧惑	冀州	青、兖州
第四颗	天权	煞土，填星	辰星	荆州	徐、扬州
第五颗	玉衡	伐水，辰星	岁星	兖州	荆州
第六颗	开阳	危木，岁星	日	扬州	梁州
第七颗	摇光	剽金，太白	月	豫州	豫州

表7-4 北斗九星与阴阳、色彩、八卦和吉凶关系整理表
（依据《淮南子·天文训》，于小芳制）

代数	1	2	3	4	5	6	7	8	9
北斗	天枢	天璇	天玑	天权	玉衡	开阳	摇光	左辅	右弼
九星	贪狼	巨门	禄存	文曲	廉贞	武曲	破军	左辅	右弼
九宫五行	水	土	木	木	土	金	金	土	火

续表

代数	1	2	3	4	5	6	7	8	9
九宫色彩	白色	黑色	碧色	绿色	黄色	白色	赤色	白色	紫色
九宫吉凶	吉	吉	凶	凶	凶	吉	凶	吉	
表意	生气	天医	祸害	六煞	五鬼	延年	绝命	伏位	
八卦	艮	巽	乾	离	震	兑	坎	坤	
遁甲九神	天任	天辅	天心	天英	天冲	天柱	天蓬	天芮	天禽

3. 北斗星在道教和军事中的应用

北斗星在道教中有着很高的地位，因为中国古人对北斗星辰的自然崇拜，将北斗七星又称作"北斗七真君""斗斋""北斗星神"或"七元解厄星君"，居"北斗七宫"[①]。在道教中将北斗九星看作"九皇之神"，尤其在东南亚形成了道教"北斗九皇信仰"，同时道教认为"北斗主死"，可知北斗星在道教中应用之广之深。

天罡北斗阵是全真派创派祖师王重阳所创。此阵按北斗星座的方位，是全真教中最上乘的玄门功夫。

全真七子盘膝而坐，马钰位当天枢，谭处端位当天璇，

---

① 天枢宫贪狼星君、天璇宫巨门星君、天玑宫禄存星君、天权宫文曲星君、玉衡宫廉贞星君、开阳宫武曲星君、摇光宫破军星君。

刘处玄位当天玑，丘处机位当天权，四人组成斗魁；王处一位当玉衡，郝大通位当开阳，孙不二位当摇光，三人组成斗杓。

北斗七星中以天权光度最暗，却是居魁杓相接之处，最是要冲，因此由七子中武功最强的丘处机承担，斗杓中玉衡为主，由武功次强的王处一承担。

4. 北斗星在堪舆罗经中的应用

罗经依据"纳甲"①原理，将八卦与干支发生关系，从而与二十四山关联起来。罗盘地母翻卦九星圈层仅用于朝向。在堪舆学中九星配二十四山，因为九星有吉凶之义，所以九星所对应的二十四山方位也就有吉凶之义，即在吉星向见到秀丽名山则为吉，凶星向见危峰怪山则为凶。九星中（实则为八星，因为辅弼合一星）分为四吉四凶。将贪狼（天枢）、巨门（天璇）、武曲（开阳）、辅弼定为四吉星，将禄存（天玑）、文曲（天权）、廉贞（玉衡）、破军（摇光）定为四凶星（表7-5，图7-5）。将空间方位的吉凶与天体九星附会联系，在科学上缺少依据。

---

① 乾纳甲（乾），坤纳乙（坤），巽纳辛（巽），艮纳丙（艮），坎纳甲、子、辰、癸，离纳寅、午、戌、壬，震纳亥、卯、未、庚，兑纳巳、酉、丑、丁。

表 7-5　以坤卦为伏位的二十四山与翻卦九星和北斗九星的关系整理表（于小芳制）

二十四山	艮	寅	甲	卯	乙	辰	巽	巳	丙	午	丁	未
翻卦九星	贪狼	文曲	禄存	廉贞	辅弼	破军	巨门	武曲	贪狼	文曲	武曲	廉贞
吉凶	吉	凶	凶	凶	吉	凶	吉	吉	吉	凶	吉	凶
北斗九星	天枢	天权	天玑	玉衡	辅弼	摇光	天璇	开阳	天枢	天权	开阳	玉衡
二十四山	坤	申	庚	酉	辛	戌	乾	亥	壬	子	癸	丑
翻卦九星	辅弼	破军	廉贞	武曲	巨门	文曲	禄存	廉贞	文曲	破军	破军	武曲
吉凶	吉	凶	凶	吉	吉	凶	凶	凶	凶	凶	凶	吉
北斗九星	辅弼	摇光	玉衡	开阳	天璇	天权	天玑	玉衡	天权	摇光	摇光	开阳

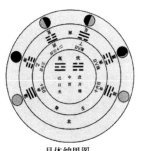

月体纳甲图
（摘自程建军《罗盘奥秘》）

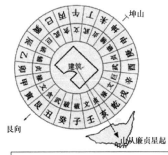

此案例中的建筑为坤山艮向，东方为廉贞星临位，因廉贞星为凶星，如果在这个方位的山为危峰怪山（带煞），依据"凶层向见危峰怪山则为凶"，那么这个建筑的选址定向则为不吉。

地母翻卦九星案例（摘自程建军《罗盘奥秘》）

图 7-5　九星纳甲图

第2节　北斗七星景观

北斗七星在景观应用中分为如下几方面：第一，是自然风景区的象天命名，如七星山、七星湖、七星洞、七星谷；第二是人工构筑的七星景观，如七星台、七星塔、七星亭等。

桂林七星公园是以七座类似北斗七星的山峰而命名的公园。七星山在漓江东岸，距市中心1000米，由普陀山天枢、天璇、天玑、天权4峰与月牙山玉衡、开阳、瑶光3峰组成，海拔依次为265米、255米、248米、245米、255米、241米、250米，7个山头几乎摆在一个水平上。普陀月牙，一东一西，相互连属，分布如太空北斗七星，山名以此而来。沈阳七星山，是位于沈阳市沈北新区的自然景点，形成于侏罗纪末期，由南山、塔山等七座山头组成，因其山形分布似北斗七星的排列状而得名。肇庆星湖的七星岩，其实是七座带岩洞的山峰。

北斗台是以祭祀北斗七星为功能的构筑物。泰山孔子庙北斗台，明万历时筑。台四面皆门而中通，上复为台，台上有两根顶着柱头的石柱，名礼斗，俗呼辅弼星，取"泰山北斗"之意。民国年间台毁，1984年重建。台顶设泰山花岗岩石栏，上刻牛郎、织女、天鹅、北斗等图案；台中设石制圆形日晷，刻十二时辰。据说此台是古人观测天象的地方。烟台城子顶拜斗台是汉代的拜斗遗址，武当山的拜斗台，道教协会每年在此举办祭拜北斗的活动。

漳州七星土楼群有两个群：南靖河坑七星土楼群与平和坂仔的七星土楼群。河坑土楼群位于南靖县书洋镇曲江圩河坑自然村，包括朝水楼、阳照楼、永盛楼、绳庆楼、永荣楼、永贵楼等6座方形土楼，裕昌楼、春贵楼、东升楼、晓春楼、永庆楼、裕兴楼等6座圆土楼和五角形的南薰楼共13座。其中六座圆形土楼布局类似北斗七星，如图7-6所示。其中年代最早的朝水楼建于1549年，最晚的建于1969年，跨度400年。河坑土楼群素有仙山楼阁、北斗七星之称，是当地人长时间北斗崇拜逐步形成，并非当初就有的规划思想，仍缺一圆楼，有朝一日将会完美地呈现。坂仔镇的七星土楼群在镇区铜溪排列七座土楼：环溪楼、宾阳楼、庆阳楼、薰南楼、黄塍楼、后厝楼和五美楼，呈北斗七星之状。当地人常说"北斗镇铜壶"和"七星伴月"等俗语。从五美楼到环溪楼的建设，时间跨度80年，到兴建最后一座环溪楼时，其楼联即包含"北斗祥光""南山佳气"等字眼，道出了北斗七星土楼群内涵，但是，这七楼也不是同一个时间建成的。

七星坛或七星台是道教用以祭祀北斗七星的台。唐陆龟蒙《上元日道室焚修寄袭美》诗："唯有世尘中小兆，夜来心拜七星坛。"《三国演义》第四十九回："都督若要东南风时，可于南屏山建一台，名曰'七星坛'：高九尺，作三层，用一百二十人，手执旗幡围绕。"清潘荣陛《帝京岁时纪胜·七星坛》："七月朔至七夕，各道院立坛祀星，名曰七星斗坛，盖祭北斗七星也。"帝京就是明清都城北京，可见各道院都设有七星斗坛。御花园的澄瑞亭，其实就是一个斗坛，每年定期在此举行拜斗活动。

图 7-6 河坑北斗七星土楼群

天坛的七星石是明嘉靖年间的镇石，迄今已有 470 余年。明嘉靖九年（1530 年），有一道士说这里太空旷，不利于皇位和皇寿，就设七石镇在这里。清朝又在东北方加一石头，表示不忘祖籍。因此说是七星石，其实是七大一小共八块巨石，亦有附会之嫌。

利用北斗七星作为园林景观的有：秦末南越王宫的石渠法北斗七星；梁萧衍的同泰寺，宫殿象日月，璇玑象征北斗七星之一；南宋淳祐三年（1243 年）郡守颜颐仲浚湖，周五万余丈，增筑三山，各置亭：胜概、含虚、澄碧，与原四山合七墩，如北斗七星，亭伴植竹，岛间增构二虹桥。湖中植荷为主，成泉州十景之一的星湖荷香。1994年齐康院士设计七星伴月就是力图恢复此景。苏州府学在元明清修复后，增加了七星桥。南宋苏州天庆观31景就有七星池和七星坛。宋绍熙元年（1190年），大理学家朱熹知漳州期间仅一年，在此构复轩，嘉定四年（1211年），郡守赵汝谠于此凿七星池，又建君子亭，以纪念朱熹。今亭已废，池尚完好。七星池半月形，东西长73.2米，南北最宽处21米，占地面积1537平方米。

明代的寄畅园在顺治年间秦得藻合并为一，请造园家张涟及其侄张鉽大改，于是有七星桥、八音涧和九狮台等景。此景后来被仿建于清漪园中，名谐趣园。明代常州的青山庄在康熙五十年（1711年）镇江张玉书后人购得并扩建，乾隆年间籍没入官，旋即废。据谢聘《春及堂集》载："自庄门首三山在望第一重起，至烟雨横塘堂止，为基一百四十余亩。"有景42处，其中有一景为七星桥。明代王应熊在重庆渝中的七星岗构建涵园。明安氏在无锡构南林，"堂后池广可数十亩，亦蒲苇，亦菱芡，亦芙蕖，亦鱼梁之。方其中，朱阁周之，可燕赏，曰七星桥。池流东、西分，汇于芳甸。周池之岸，皆古木，郁然深秀，兹林独擅"。明末清初朱良月在江西南昌构建青云圃，形成十二景："岭云来阁，香月凭楼。五夜经绳，七星山枕。池亭放

鸬，柳岸闻箫。五里三桥，一涧九品。钟声谷应，芝圃樵
归。荷迎门径，梅笑林边。"清庆复在北京挂甲屯构七峰别
墅，堆山七座，名七星山，又建拱宸楼、欧斋、湖阴西舫、
有嘉树轩、井屋、池、桥、湖、榭，布局淡雅，务求精致，
题有《七峰别墅杂咏》。清末台湾新北李家在七星下地的构
宅园，全厝有九厅六十房。杭州西湖孤山公园民国期间有
七星坟，1950—1952 年重建中山公园时仍有，1964 年把
七星坟迁于鸡龙山。1927 年河南博爱公园的月山寺构有七
星塔。

　　现存北斗七星的古典园林首先是御花园，其次是台北
板桥林家花园。按照王子林《紫禁城风水》，斗勺在北，斗
勺在南，午门的四个角楼为斗勺四星：天枢、天璇、天玑、
天权。中和殿是玉衡，交泰殿是开阳，御花园钦安殿是摇光，
其左右的万春亭和千秋阁是左辅和右弼两星。如图 7-7 所
示。台北林家延聘堪舆大师林郎仙终身居住于园中，最后
园主人林维源完成七星布局。斗勺的天枢是月波水榭，天
璇是定静堂，天玑是观稼楼，天权是香玉簃。斗柄的玉衡
是来青阁，开阳是方鉴斋，摇光是汲古书屋。如图 7-8 所
示。而避暑山庄的湖洲区，似与天星也有关系，如图 7-9
所示。

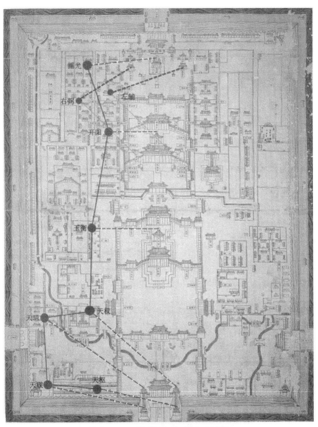

图 7-7 紫禁城北斗七星局

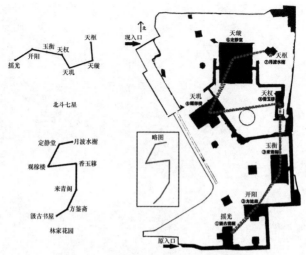

图 7-8 板桥花园七星格局（赵忆制）

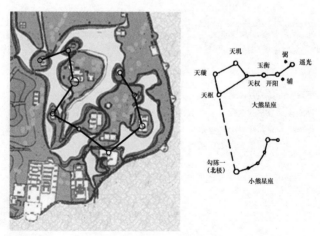

图 7-9 避暑山庄湖洲区北斗七星图式（年玥制）

其实，古星空中不仅有北斗七星，还有南斗六星：天府星（第一星，天文学称斗一，古名令星）、天梁星（第二星，斗二，阴星），天机星（第三星，斗三，善星），天同星（第四星，斗四，福星），天相星（第五星，即斗五，印星），七杀星（第六星，即斗六，将星）。南斗属于射手座，在夏日与北斗交相辉映。古人认为，南斗六星君，是管理世间一切人、妖、灵、神、仙等生灵的天官。南极长生大帝玉清真王，是南斗六星君的主管。但是，南斗六星在城市建设上没有象征性构筑。

第8章　三垣：明清北京三垣

　　中古天文学家把北方正上方天区分成三垣，包括上垣之太微垣、中垣之紫微垣及下垣之天市垣，如图 8-1 所示。作为星官，紫微垣和天市垣的名称先在《开元占经》辑录的《石氏星经》中出现，太微垣的名称晚到唐初的《玄象诗》中才见到。每垣都是一个比较大的天区，内含若干（小）星官（或称为星座）。

　　紫微垣是三垣的中垣，居于北天中央，所以又称中宫，或紫微宫。紫微宫即皇宫的意思，各星多数以官名命名。在北斗东北，有星 15 颗，东西列，以北极星为中枢，成屏藩形状。东藩 8 星，由南起叫左枢、上宰、少宰、上弼、少弼、上卫、少卫、少丞（即天龙座 ι、θ、η、ζ、ν、73，仙王座 π，仙后座 23）西藩 7 星，由南起叫右枢、少尉、上辅、少辅、上卫、少卫、上丞（即天龙座 α、χ、λ，鹿豹座 43、9、H1）左右枢之间叫"阊阖门"。

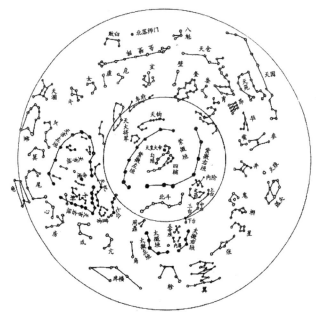

三垣二十八宿图
（摘自赖雅浩《天星地理学》）

图8-1　古天文学三垣图

　　太微垣是三垣的上垣，位居于紫微垣之下的东北方。在北斗之南，轸宿和翼宿之北，有星10颗，以五帝座一为中枢，成屏藩形状。东藩4星，由南起叫东上相、东次相、东次将、东上将（即室女座 γ、δ、ε 与后发座42）；西藩4星，由南起叫西上将、西次将、西次相、西上相（即狮子座 σ、ι、θ、δ）；南藩2星，东称左执法（即室女座 η），西称右执法（即室女座 β）。

天市垣是三垣的下垣，位居紫微垣之下的东南方向。在房宿和心宿东北，有星22颗，以帝座为中枢，成屏藩形状。东藩11星，由南起叫宋、南海、燕、东海、徐、吴越、齐、中山、九河、赵、魏（即蛇夫座η，巨蛇座ξ，蛇夫座ν，巨蛇座η、θ，天鹰座ζ，武仙座112、o、μ、λ、δ）；西藩11星。由南起叫韩、楚、梁、巴、蜀、秦、周、郑、晋、河间、河中（即蛇夫座ζ、ε、δ，巨蛇座ε、α、δ、β、γ，武仙座χ、γ、β）。

三垣理论用于城市规划的典型案例就是明代北京，清代延续此城，如图8-2所示。紫禁城处于最核心位置，象征紫微垣。垣内是明代皇帝居住、办公和游乐的场所。紫禁城是一座长方形的城池，南北长961米，东西宽753米，四周有高10米多的城墙围绕，城墙的外沿周长为3428米（城墙外有宽52米的护城河，是护卫紫禁城的重要设施）。紫禁城城墙四边各有一门，南为午门，北为神武门，东为东华门，西为西华门。城墙的四角有四座角楼。

皇城处于紫禁城的外围，象征太微垣，环绕在宫城之外，是拱卫皇宫并为皇宫提供各种服务和生活保障的特殊城池。皇城南起今天的长安街，北到今天的平安大街，东至今东城区南北河沿一线（现已建起皇城根遗址公园），西达今西城区西皇城根一线。东西长约2500米，南北约2790米，面积约6.9平方公里。皇城一共有七座城门：天安门、东安门、西安门、地安门、大明门（大清门）、长安左门和长安右门。

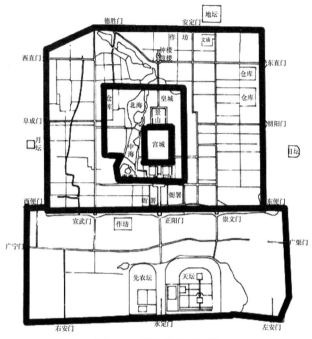

图 8-2　明清北京三垣图

　　内城城墙是明朝在元大都城墙基础上经多次改建而成的。周长40公里，其位置大体与今北京东城、西城两区相当。城墙内心为夯土，内外壁上均以条石为基础，上则包彻城砖。根据文献记载，北京内城城墙内侧高平均为10.35米，外侧高平均为11.39米，顶厚平均14.64米，墙基厚平均19.28米，其中以北垣最厚且最高（按外壁计），与防御需要有关。清朝入关后，八旗官兵及其家属进驻北京以后，清廷下令圈占内城的房舍给旗人居住。以前在内城的汉民、回民等一律搬到外城居住。内城以皇城为中心，由八旗分立四角八方——两黄旗居北：镶黄旗驻安定门内，正黄旗驻德胜门内；两白旗居东：镶白旗驻朝阳门内，正白旗驻东直门内；两红旗居西：镶红旗驻阜成门内，正红旗驻西直门内；两蓝旗居南：镶蓝旗驻宣武门内，正蓝旗驻崇文门内。内城一共有九座城门，沿现在的北京二环路分布，分别是正阳门、崇文门、朝阳门、东直门、安定门、德胜门、西直门、阜成门、宣武门。

运用三垣理论的还有避暑山庄湖洲区金山岛。《礼记·祭统》云："凡治人之道，莫急于礼；礼有五经，莫重于祭。"自古以来"祭祀"就被列为诸礼之首，其中祭天之礼更是帝王的专权，金山上帝阁作为驻跸期间进行祭祀活动、皇帝祭天之礼的重要场所，象征天星"北极星"，岛上堆山叠石的三个层级像三垣星象结构，如图8-3所示，每一层级以气路围绕中心点上帝阁层叠排布，与主体建筑、廊、砂石、植物结合构成宛自天开、极富真趣的风水垣局。

在中国传统理法中，认为天属阳，奇数为阳数，因此上帝阁修建三层，顺应理法中阴阳之意，以示象天的崇拜。一层题额"皇穹永佑"，与天坛"皇穹宇"同是皇帝祭天的场所，除告祭上天外，还有"皇权天授"之意；二层题额"元武威灵"，内供镇守北方真神——真武大帝，以示满族祖居北方，北方真神庇护玄武之意。又因真武大帝有水神之职，供奉祭拜有防火防灾之意；三层题额"天高听卑"，有体恤民情之意，内供诸神之首——玉皇大帝，强调皇权地位。

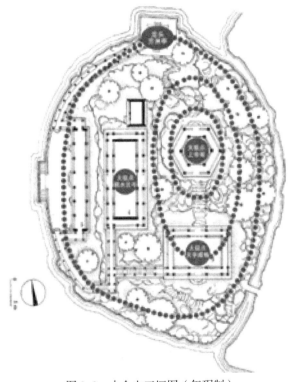

图 8-3　小金山三垣图（年玥制）

第 9 章 四象二十八星宿

　　中国古代将天空分成东、北、西、南、中区域，称东方为青龙象，北方为玄武象，西方为白虎象，南方为朱雀象，是为四象。青龙七宿是：角、亢、氐、房、心、尾、箕，白虎七宿是：奎、娄、胃、昴、毕、觜、参，玄武七宿为：斗、牛、女、虚、危、室、壁，朱雀七宿是：井、鬼、柳、星、张、翼、轸，详见表9-1和图9-1。

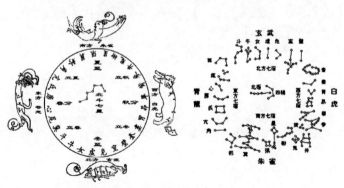

图9-1　四象二十八星宿图

表9-1 二十八宿四象属性表（于小芳制）

四象	星宿	颜色	四兽	七曜与动物
东方七宿	角、亢、氐、房、心、尾、箕	青色	青龙	木蛟、金龙、土貉、日兔、月狐、火虎、水豹
北方七宿	斗、牛、女、虚、危、室、壁	黑色	玄武	木獬、金牛、土蝠、日鼠、月燕、火猪、水貐
西方七宿	奎、娄、胃、昴、毕、觜、参	白色	白虎	木狼、金狗、土雉、日鸡、月乌、火猴、水猿
南方七宿	井、鬼、柳、星、张、翼、轸	红色	朱雀	木獬、金牛、土蝠、日鼠、月燕、火猪、水貐

为了便于记忆，古人把四方七宿联想为四种动物，如东方青龙，角宿像龙角，氐、房宿像龙身，尾宿像龙尾。南方朱雀则以井宿到轸宿像鸟，柳宿为鸟嘴，星为鸟颈，张为嗉（sù，指某些鸟类食管的扩大部分的小囊，用来贮存并浸解食物），翼为羽翮。

后来古人又将其与阴阳、五行、五方、五色相配，故有东方青龙、西方白虎、南方朱雀、北方玄武之说，再后又将其运用于军营军列，成为行军打仗的保护神，如《礼记·曲礼上》曰："行，前朱鸟（雀）而后玄武，左青龙而右白虎，招摇在上。"

《易传》之四象自成系统，指的是从两仪衍生出来的老阳、老阴、少阳、少阴。从太极到两仪四象的性质之说与天星四象的方位之说，经过漫长的时间最后融合为一体。谁先谁后不可究。青龙代表木，白虎代表金，朱雀代表火，玄武代表水，也分别代表东、西、南、北四个方向。在二十八宿中，四象用来划分天上的星宿，也称四神、四灵。宋明时期《周易》四象已和天星四象画上等号，《易》曰"在天成象，在地成形"，所以日月星辰为天之四象而分阴阳，水火土石为地之四象而分刚柔。

中国传统方位是以南方在上方，和现代以北方在上方不同，所以描述四象方位，又会说左青龙（东）、右白虎（西）、前朱雀（南）、后玄武（北）来表示，并与五行学在方位（东木，西金，北水，南火）上相呼应。四象分别代表了动物的形态、色彩、性质，见表9-1，在《大荒经》则把天下名山与此对应，于是，真正的象天与法地统一在一起，见表9-2。

四象在东方文化圈备受宠爱，我国民间还以四神谓之，日本和朝鲜常以四圣、四圣兽称之。三国时曹魏术士管辂第一个把四象引进相地。《三国志·管辂传》载："辂随军西行，过毋丘俭墓，倚树哀吟，精神不乐，人间其故，辂曰：林木虽茂，开形可久。碑言虽美，无后可守。玄武藏头，苍龙无足，白虎衔尸，朱雀悲哭，四危以备，法当灭族。不过二载，其应至矣。"这就是根据四象处于四危状态，判断毋丘俭两年之内灭族。郭璞在《葬经》中也宣扬这一套，

表 9-2　二十八宿与二十八山
（于小芳据《大荒经》整理）

序号	1	2	3	4	5	6	7	8	9	10	11	12	13	14
四象	东方苍龙七宿							北方玄武七宿						
二十八宿	角宿	亢宿	氐宿	房宿	心宿	尾宿	箕宿	斗宿	牛宿	女宿	虚宿	危宿	室宿	壁宿
二十八山	大言山	合虚山	明星山	鞠陵于天山	蘖摇頵羝山	猗天苏门山	壑明俊疾山	不咸山	衡天山	先槛大逢山	北极天柜山	成都载天	不句山	融父山

序号	15	16	17	18	19	20	21	22	23	24	25	26	27	28
四象	西方白虎七宿							南方朱雀七宿						
二十八宿	奎宿	娄宿	胃宿	昴宿	毕宿	觜宿	参宿	井宿	鬼宿	柳宿	星宿	张宿	翼宿	轸宿
二十八山	方山	丰沮玉门山	龙山	日月山	鏖鏊钜山	常阳之山	大荒山	衡石山	不庭山	不姜山	去痓山	融天之山	涂山	天台山

其《葬书》道："经日地有四势，气从八方。故葬以左为青龙，右为白虎，前为朱雀，后为玄武。玄武垂头，朱雀翔舞，青龙蜿蜒，白虎驯服。形势反此，法当破死。故虎蹲谓之衔尸，龙踞谓之嫉主，玄武不垂音拒尸，朱雀不舞者腾去，土圭测其方位，玉尺度其遐迩。以支为龙虎者，来止迹乎冈阜，要如肘臂，谓之环抱。以水为朱雀者，衰旺系形应，忌夫湍流，谓之悲泣。"四象对民俗有很深的影响，社稷坛（今北京中山公园）中的土色各有不同，东方是青龙，土色为青；西方是白虎，土色为白；南方是朱雀，土色为红；北方是玄武，土色为黑。中间的土色是黄的，象征人。五色土是明清时期由四方的府县专程运来，以示四海咸服，天下祥和。

建筑堪舆把管郭四象形态的描述简化为：宁可青龙高万丈，不可白虎探一头。青龙如郁竹、昂首、串螺、聚库、晒袍、笔峰、柜库、重迭、瓜瓠、斧覆、流船、卧蚕、秤竿、白石为吉象。青龙有直去、不整、枪刺、凹陷、下坑、倒伏、双山等为凶象。白虎如弯弓、笔峰、斧覆、眠弓、弯曲、照掌、重山、横尖、乱石等为吉象，若开口、露骨、蛮体、横破、摆尾、刀尖、迭落、扇面、蚕样长短、反背手掌、腰部凹陷等为凶象。朱雀如秀峰、弯刀、云峰、圆月、连珠、瓜瓠、覆钟、细弯、覆釜、并列、双鱼、双峰、张旗、天马、游鱼、楼台、柜库、面水等为吉象，若有丑石、横刀、突嘴、横木（如栏杆）、人眠（如僵尸）、倒瓜（非正常蒂在上）、黄石、石崖、排符、细峰、顾盼山峰、草鞋、案山高过脑等为凶象。玄武如飞鹅、华盖、大山、高峰、护托、从山、三台、平掌、三峰、龙头、龙腹、燕巢、平田等都为吉象，若前压龙虎、后龙低矮、来龙反背、坐山有锹、山落低软、形如枪嘴、陷落下坑、细若横笛、依附崖旁、形如佩弓、孤立、碎石、覆釜、覆钟等为凶象。

　　从中可见，饱满圆融、重叠绵延为吉象，而凹陷跌落、破损反背、尖嘴细软等为凶象。诸象完合是美学之完形说、利害说与礼制说的结合。有些可以用科学解释，如地形地貌的破损为地质构造运动变化的结果。有些则完全是牵强附会，只是美好的期盼而已。

　　四合院中殿堂被作为太极点论四象，则东耳房、东耳室、东厢房、东抄手为青龙位，西耳房、西耳室、西厢房和西抄手为白虎位，如图9-2所示。北方则很少有青龙高白虎低、青龙大白虎小，而南方也是有讲究者和不讲究者。紫禁城和恭王府的院落中未显见。拙政园住宅院落和园林院落就没有东高西低，东大西小之说，而网师园则处处呈现。江南、岭南、西南等地民居，亦存在讲究和不讲究。

　　然而园林中以堆山象征四象者，追求玄武最为普遍，如明代北京城景山则是紫禁城的玄武山。玄武为龙蛇相合之象，故景山以覆土成龟背，开路如蛇行象征玄武，如图9-3所示。避暑山庄文津阁北面的石假山，也是按一龟一蛇堆置。文园狮子林营建中，也把苏州狮子林的格局做了局部的调整，最大的改动就是北面玄武山的堆土成山。颐和园的选址其实就是因为以万寿山为玄武山，主体建筑放在阳坡南面，园林的重心是在南面，形成建筑院落北靠大山，面朝大湖的效果，如图9-4所示。苏州环秀山庄的假山，其实就是玄武山，院落和入口都在南面。怡园藕香榭、豫园三穗堂也是重在堆玄武山。

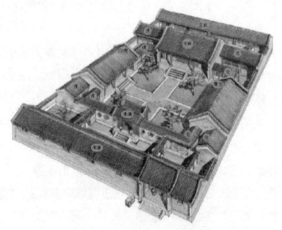

图9-2　四合院四象对应图

追求朱雀位以山和水的形式表现，朱雀山分案山和朝山，朱雀池分外池和内池。案山以花坛者最为普遍，如留园远翠阁前牡丹台、御花园绛雪轩前琉璃花台（图9-5）、网师园琴室前花台等。案山实际高过眉头而立于室及眉心者，如网师园燕誉堂前院和拙政园海棠春坞，而留园揖峰轩前院，立石为峰，高出头顶，矗立于整个院落，是罕见之作。耦园的东院和西院，堆石成峰，体量巨大，更是与传统理法不同。

图 9-3　景山

图 9-4　颐和园万寿山

图 9-5　御花园琉璃花台

　　朱雀以池塘之形之名之用得到全国各地的认同，因为朱雀池不仅可以用于排污消防，更是种藕养鱼之所。新叶村祠堂群、惠山祠堂群、漳浦赵家堡（图 9-6）、岳麓书院等为代表的民居都是在群体建筑外或前开朱雀池，而像大觉寺（图 9-7）、岱庙、晋祠、天津孔庙等则在院内主体建筑前再凿池为朱雀池，也是非常普遍。内外都有朱雀池的有惠山祠堂群（图 9-8）。横塘是临水祠堂公共的朱雀池。颐和园昆明池是万寿山南面所有建筑的公共朱雀池，而在扬仁风内部也有一个朱雀池，养云轩和无尽意轩三处院落前，又各有一个朱雀池，如图 9-9 所示。后山须弥灵境也是建立在左青龙右白虎的四象格局里面，只不过南北反向，以北湖（又称后溪湖，实为溪）为朱雀池，如图 9-10 所示。小局如畅观堂虽无朱雀，却有朝山，如图 9-11 所示。

图 9-6　赵家堡朱雀池

追求案山和玄武山的典型案例就是留园五峰仙馆前院和后院。前院案山名五老峰，太湖石堆成五峰形式。玄武山则很少有人关注，因为它很低，只是一个山岗，用龙廊增其势，如图 9-12 所示。

追求青龙、白虎、朱雀、玄武四象同辉者，要求场地足够，方可令四象完整形成。东南西北四象各自堆山者，拙政园为典范，如图 9-13 所示。以远香堂为太极点，北面玄武山最高，由东到西三座连绵之山构成。东面的山岗较为高大，山上建绣绮亭以增其势。西面隔水黄石假山为白虎，山体比青龙山低，且上面不构亭。南面先凿朱雀池，隔岸堆黄石假山，如远处朝山。

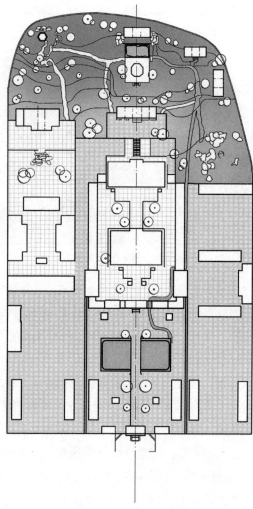

图 9-7　大觉寺总平面

图 9-8　无锡惠山古镇祠堂群

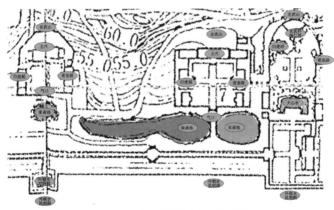

图 9-9　颐和园扬仁风、养云轩、
无尽意轩四象图

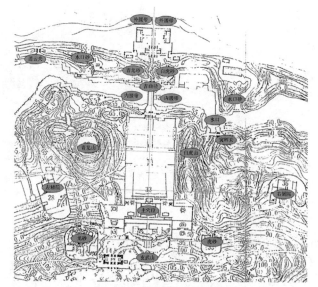

图 9-10　须弥灵境四象图

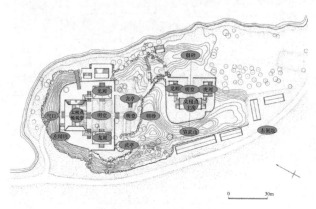

图 9-11　畅观堂四象图

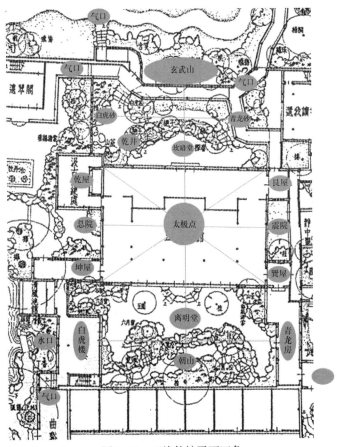

图 9-12　五峰仙馆平面四象

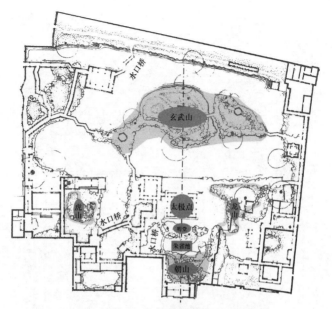

图9-13 拙政园四象图

追求四象绵延不绝是圆明园开的先例。雍正时期形成的园中园，全部是四面环山为龙，如濂溪乐处和长春仙馆就是典范。园明园的附园，如朗润园、鸣鹤园、蔚秀园、近春园亦如此制。朗润园即今之北京大学经济地理研究所，是一个小岛，北面玄武山，东面青龙山，西面白虎山，唯南面无山。而岛外则又构成四象构局，如图9-14所示。城中园林的醇亲王府花园、恭王府花园和礼王府花园也是此制。恭王府花园北面高山有来龙，玄武山向东西两向延伸，折南后包抄合襟于中轴，四象七山环绕，如图9-15所示。

图 9-14　朗润园四象图

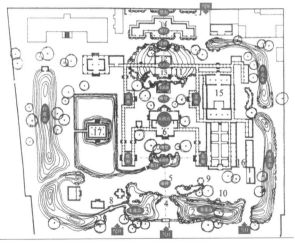

1—园门　2—垂直樾　3—翠云岭　4—曲径通幽　5—飞来石　6—安善堂
7—蝠河　8—榆关　9—沁秋亭　10—蔬蔬圃　11—滴翠岩　12—绿天小隐
13—邀月台　14—蝠厅　15—大戏楼　16—吟香醉月　17—观鱼台

图 9-15　恭王府花园四象图

129

第 *10* 章　日月：日坛、月坛、三潭印月、月台

第 1 节　日月崇拜

天体崇拜的主要对象是日月，其中又以日神为甚。中国古人认为日为众神之主，于是产生了很多以太阳为主题的故事，如羲和生日、浴日、驭日，羿射九日，夸父逐日等。

月神崇拜原始神话中，有把日神羲和当作月神的传说，也有嫦娥奔月的神话。《山海经·大荒西经》载："有女子方浴月。帝俊妻常羲，生月十有二，此始浴之。"

1960 年，在山东莒县出土的大汶口文化的陶尊上，刻有日月崇拜的图像，随后在山东诸城前寨也出土了一件，相同的图案，并且还涂有朱红色，这是中国目前发现的最

原始的天文图案。高山族把日、月、星辰等自然现象都视为伟大的力量，可主宰人类祸福安危。彝族在解放前，每年都举行太阳会和太阴会，每逢农历冬月二十九，村里人都到山神庙去祭祀"太阳菩萨"，在农历三月十三举行太阴会，由老年妇女到山神庙去祭祀"太阴菩萨"，并且都各有供品，还要分别念《太阳经》和《太阴经》。在供品上雕刻象征太阳的莲花图案。永宁纳西族人认为，太阳、月亮、星星，都是吉祥的象征，习惯用白石灰在房子上画日、月、星图案。普米族的日月神，与大汶口文化中的图案非常接近。

北方鄂伦春人，在他们供奉的图画上，较多地画有太阳，凡事都要向太阳神祷告，以求消灾降福。鄂伦春人把太阳神叫作"得格钦"，在正月初一朝拜太阳，祈求阳光和温暖；正月十五和二十五，以及八月十五都是月亮日，全族朝拜。当他们打不到猎物时，就向月亮叩头祈求帮助。

中国岩画的日月崇拜包括拜日、祭天、祈求丰年等活动场面。江苏连云港将军崖的岩画画的是祭天场面；内蒙古的阴山格尔敖包沟的岩崖上，凿刻着牧民膜拜太阳的图像，其人身体立直，双臂上举，高过头顶，双手合十，双腿叉开，两足相连，表示站在大地上。在广西左江岩画中发现三处祭日的遗迹，第一处的图像是在一个光芒四射的太阳下边，有三个顶礼祈祷的人像；第二处是在一个巨大的人像身旁又画着一个太阳图像；第三处是上方为太阳图像，下方是一群举手歌舞的膜拜者。

中国岩画中围绕太阳跳舞的形式与印第安人在祭祀太阳时跳太阳舞近似。《礼记·祭义》载"祭日于坛，祭月于坎，以别幽明，以制上下"，说明中国古代有着广泛而悠久的祭日月习俗。关于对日、月、星辰的崇拜，《礼记·祭义》载，"郊之祭，大报天而注日，配以月"。《祭义》注道："天无形体，县象著明。"这表明，在古代的自然崇拜中，比较注重有形体的物象，而又把太阳放在崇拜的首位。

日月本是天象，在皇家城市规划和园林设计中常被运用。如梁萧衍在同泰寺园中，把宫殿象征日月，在藏传佛教中，也有日轮月轮，如普宁寺和颐和园的须弥灵境的日殿月殿。清乾隆年间陈安仁及从子遇清文、锦筑一邱园，园中有日月泉。北京海淀傅恫建水塔花园，在正堂前后有日月二池。先农坛里祀日月二神。台湾阿里山的日月潭湖面海拔748米，常态面积为7.93平方千米（满水位时10平方千米），最大水深27米，湖周长约37千米，是台湾外来种生物最多的淡水湖泊之一。它以光华岛为界，北半湖形状如圆日，南半湖形状如弯月，故名，如图10-1所示。

在一个园林中同时运用日月者——杭州西湖之三潭印月。北宋苏东坡令沿苏堤筑三塔以为种藕边界。南宋时在小瀛洲湖滨建德生堂，毁后历代有更迭。明万历年间辟放生池于堂南，池外水中置三塔，以仿苏轼三塔，俗称为三潭（《湖山便览》69页）。万历三十五年（1607年）钱塘令聂心汤请于水利道王道显，利用苏公之法筑内埝，遂成湖中之湖，也就是口字形放生池。又于旧寺址建德生堂。万历三十九年（1611年）筑外埝，遂成日字形水池。与原三塔更近，更利于观看塔月。三塔平面亦成月牙形，从而构成日月同辉。万历四十九年（1621年）以德生堂为寺，复名湖心寺，日字形水池就成为更大的放生池。清雍正五年（1727年）建南北向曲桥，于是，把原来日字形水池变成田字形水池，只不过此桥下水面还是相通，上隔下不隔，也可认为是下日上月，日月同辉还在，如图10-2所示。

图 10-1 三月潭日月同辉图

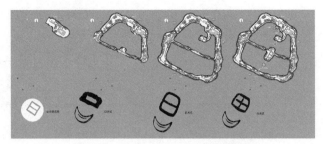

图 10-2　三潭印月日月同辉变迁图

第 2 节　日坛、华表和日晷

日坛又名朝日坛。日坛位于北京城东朝阳门外，原因是日出东方。原为明锦衣卫萧瑛地，明嘉靖九年（1530 年）五月开始修建。因日出在东，日落在西，故坛西向，与月坛遥相呼应。祭坛始建于明嘉靖年间，为一层方形台，西向，每边长五丈，高五尺九寸，四面有台阶，各为九级。坛面中央原用地坛象征太阳的红琉璃瓦砖铺砌，清代改用方砖铺面。方形祭台外环绕有圆形矮砖墙，绿琉璃瓦顶，四面各设石棂星门，东、南、北各一门二柱，西门为三门六柱。祭坛西门外有具服殿、燎炉等；东北有神库、神厨各三间，宰牲亭、井亭各一；坛北有祭器库、乐器库、稷荐库等。嘉靖十年（1531 年）三月竣工，如图 10-3 所示。日坛内的殿堂建筑于天启六年（1626 年）二月落成。南为具服殿，清乾隆七年（1742 年）改建于坛西北角。

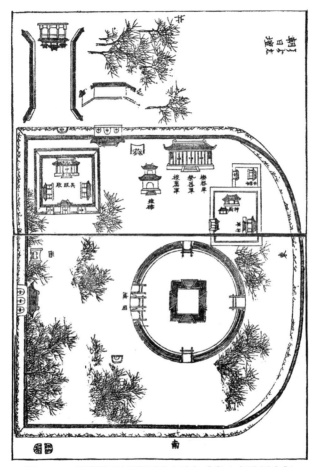

图 10-3　明清朝日坛平面图（引自《唐土名胜图会》）

　　日坛是明、清两代帝王祭祀大明之神（即太阳）的处所，春分之日祭大明之神。《天府广记》载："祭用太牢、玉礼三献，乐七奏、舞八佾。甲、丙、戊、壬年，皇帝亲祭。"日坛正式作为帝王祭祀太阳的场所是在明隆庆元年（1567年），在此之前祭祀太阳都是在天坛圜丘外从祭。此后又分别有明崇祯，清乾隆、嘉庆和道光4位皇帝到日坛亲祭，最后一次是清宣宗皇帝于道光二十三年（1843年）亲祭。此后祭日的礼仪渐渐荒废，护坛人员裁撤，多年失管、失修，到解放前夕，建筑破败。

　　中华人民共和国成立以后，日坛被辟为公园。1955年开始进行规划设计，1956年，征用四周土地，将公园面积扩大到20.62公顷。1972年，在周恩来总理的倡议下，日坛公园栽种日本赠送的大山樱花180株。1974年6月，日本政府农林代表团游览日坛公园。当年，日坛公园展出名贵菊花220个品种800盆次。1978年至1979年公园批准重建，从20世纪80年代起，公园进行了大规模建设，逐年修建了牡丹园、清晖亭、曲池胜春园、"祭日"壁画、古雅的"义和雅居"、山明水秀古典式的西南景区、画廊等，如图10-4所示。1991年春节期间，日坛公园举办迎春游园活动，有多种民间花会、民俗活动。2006年5月25日，日坛（又名朝日坛）作为明至清时期古建筑，被国务院批准列为第六批全国重点文物保护单位。2010年正值日坛建坛480周年之际，公园实施了祭祀古建筑的保护性修缮，工程涉及西天门、北天门、神库、宰牲亭、祭日拜台等7处古建筑，如图10-5所示。

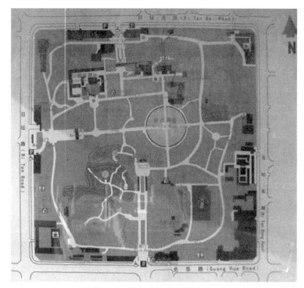

图 10-4　日坛公园平面

图 10-5　日坛牌坊门

对日的崇拜还是因为太阳给地球上的万物带来了生机。万物生长靠太阳。于是负阴抱阳成为建筑的主要形式。负阴指背靠阴面的北面，抱阳指朝向阳面的南面。从早上看到太阳起，就如抱着太阳，经一日从东至西，夕阳下山。冬日晒太阳成为动物的本能。明末造园家计成的《园冶》中"立基"篇颇有异曲同工之妙："凡园圃立基，定厅堂为主。先乎取景，妙在朝南。"如今，随着人口的增多，城市再也不可能建房任意得阳，于是，多层、高层建筑拔地而起，一个居住小区林立着几十上百幢建筑。前后建筑的排列为了不挡光线，制定了《城市居住区规划设计标准》，规定了居住建筑之间的日照间距。日照间距是指前后两排南向房屋之间，为保证后排房屋在冬至日（或大寒日）底层获得不低于两小时的满窗日照（日照）而保持的最小间隔距离。以房屋长边向阳，朝向正南，正午太阳照到后排房屋底层窗台为依据来进行计算。$\tan h=(H-H_1)/D$，由此得日照间距应为：$D=(H-H_1)/\tan h$；式中，h 为太阳高度角；H 为前幢房屋女儿墙顶面至地面高度；H_1 为后幢房屋窗台至地面高度。（根据现行设计规范，一般 H_1 取值为 0.9m，$H_1>0.9$m 时仍按 0.9m 取值）实际应用中，常将 D 换算成其与 H 的比值，即日照间距系数 [即日照系数 $=D/(H-H_1)$]，以便于根据不同建筑高度算出相同地区、相同条件下的建筑日照间距。

华表是以日计时的计时工具，相当于钟或表。古代计时滴漏、表木、日晷。其中表木是最早的计时工具，之后，利用小孔成像发明了日晷。因为表木和日晷受太阳限制，不受太阳限制的滴水、漏沙计时工具就发明了，称为滴漏。日晷作为计时工具，一直放在皇帝办公的场所：太和殿的前面，或颐和园等地。但是，表木则退化为一种建筑标志——华表，立于天安门前。华表表身由远古的木质变成东汉的石质，由原来的小体型，变成了高体型。由原来的原木直木变成了柱身盘龙，柱顶雕朝天犼的豪华型。

观测日影而产生了对日的崇拜，把太阳当成最高的天神。汉代郊祀五帝：东为春帝太昊，南为夏帝炎帝，中为天帝黄帝，西为秋帝少昊，北为冬帝颛顼。《白虎通·五行》道："炎帝者，太阳也。"《风俗通》引《尚书大传》道："黄者光也，厚也，中和之色，德施四季。"炎帝为太阳神，黄帝也是光神。太昊少昊的昊字，从天从日，表明二帝亦是太阳神。颛顼号高阳，即高高在上的太阳，也是太阳神。由此可见五帝皆是太阳神。太昊氏既崇拜太阳，也崇拜龙，故柱上饰龙绕柱。用以观测太阳日影的柱子被神化置于院门之前，表明神柱、神木、天地柱和通天柱。《淮南子·地形训》道："建木在都广，众帝所自上下，日中无景，呼而无响，盖天地之中也。""建木"就是华表，"都广"就是都城的广场。"景"通影。在汉画像石中有青龙、白虎、朱雀、玄武四象，中间为一点，代表的是日影。

建木的神奇性在于日影从早上到晚上从东方出现西方

落影，在地面上就是柱子的北面画一个半圆。神奇被人转译为神圣，进而加以崇拜。正因为太阳可以照出表（建木）的影，故表被帝王用来照人心，纳众谏的标志。晋崔豹《古今注·问答解义》："程问曰：'尧设诽谤之木，何也？'答曰：'今之华表木也'。以横木交柱头，状若花也。形似桔槔，大路交衢悉施焉。或谓之表木，以表王者纳谏也。亦以表识衢路也。秦乃除之，汉始复修焉。今西京谓之交午木。'"华即花，华丽。横木演化为云板。尧帝把它立在交通要道，供人写谏言，针砭时弊。《文选》三国·魏·何平叔（晏）《景福殿》曰："故其华表则镐镐铄铄，赫奕章灼。"注："华表，谓华饰屋外之丧也。"

华表古代也用于帝王陵墓之前。柱身往往刻有花纹，北魏·杨衒之《洛阳伽蓝记·龙华寺》："宣阳门外叫四里，至洛水上，作浮桥，所谓永桥也……南北两序有华表，举高二十丈，华表上作凤凰似欲冲天势。"

第3节　桂宫、广寒殿、月坛、月台

月是夜明星象，自古得到中国人的赞颂。中国人因崇拜月亮而发明了嫦娥奔月的神话传说。最早记录嫦娥事迹的是商代的巫卜书。秦代王家台秦简《归藏》中《归妹》卦辞为：昔者恒我（姮娥）窃毋死之药于西王母，服之以（奔）月。将往，而枚占于有黄。有黄占之曰："吉。翩翩归妹，独将西行。逢天晦芒，毋惊毋恐，后且大昌。"恒我遂托身于月，是为蟾蜍。

西汉初期的《淮南子》（公元前 139 年成书），其中使用了嫦娥奔月的故事作为典故引用："羿请不死之药于西王母，姮娥窃以奔月，怅然有丧，无以续之。"东汉高诱为《淮南子》做的注解中写道："姮娥，羿妻也。羿请不死之药于西王母，未及服之，姮娥盗食之，得仙奔入月中，为月精也。"因汉代人避当时皇帝刘恒的讳，之后名字改为嫦娥。汉武帝在上林苑中"凿池以玩月，其旁起望鹄台以眺月。影入池中，使宫人乘舟弄月影，名影娥池，亦名眺蟾宫。"

晋代干宝所著《搜神记》中的记述认为是引自《灵宪》。南朝齐国的刘勰在《文心雕龙·诸子》篇中记载："《归藏》之经，大明迁怪，乃称羿毙十日，姮娥奔月。"南朝梁国萧统在《文选》中选入了王僧达的《祭颜光禄文》，其中有"凉阴掩轩，娥月寝辉"的句子。南朝梁国刘昭编写的《后汉书·天文志上》补注引东汉张衡所著《灵宪》曰："羿请无死之药于西王母，姮娥窃之以奔月。将往，枚筮之于有黄。有黄占之曰：吉。翩翩归妹，独将西行，逢天晦芒，毋惊毋恐，后其大昌。姮娥遂托身于月，是为蟾蜍。"

唐朝的李善在注释时写道："《周易》《归藏》曰，昔日常娥以西王母不死之药服之，遂奔月，为月精。"同样提及《归藏》中嫦娥奔月的记录。唐代《初学记》引用古本的《淮南子》，其中的版本则是："羿请不死之药于西王母，羿妻姮娥窃之奔月，托身于月，是为蟾蜍，而为月精。"唐代李商隐《嫦娥》一诗中有"嫦娥应悔偷灵药，碧海青天夜夜心"，间接提及嫦娥奔月。

嫦娥奔月的神话，引发了历代中国人的遐想与营造。从宫殿建设到月坛建设，纵令没有月殿之制，也要在主殿堂前延伸平台为月台。

1. 桂宫

桂宫是汉长安城除未央宫、长乐宫、建章宫之外一处重要的皇家宫苑，建于汉武帝太初四年(前101年)，又称"四宝宫"，是汉武帝时期后妃居住生活的宫殿，建筑十分奢华，桂宫在未央宫以北偏西，北接西市，东邻南北向之横门大街，与北宫相隔，西近汉城西城墙，北界雍门大街。宫内有鸿宁殿、明光殿等，亦建阁道通未央宫。《三辅黄图》卷二载："桂宫，汉武帝造，周回十余里。"据考古勘察，桂宫宫城平面形制为长方形，南北长1800米，东西宽880米，周长5360米，如图10-6所示。宫中主要建筑有龙楼门、鸿宁殿及明光殿、走狗台等。桂宫以紫房复道南通未央宫，又从明光殿以飞阁跨城西连建章宫神明台。班固《西都赋》曰："自未央而连桂宫，北弥明光而亘长乐。凌隥道而超西墉，掍建章而连外属。"桂宫是汉武帝时的后妃之宫。汉成帝为太子时，曾居此宫，后为太后退居之处，如《汉书·平帝纪》载，元寿二年(前1年)七月，贬"哀帝后傅氏，退居桂宫"。

光武帝建武二年（公元 26 年），赤眉军攻入长安，进驻
桂宫。

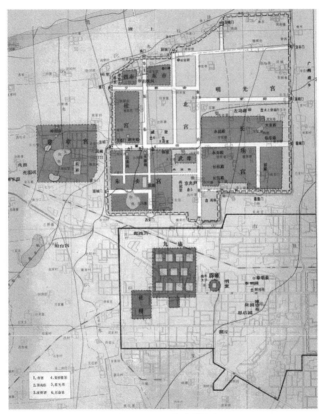

图 10-6　汉代宫殿图

　　桂殿一直传说为嫦娥住所，历代都有诗咏。元萨都剌
《和马伯庸除南台中丞以诗赠别》："桂殿且留修月斧，银河

未许度星轺。"清陈维崧《百字令·己未长安中秋》词:"低
鬟冰绡,深藏桂殿,不放姮娥出。"从汉武帝建成桂宫之后,
历代便以桂殿形容后妃所居深宫,唐骆宾王《上吏部侍郎
帝京篇》:"桂殿阴岑对玉楼,椒房窈窕连金屋。"唐李白《长
门怨》诗之二:"桂殿长愁不记春,黄金四屋起秋尘。"后来,
也引申为寺观殿宇,如北周庾信《奉和同泰寺浮屠》:"天
香下桂殿,仙梵入伊笙。"宋范成大《宿妙庭观次东坡旧韵》:
"桂殿吹笙夜不归,苏仙诗板挂空悲。"

《三辅黄图》载,汉武帝在未央宫中筑桂台以祈仙,
晋王嘉《拾遗记·前汉下》:"元凤二年,于淋池之南起桂台,
以望远气。"

2. 桂离宫与月波楼

日本京都西部有一河名桂川,元和六年(1620年),
时为亲王的智仁,在此建为离宫,名为桂山庄。正保二年
(1645年),智仁亲王之子智忠亲王扩建。到明治十六年
(1883年),桂山庄收归宫内省,成为皇室行宫,并改称桂
离宫,现在成为日本皇家园林之首。

桂离宫占地58210平方米,有山、有湖、有岛,俨然
按白居易《池上篇及序》写的履道里园布局。主要建筑有
书院、松琴亭、笑意轩、园林堂、月波楼和赏花亭等。全
园以心字池为中心,把湖光和山色融为一体。湖中有大小
五岛,岛上分别有土桥、木桥和石桥通向岸边。岸边的小

路曲曲折折地伸向四面八方，营造中国古典园林的曲径通幽。松琴亭、园林堂和笑意轩都是茶室建筑，是供在这里游玩的皇室品茶、观景和休息之处。月波楼典出白居易《春题湖上》："湖上春来似画图，乱峰围绕水平铺。松排山面千重翠，月点波心一颗珠。碧毯线头抽早稻，青罗裙带展新蒲。未能抛得杭州去，一半勾留是此湖。"月波楼面向东南，正对心字池，是专供赏月的地方。书院有古书院和新书院，书院建筑前有月见台，即望月台，相当于中国的月台，只不过日式月见台很窄小。

中国月波楼远比桂离宫早。历史上有两个月波楼。一个在湖北省东部、长江北岸的黄冈市西。宋王禹偁《月波楼咏怀》："日日江楼上，风物得冥搜。何人名月波，此义颇为优。"另一个在嘉兴府西北城上。宋朱敦儒《好事近》词："吹笛月波楼下，有何人相识？"《明一统志·嘉兴府》："月波楼在府西北城上，下瞰金鱼池。宋元祐中知州令狐挺建，政和中毛滂重修，自作记云：望而见月，其大不过如盘盂，然无有远近，容光必照，而秀泽国也。水滨之人，起居饮食，与水波接。令狐君乃为此楼，以名月波，意将揽取二者於一楼之上也。"月波楼有联云："一径竹阴云满地，半帘花影月笼纱。"

以月为景的园林景点很多。

吴王阖闾的馆娃宫有玩月池和望月台，刘邦建的长乐宫有月室，汉武帝建的影娥池中以月为主题，《三辅黄图》云：

"汉武帝凿池以玩月，其旁起望鹄台以眺月，影入池中，使宫人乘舟弄月影，名影娥池，亦曰眺蟾台。"《洞冥记》亦云："帝于望鹄台西起俯月台，穿池广千尺，登台以眺月，影入池中。使仙人（应为"宫人"）乘舟弄月影，因名影娥池。"又云："影娥池中，有游月船、触月船、鸿毛船、远月船，载数百人。"

扬州刘宋时扬州刺史徐湛之的陂峰有风亭和月观、吹台，常引文人雅集。南齐文惠太子萧长懋和昭明太子萧统的元圃中有明月观。南齐的常熟兴福寺中有对月潭经亭。梁昆山的慧聚寺在唐代建有月华阁。梁萧衍在南京建国寺同泰寺，象天法地，宫殿象日月，璇玑殿象征北斗。梁元帝萧绎的湘东苑中有映月亭。梁开善寺园中有明月铛。梁庐山北林院中有月榭。梁温州平阳东林寺中有月殿。隋代山西新绛县的绛守居园池中有望月楼。隋代杨坚的仙游宫北为象岭，东丁汾别为月岭和阳山。隋朝始建的八大处古有十二景，其中有两景为月景：高林晓月和五桥夜月。隋朝河南密县的县衙中有月台。隋朝的漳州云岩洞有月峡。

唐代东都苑中有积翠、月陂和上阳三陂。唐后禁苑中有月坡亭。唐代琅琊寺园建有明月馆。唐河南虢州刺史在宅园内建有月池和月台等十二景。李德裕在安徽滁县的怀嵩楼题有《怀嵩楼》，载有月观。北宋苏州郡治古月华楼为唐代曹恭王建，白居易有诗赞之。宋咸淳五年重修时又添建风月堂和风光霁月堂。

第10章 日月：日坛、月坛、三潭印月、月台

唐末南汉的九曜园玉液池边有明月峡。吴越时上海龙华寺有迎月山房。吴越楠溪江苍头村东池建有水月堂。

北宋上海法忍寺建有明照院和宝月院。北宋枢密院薛俅在山西永济乐安庄建有明月台。北宋苏州进士蒋堂在隐圃中建有水月庵。北宋安徽张次兰皋园建有秋月台，贺铸有题《游灵壁兰皋园》有"指我艮隅地，方营秋月台"。北宋赵抃在罨画池建有月儿池。北宋连中三元的状元冯京在太原任知府时在府治东建有爱月亭。北宋彭延年在广东揭阳彭园建有赏月水阁。北宋袁正规在福建长乐南山建光风霁月亭。宋徽宗建艮岳时，亲自给奇石命名，题有衔日吐月和雷门月窟。北宋枢密直学士薛氏在山西永和建的乐安庄里有明月台。

南宋知州林光世在潮州西湖建有待月亭。

清咸丰年间成都新繁程祥栋重建东湖三贤堂，时与月波廊相连。清代同安的文圃龙池时有十二景，其中印月池为其一。清乾隆游嘉兴南湖题诗并命有嘉禾八景，韭溪明月为一景。

1990年福州乌石山建赏月亭。

3. 广寒殿

金中都的东北郊即今什刹海三海一带还是湖沼地，上源为高梁河。大定十九年（1179年）金章宗在此建大宁宫，建成不久即更名寿宁宫，又更名寿安宫，明昌二年（1191年）

更名万宁宫。大宁宫以水景取胜，人工开拓湖面，湖名太液池。在湖中堆琼华岛，岛上建广寒殿。史学《宫词》道："宝带香襦水府仙，黄旗彩扇九龙船；薰风十里琼华岛，一派歌声唱采莲。"赵秉文《扈跸万宁宫》道："一声清跸九天开，白日雷霆引仗来；花萼夹城通禁籞，曲江两岸尽楼台。"大宁宫殿宇九十余所，以至令诗人联想唐代曲江。金章宗时的燕京八景，大宁宫占其二：琼岛春阴和太液秋波。金人把北宋艮岳的景石运抵琼华岛，堆叠于广寒殿周边。金章宗曾与李妃在琼华岛赏月，金章宗出上联"二人土上坐"，李妃脱口而出"一月日边明"，传为佳话。

1264年，元世祖忽必烈在金中都城东北郊以大宁宫琼华岛为中轴线营建大都，大宁宫重建为大内御苑。在太液池中增二岛（圆坻和屏山）构成一池三山格局。《元史·世祖本记》载："至元二年（1265年）十二月，渎山大玉海成，敕置广寒殿。"至元元年到至元八年（1264—1271年），忽必烈三次扩建琼华岛，仿宋徽宗艮岳万寿山之名，更名万岁山，重建广寒殿。"其山皆玲珑石为之，峰峦隐映，松桧隆郁，秀若天成。"按周维权《中国古典园林史》"万岁山及圆坻平面图"，山脉筑成北高南低的山谷，左右山脉呈青龙白虎抄手之势。山顶为广寒殿，山下为仁智殿，东山有金露亭、方壶亭、荷叶殿、东浴、介福殿、马湩室等，西面有玉虹亭、瀛洲亭、温石浴室、胭粉亭、延和殿、牧人室等（图10-7）。

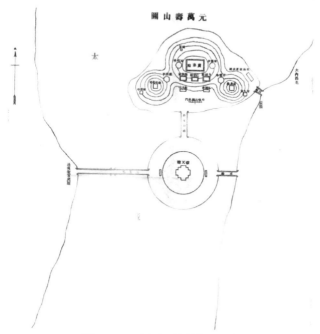

图 10-7　万岁山及圆坻平面图

（图片来源：《中国古典园林史》）

"广寒殿在山顶（指琼华岛，元代名为万寿山），七间，东西一百二十尺，深六十二尺，高五十尺"（陶宗仪《南村辍耕录》），面阔七间，作为帝王朝会之处。殿后有两个水景，仿艮岳引金河水上山，转机运夹斗，汲水至山顶，经石龙注方池，伏流至仁智殿后，从刻有昂首蟠龙的口中喷出，分东西流入太液池。

广寒殿顶悬挂玉制响铁，重阿藻井，文石甃地，四面琐窗板密，其里编缀金红云，而蟠龙矫蹇于丹楹之上。"左右后三面，则用香木凿金为祥云数千万片，拥结于顶，仍盘金龙殿，有间金玉花，玲珑屏台，床四，金红连椅，前置螺甸酒卓。高架金酒海，窗外为露台，绕以白石花阑。旁有铁竿数丈，上置金葫芦三，引铁链以系之，乃金章宗所立，以镇其下龙潭。凭阑四望空阔，前瞻瀛洲仙桥，与三宫台殿，金碧流晖；后顾西山云气，与城阙翠华高下，而海波迤回，天宇低沉，欲不谓之清虚之府不可也。"《南村辍耕录》记述："中有小玉殿，内设金嵌玉龙御榻，左右列从臣坐床。前架黑玉酒瓮一，玉有白章，随其形刻为鱼兽出没于波涛之状，其大可贮酒三十余石。""黑玉酒瓮"，就是用整块墨玉雕成的渎山大玉海，今置于北海团城内，"五山珍玉榻"今在台北。

山前有白玉石桥，长二百余尺，通到南面圆坻的仪天殿后。桥北就是琼华岛的山下。玲珑石拥玉门，五门皆石色，内有铺地，对立日月石，以示日月崇拜，但为何有日石，不得而知。

明代沈德符所著《万历野获编》记述，万历七年（1579年）五月初四，广寒殿因年久失修倒塌，在大梁上发现了120枚铸有"至元通宝"字样的金钱，万历皇帝还将数枚金钱赏赐给他的老师大学士张居正。明末清初孙承泽《天府广记》还提到广寒殿。顺治六年(1649年)顺治帝在此建白塔，自此，广寒殿就在记载中消失了。

4. 月坛

月坛又名夕月坛，位于北京市西城区南礼士路西，月坛北街路南。是北京五坛之一，建于明嘉靖九年（1530 年），是明清两代帝王秋分日祭夜明神（月亮）和天上诸星宿神祇的地方。清制，夕月坛设祠祭署，置奉祀官一人，秩从七品，汉缺；初并设祀丞一人，后省。另有执事生一人。掌典守神库，按时巡视，督役洒扫，并管修理墙宇、树艺林木等。祠祭署在《大清会典》内，列为太常寺所隶机构之一。执事生则隶乐部，但由太常寺酌委。

在明清文献中提及的坛内主要建筑，除祭坛坛台和内坛坛墙被拆毁外，其余如钟楼、天门、具服殿、神库等古建筑尚存。月坛在北京西城区南礼士路西侧。坛东向，与日坛（西向）相对。坛由白石砌成。东北为具服殿，南门外有神库，西南为宰牲亭、神厨、祭器库，北门外为钟楼。

清末，祭祀夜明神的活动被废弃，月坛遂成为驻兵场所。日本侵华期间，月坛内外树木基本被砍光。中华人民共和国成立后，几经修缮，于 1955 年辟为公园时只有 60 亩地，当年又征购了月坛南侧一处私家果园 60 亩，并且修园路，安电灯，植树、莳花、种草，设厕所，建亭亭，装路椅，周围群众免费入园。形成了一处区域性公园。1969 年在公园内建筑了电视铁塔。由于"文化大革命"期间，月坛的古建筑遭到严重损坏，两座天门和几处殿堂顶上的吻兽、戗兽被砸，铜锅、铁缸、大石屏被毁，明嘉靖九年（1530年）铸的大铜钟被送到冶炼厂，大部分坛墙被拆除用做私建房屋。坛南古建筑因驻扎了警卫部队得以保存。1978年，月坛公园辟月季园。1982年整修了钟楼，重新安装了屋顶的蹲兽。

1983年月坛公园扩建，将南侧原果园改建为新园，新建天香庭、爽心亭、揽月亭、霁月风光亭、夕月亭、嫦娥奔月等多处景点，并栽种名优石榴树20余个品种，近2000株。此外，在南北园之间长达146米的垣墙上，还建起了以咏月为主题的大型碑廊。碑廊石刻精选历代著名诗人咏月的诗词佳话，由当代书法家书写，河北曲阳石工镌刻制成。

1984年定为重点文物保护单位。1987年在西南角修建月下老人祠，其内有月下老人塑像及描绘月下老人神话传说的大型壁画。1988年后，园内又增添了电子游艺厅、碰碰车及电动玩具、游乐场、爱月泉舞场、乐园餐厅、婚姻喜庆系列服务部等服务项目，在东北角设集邮市场。1991年2月，月坛公园正式售票管理。

2003年年底整体改造。2004年2月19日，月坛公园周边环境整治工程被正式列入2004年北京市政府"为民办实事"项目。主要整治任务是恢复公园古建筑风貌，对公园内外进行综合整治；拆迁整治范围内的部分居民和单位；完善文化和公共设施；进行道路整修和扩建。其中北园恢复古坛风韵，体现传统文化特色；南园在保持坛庙风格的基础上，以月文化为主题，改造成为具有中国古典山水风格的公园，并增加现代休闲功能（图 10-8、图 10-9）。2006 年 5 月 25 日，月坛作为明清古建筑，被国务院批准列入第六批全国重点文物保护单位名单。

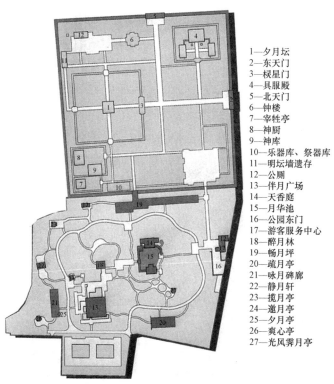

1—夕月坛
2—东天门
3—棂星门
4—具服殿
5—北天门
6—钟楼
7—宰牲亭
8—神厨
9—神库
10—乐器库、祭器库
11—明坛墙遗存
12—公厕
13—伴月广场
14—天香庭
15—月华池
16—公园东门
17—游客服务中心
18—醉月林
19—畅月坪
20—疏月亭
21—咏月碑廊
22—静月轩
23—揽月亭
24—邀月亭
25—夕月亭
26—爽心亭
27—光风霁月亭

图 10-8　月坛公园平面图（郑东绘）

图 10-9　月坛鸟瞰图（郑东绘）

　　重建后的月坛由北面拜月区和南部游览区构成。拜月台称夕月坛，位于东西轴线西部，由矮墙围合，四方各开一门，中间通道入口称东天门（图 10-10），随墙门称棂星门。中间方形土台。东北角为具服殿，为皇帝更衣处。西南角为宰牲亭、神厨、神库、乐器库、祭器库。西北角为钟楼。

图 10-10　月坛东天门

　　南部园林区皆为新建的游览广场和设施，以月为主题。中心为天香亭景区，有月华池及亭廊水榭。北面为畅月坪，南部为疏月亭，西部为醉月林景区。西南为伴月广场，周边有咏月碑廊、夕月亭、邀月亭、静月轩、揽月亭、爽心亭和光风霁月亭。

　　据考证，最初祭月节定于秋分，此日在农历八月每年不同，且不一定有圆月。而祭月无月则是大煞风景的，所以，后来就将祭月节由秋分调至中秋。《北京岁华记》载："中秋夜，人家各置月宫符象，符上兔如人立。陈瓜果于庭，饼面绘月宫兔，男女烧香，旦而焚之。"

　　月台是建筑正房突出连着前阶的平台，是该建筑物的基础，也是它的组成部分。因平台宽敞而通透，进出室内外便利，视线无阻，是赏月佳处，故成夜间赏月之台。而现代的月台通常指进入火车站后方便旅客上火车的一段与火车车门踏步平行的平台。

　　月台是台明的前导部分。建筑建在台基之上的，台基露出地面部分称为台明，小式房座台明高为柱高的 1/5 或柱径的 2 倍。台明由檐柱中间向外延出的部分为台明出沿，对应屋顶的上出檐，又称为"下出"，下出尺寸，小式做法定为上出檐的 4/5 或檐柱径的 2 倍，大式做法的台明上皮高至挑尖梁下皮高的 1/4。大式台明出沿为上出檐的 3/4。

　　月台，属于台基的一部分，台基由台明、台阶、月台和栏杆四部分组成。台阶又称踏道，是上下台基的阶梯，通常有阶梯形踏步和坡道两种类型。栏杆又称勾阑，起到防护安全、分隔空间、装饰台基的作用。

月台又称"露台"或"平台"。它是台明的扩大和延伸，有扩大建筑前活动空间及壮大建筑体量和气势的作用。其形式和做法与台明相同，根据月台与台明的关系，月台可以分为"正座月台"和"包台基月台"。正座月台的高度比台明低"五寸"，也就是一个踏级，而包台基月台要比台明低很多。

月台、台阶、栏杆都是台基的附件，并非台基所必有的，只有高规制的台基才用月台和勾阑，当台明很矮时，则连台阶也可以不用。

古建筑的上出大于下出，二者之间有一段尺度差称回水。回水的作用在于保证屋檐流下的水不会浇在台明上，从而起到保护柱根、墙身免受雨水侵蚀的作用。

台明是台基的主体部分，从形式上分为平台式和须弥座两大类。平台式级别较低，台高底低，只有一个台阶，用于民间，如网师园梯云室和殿春簃月台，只有一个台阶（图10-11、图10-12）。带月台建筑是园中级别最高的建筑，南面主入口处设月台，如梯云室殿春簃、织帘老屋，有时在北面，如远香堂、玉兰堂、涵碧山房、藕香榭。月台常设在水池边的主体建筑，建筑在南，月台常设在北，如拙政园（图10-13）、留园（图10-14）、怡园（图10-15），在南方水边的有荷花厅（图10-16）、畅园留云山房（图10-17）、万卷楼、退思草堂（图10-18）、静妙堂。

嘉兴南湖烟雨楼的月台是公共园林中夯土月台最高者，如图 10-19 所示。

图 10-11　网师园梯云室月台

图 10-12　网师园殿春簃月台

图 10-13　拙政园远香堂北月台

图 10-14　留园碧山房北月台

图 10-15　怡园北月台

图 10-16　狮子林荷花厅南月台

图 10-17 畅园留云山房南月台

图 10-18 退思草堂南月台

图 10-19　烟雨楼南月台

　　皇家宫殿和寺院都是须弥座式，如御花园钦安殿的月台、颐和园的排云殿和佛香阁的月台。因为佛香阁和排云殿建于山坡上，故月台很高，形成非常优美的景观。佛香阁月台是中国最大的月台，高达 20 米，八方形须弥座（图10-20）。而万寿山后的须弥灵境的月台，实际是左右台阶顶部与山门外的交汇处，如图 10-21 所示。

　　外八庙须弥福寿之庙的是六世班禅行宫，其宫殿仿扎什伦布寺。中部主体建筑称大红台，实际是三层的围楼，外饰红色。平面成回字形外封内敞的形态，藏语称都纲殿楼，楼墙外设盲窗，内设骑马廊。大红台东面有东红台（图10-22）。而大红台，只是建筑的屋顶平台，虽广可观月，但属佛教祭祀，其体高大，似与佛祖对话，实与汉地拜月相去甚远。

图 10-20　颐和园佛香阁依山南月台

图 10-21　颐和园须弥灵境北月台

图 10-22　须弥福寿之庙的大红台

　　普陀宗乘之庙是乾隆为庆祝本人 60 大寿和其母 80
大寿而仿布达拉宫而建的皇家寺院。主体建筑称大红台。
台高 25 米，下宽 59.6 米，上宽 55.15 米。台下以巨大
白台为基座，白台高 17 米，上为砖砌。大红台壁面中
部自上而下嵌六个建筑琉璃佛龛，每个佛龛饰瓦顶、疗
拱、额枋、隔扇。龛内为无量寿佛坐像，外贴帷幔。墙
内列九层藏式梯形窗，窗分真假，又称真假窗。大红台
中部为万法归一殿，四周为三层群楼。楼后为慈航普渡
殿。普陀宗乘之庙的大红台是外八庙中最壮观的月台
（图 10-23）。

图 10-23　普陀宗乘之庙大红台

第 *11* 章 天地：天坛、
地坛、天圆地方土楼

第 1 节 天坛

天坛位于北京永定门内大街东侧，占地 273 公顷，始建于永乐十八年（1420 年），清乾隆和道光年间重修。全园主题明确，处处体现天形（象）、天数、天色、天音、天材。

天象最基本的形就是圆，地象最基本的形是方。天坛在永乐时是天地合祭，故用天圆地方两种理念（图 11-1）。圜丘是由三层汉白玉圆台组成（图 11-2）。皇穹宇建在一层圆台上，建筑平面是圆形，屋顶是圆形攒尖（图 11-3）。祈年殿的平面是圆形，建筑屋顶也是圆形攒尖（图 11-4）。为了反映天在地上，故圜丘是建在方形的埴墙内。为了反映总体平面的天地，天坛的南墙是之形，北墙是半圆形（内墙)、抹角圆形(外墙和中墙)。在圜丘外有两层谴墙,内层是圆形,外墙是方形,代表地,内层圆形代表天(图11-5)。

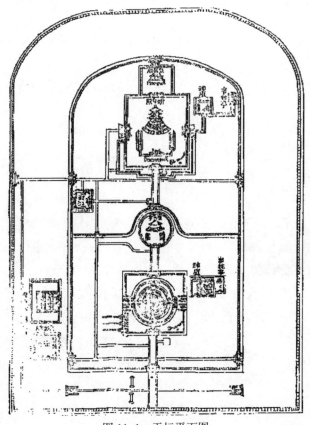

图 11-1　天坛平面图

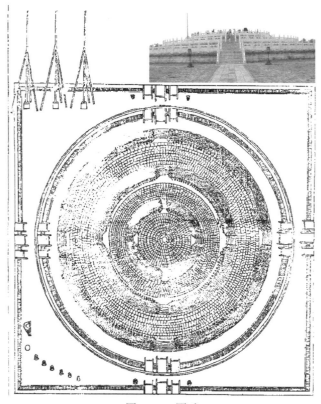

图 11-2　圜丘

　　天数指奇数。古代把一、三、五、七、九单数称为阳数，又叫天数，九为阳数之极。全园由一条轴线、三道坛墙、五组建筑（其中内坛有圜丘坛、祈谷坛、斋宫；外坛由神乐署和牺牲所）、七峰东岳（七星石）、九座坛门构成，皆用阳数。圜丘的层数、台面直径和墁砌石块、四周栏板均用天数。坛圆形三层，最高一层直径九丈，名一九，中间一层十五丈，名三五，最下一层二十一丈，名三七。第一层台面中央嵌一块圆形石板，称天心石。天心石周由九重石板。第一圈九块扇形石，第二圈十八块，为二九，第三圈三九二十七块，第四圈三十六块，第五圈四十五块，第六圈五十四块，第七圈六十三块，第八圈七十二块，第九圈八十一块。一层台栏板七十二块，二层台栏板一百零八块，三层台一百八十块，共三百六十块，正合周天三百六十度。圜丘外有两重遗墙，均为蓝琉璃筒瓦通脊顶，墙身涂朱。

图 11-3　皇穹宇

图 11-4　祈年殿

图 11-5　天坛天圆地方

　　祈年殿内围的四根"龙井柱"象征一年四季春、夏、秋、冬；中围的十二根"金柱"象征一年十二个月；外围的十二根"檐柱"象征一天十二个时辰。中层和外层相加的二十四根，象征一年二十四个节气。三层总共二十八根象征天上二十八星宿。再加上柱顶端的八根铜柱，总共三十六根，象征三十六天罡。殿内地板的正中是一块圆形大理石，带有天然的龙凤花纹，与殿顶的蟠龙藻井和四周彩绘描金的龙凤和玺图案相互呼应。宝顶下的雷公柱则象征皇帝的"一统天下"。祈年殿的藻井是由两层斗拱及一层天花共三层组成。

　　祈年殿是祈求神灵以获丰年的建筑，其数有三个层面：其一与数及数量联系；其二，与循环周期联系；其三，与玄学含义相关。数量不一一赘述，其二循环以年为循环单位。数之 4、5、12、24、30 各有所指。四根蟠龙柱表示四季，四柱加顶代表五，代表五行。中间十二柱代表一年十二月，周边十二柱代表日夜 12 小时 [曹鹏，王其亨 . 图解北京天坛祈年殿组群营造史，新建筑 .2010（02）112—121]，与玄学关系，4 与四方和十字有关，是城池和方位的基本形，如四个方位、四种风向和四种月相（构成月亮周期）。1234 四个整数之和为 10，有圆满之意（Jean Chevalier .A la in G heerbrant.D iz ionario deisim boli [M]. 米兰 :Rizzo li 出版社，1986）。5 是第一个偶数 2 和第一个奇数 3 之和，有宇庙平衡和阴阳结合之义，故它是天地交合之数。

天色是蓝，故称苍天。皇穹宇的屋顶是宝蓝色琉璃瓦顶，祈年殿的屋顶也是宝蓝色琉璃瓦顶。高墙矮墙、压顶一律用宝蓝色琉璃瓦。连额匾也是宝蓝色。圜丘坛明朝时为三层蓝色琉璃圆坛，清乾隆十四年（1749年）扩建时改为艾叶青石台面和汉白玉栏杆。

天音是自然之音，有回音壁、三音石、对话石和圜丘清音。天坛回音壁就是皇穹宇的围墙。墙高3.72米，厚0.9米，直径61.5米，周长193.2米。墙壁是用磨砖对缝砌成，质地坚硬，表面光滑。墙头覆盖蓝色琉璃瓦（图11-6）。两人分别站在东西配殿后，贴墙而立，一人说话，120米之外的另一人可听得清清楚楚，而且声音悠长。这种奇趣给人以天人感应的神秘气氛，人称此石板为三音石（图11-7）。在东西配殿与中轴线交点，也就是皇穹宇神道南数第三块石板，在此击掌可听到连续三次回声。另外一个奇怪现象是，站在第17、第18、第19块石板上的人，与站在东配殿东北角和西配殿西北角的人，也可以同样清晰地对话，以第18块石最为清晰，此石称为对话石（图11-8）。此种现象都是墙壁声音反射造成。

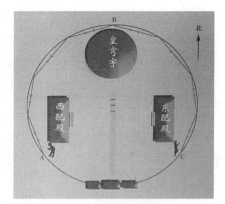

图 11-6　天坛回音壁原理

（图片来源：天坛公园展板）

图 11-7　天坛三音石原理

（图片来源：天坛公园展板）

图 11-8　天坛对话石原理

（图片来源：天坛公园展板）

圜丘清音是站在圜丘的中心圆石——天心石上，共鸣十分强烈，仿佛可以通灵，与神对话。若击掌则会听到两到三个回声。古代皇帝认为这是"上天垂象""亿兆景从"，故此石称为亿兆景从石。

第 2 节　地坛

《老子》认为："人法地，地法天，天法道，道法自然。"《易》系辞道："在天成象，在地成形。仰则观象于天，俯则观法于地。""与天地相似，故不违。"在先天八卦中，"乾南坤北，天居上，地居下，南北对峙，上下相对。""不相射者，离为火，坎为水，得火以济其寒，火昨得水以其热，不相息灭。"故天居南地居北，从此确定了地在北方的位置。《古书图书集成》记载了周初定于夏至日祭祀地祇于泽中之方丘。祭牲以黑牛，道："黑者北方之色，以象道也，牛能任载，地类也。牛于五行为土，其性顺而易制，观千钧之牛，三尺之童执尺竿而驱之弳而行略不敢违者，以其顺也。"祭器以琮方，道："能出的通三灵交之者莫如阳精之纯，故礼神有玉，祀神又有玉，以玉作六器者，所以礼神也。或象其体或象其用或象其形或象其义，皆以礼之而已，礼者於告神之始也。""地方而奠乎下，故琮方以象体，黄者地之中色，故琮黄以象其色，用黄者以极阴之盛色求之。"祭时于夏至之日。"天人阳也，地物阴也。阳气升而祭鬼神之神，阴气升而祭地示物魅 [mèi]，所以顺其人与物也，面物之神曰魅。"祭地之乐以"函钟为宫，太簇为角，姑洗为征，南吕为羽。灵鼓灵孙竹之管，空桑之琴瑟，咸池之舞。夏日至，于泽中方丘奏之，若乐八变，则地示皆出，可得而礼矣。"（清，陈梦雷辑.《古书图书集成》博物汇编神异第十二卷，北京：中华书忆影印，1986 年）至秦封禅泰山，刻石记功。封是筑土建坛祭天，禅是祭地，即在泰山脚下小山平地上祭地。封与禅同时举行，封比禅更为隆重。秦以前的祭天和秦人的祭地封禅只是合天地之祭，至汉武帝提出"今上帝朕亲郊，而后土无祀，则礼不答也"，于是在汾阴脽上筑后土祠。《明集礼》载："汉武于泽中方丘立后土五坛，坛方五丈，高六尺，又于脽上立后土宫。"武帝五次亲幸东祠后土，自此，历代皇帝开始了筑坛祀地的祀法。而形成南北郊分置的制度则是在西汉成帝和哀帝之时。汉成帝建始元年（前 31 年），匡衡等人认为："汾阳则渡大川，有风波舟楫之危，皆非圣主所宜数乘，郡、县治道共张，吏民困苦，百官烦费。"建议将甘泉泰畤和汾阴后土两祠移至长安南北郊，"祭天于南郊，就阳之义；瘗地于北郊，即阴之象也"。于是，当年十二月，"作长安南北郊，罢甘泉、汾阴祠"，开始了在帝都南北郊分祀天地的做法，然后又反复。汉平帝元始元年（公元 1 年）最终确立南北郊制。至于天地合祭和分祭，历代有争议，至明朝嘉靖皇帝还酿成"大礼议"事件，株连官员甚众，成为历史冤案。

朱元璋在南京建都按天地合祀的方式，朱棣在建北京象天法地礼制建筑时，也按天地合祀于天地坛。嘉靖帝按兄终弟及而登基，为改旧礼而提出天地日月分置分祀，于嘉靖九年兴建夕地坛，后改方泽坛，清改地坛，基本格局没有变化（图 11-9、图 11-10）。

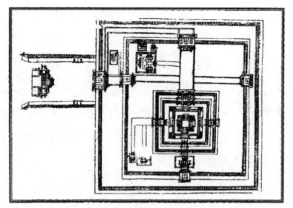

图 11-9　明万历方泽坛总图

（图片来源：池小燕《北京地坛建筑研究》）

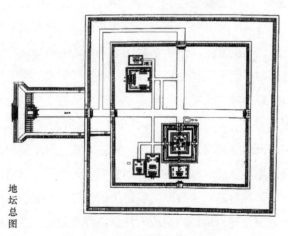

地坛总图

图 11-10　清嘉庆朝地坛总图

（图片来源：池小燕《北京地坛建筑研究》）

第 11 章　天地：天坛、地坛、天圆地方土楼

　　因地在八卦中位北属阴，故门从北门入。《周礼》道："社祭土而主阴气也，君南向于北墉下，答阴之义也。"《周礼集说》道："薛图云：乾阳物也，坤阴物也。冬日至祀天于地上之圆丘，所谓为高必因丘陵而因天事天也，其性动，天阳而动，故为圆坛，而在国南之地上。以祀阴以方为体，其性静，地阴而静，故为方丘，而在国北之泽中，以祀之亦各从其类也。"故地坛以方形象征大地之方。这一思想贯穿始终，内外坛垣、方泽的坛台、泽渠、内外坛墙、大门以及装饰，无不以方形为母题。

　　阴数的运用也是达到极致。《系辞》道："天一、地二、天三、地四、天五、地六、天七、地八、天九、地十。"天用奇数，地用偶数。地坛用上下两层坛体，四个方向都开门。《钦定大清会典则例》道，乾隆三年（1738 年）重建方泽坛，"周四十九丈四尺四寸，深八尺六寸，阔六尺，祭日贮水水深以过龙口为度。泽中方坛北向。二成，上成方六丈，高六尺，二成方十丈六尺，高六尺，二成坛面均用黄色琉璃合六八阴数，外环砌白石，每成四出陛各八级二成"，十五年又奏准方泽坛"二成坛面砖旧用黄琉璃，惟中含六六阴数，其外悉小砖凑合并无成法，今遵旨照依圜丘坛改墁石块，仍就坛面凿成榫眼安设幄次，请将石块数目上成正中仍照原制六六三十六外八方均以八八积成，纵横各二十四路。二成倍上成八方八八之数半径各八路，以符地偶之义"。坛台高度也用偶数六尺。乾隆把明代"小砖凑合"的乱数，

完善为六八乘数。

地坛建筑颜色，在明代琉璃瓦用绿色敷顶，而《钦定大清会典则例》明确记载乾隆十四年（1749年）"谕稽古明禋肇祀郊坛各以其色地坛方色尚黄，今皇祇室乃用绿瓦盖仍前明旧制未及致祥，朕思南郊大飨殿在胜国时合祀天地山川，故其中覆以青阳玉叶次黄次绿具有深意，且南郊用青而地坛用绿于义无取其议更之……遵旨议准北郊皇祇室盖用绿瓦系沿明上是，应依方色改易黄瓦以符坤德黄中之义"。乾隆十五年（1750年）准奏后，"又准奏北郊陈设一应器用均从方色用明黄"。

地坛的图案以凤为母题，运用于建筑、小品、器用以及布幡等。夏崇龙，商宗凤，周崇龙，秦崇凤，汉崇龙，王朝更替，图腾随之更替。至战国就演变成龙指向男性，凤指向女性。而地坛的崇拜对象，是指大地封以神灵的诸多类型。正位是后地祇神，题"皇地祇"。配位是当朝列祖列宗，清代是自努尔哈赤至道光共八位。武帝时的后土祠所祀的是女娲，因为女娲能捏土为人，代表生殖能力旺盛的妇女，与厚德载物和滋生万物的大地相当，故地祇不仅能繁衍人类而且能提供食物，故称其为后土。唐徐坚《初学记》道："地者，……其神曰祇，亦媪，……亦名后土。"《春秋正义》道："后，君也。天曰皇天，地曰后土。"后来发展为共工之子，《礼记》祭法载："共工氏之霸九州也，其子曰后土，能平九州，故祀以为社。"自此后土成为社神，立祠专享。在民间则发展为土地公公、土地奶奶、城隍爷。

从位是：五岳、五镇、五陵山、四海、四渎诸神。五岳指中岳嵩山、东岳泰山、南岳衡山、西岳华山、北岳恒山。五镇指：中镇霍山、东镇沂山、南镇会稽山、西镇吴山、北镇巫闾山。五陵山明清指向不同，明代指基运山、神烈山、翊圣山、纯德山、天寿山；清代指启运山、天柱山、隆业山、昌瑞山、永宁山。四海指东海、南海、西海、北海。四渎指：东渎大淮、南渎大江、西渎大河，北渎大济（图 11-11）。（天津大学池小燕《北京地坛建筑研究》）

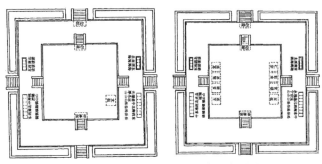

图 11-11　明清两代地坛祀神排位列图

（图片来源：池小燕《北京地坛建筑研究》）

所谓方泽之丘，有两重含义。周边为方泽，用深八尺六和宽六尺的沟濠灌注以水，象征四海环绕大地，"地中有水，故能有得其润而保其广地之用也。"（《钦定四库全书》，经部，易类，子夏易传，卷一）丘指在方泽之中筑起的方坛，象征山。

第3节 天圆地方土楼

殷末周初的盖天理论认为，天像一个圆形的大罩子，扣在方形的大地上，概括为"天圆如张盖，地方如棋局"。新石器的玉琮就是最早的天圆地方形状，于是出现"天道曰圆，地道曰方"。随着宇宙观的进步，盖天理论又认为天是伞盖，方地可按四面八方分成九州，即九宫格，如图11-12所示。（引自詹鄞鑫《神灵与祭祀》）九州四海的理论即九州分野理论，运用于园林之中，而天圆地方的理论则应用于规划、建筑、园林、室内装饰、图案设计诸多方面。不仅皇家天坛、地坛按天圆地方而建，就是民间，也发展了方形和圆形建筑。福建因为山区土匪猖獗，民众发挥土的特性，发明了以族居、楼居的方圆土楼。

福建土楼的分类有：长方形楼、正方形楼、日字形楼、目字形楼、一字形楼、殿堂式围楼、五凤楼、府第式方楼、曲尺形楼、三合院式楼、走马楼、五角楼、六角楼、八角楼、纱帽楼、吊脚楼（后向悬空，以柱支撑）、圆楼、前圆后方形楼、前方后圆形楼、半月形楼、椭圆楼等30多种。数量最多的就是方楼、圆楼和天圆地方楼。方形楼、日形楼、目形楼和三合院、走马楼、宫殿式、府第式都是方楼，而圆楼、月形楼、椭圆形楼都属圆楼。前方后圆楼和前圆后方楼则属于天圆地方楼。

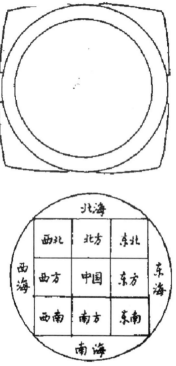

图 11-12　周代宇宙观示意图

（图片来源：詹鄞鑫《神灵与祭祀》）

　　方成楼圆成寨。方楼是福建最多的楼形。方是五行中土的基本形，故它也是中国建筑最多的一种形制。从外观看，四周高墙耸立，四角规整，呈封闭式，防卫功能十分突出。它与中原的合院和北京四合院都有关系。可以说是四合院的变形。大部分四周高度相等，更多的是前低后高，即后向比前向与两侧高，与两侧屋顶形成半层或一层楼高的错落，因为堪舆口诀道："前低后高，世代英豪，前高后低，子散妻离。"前者为悬山顶，后者为重檐歇山顶（图11-13）。

图11-13　适中方形土楼

　　方形土楼除大小各不相同之外，其内部布局、结构由于受楼主需求、生活习惯、地理环境等不同因素的影响，也有不同程度的差异。主楼的平面，呈"口"字长方形的占绝大多数，呈"日"字形或"目"字形的为数甚少。后者中间的楼层与紧密相连的楼层等高，有的略低于主楼。"日"字形楼是位于中间的楼、"目"字形楼左右两侧的楼，一般是后人扩建的。新楼、老楼融为一体，既节省了用地、扩大了居住空间，又保持了全楼整体的统一，更能体现整个家族的高度团结。"日目"字形楼内均设置若干个门相通，而且正面也设置大门供楼主进出，可谓四通八达。而"目"字形楼两侧正面的大门比中间原有的正面大门稍小且对称，显出主次秩序。

圆楼被当地人称为圆寨，起源于防卫土匪之用，如图11-14所示。尽管圆楼外形是圆形，但是，中间却有中轴线，依次是：大门、二门、前原、祖堂等公共建筑，两边的建筑对称，类似四合院，如图11-15所示。多环同心圆楼外高内低，楼中有楼，环环相套，也有把祖堂设于楼中心，环与环之间以天井相隔，以廊道相通，而且廊道均与祖堂相连，只有一环的圆楼祖堂则设于正对楼大门的后侧厅堂（又称上厅）。圆楼并非内外皆圆，中间常常用方形一层祖堂构成。

图 11-14 承启楼

图 11-15　振成楼外圆内方

在方圆组合上，福建土楼发展出很多变形。如永定县古竹陂子角的半月楼，前方后圆，成为福建最大的半圆形土楼。湖坑南江的永宁楼，前圆后方。最令人叹为观止的是有"四菜一汤"之称的南靖县田螺坑土楼群，如图11-16所示。土楼群由 1 座方楼（步云楼）、3 座圆楼（和昌楼、振昌楼、瑞云楼）和 1 座椭圆形楼（文昌楼）组成。步云楼，始建于清嘉庆元年（1796 年），高三层，每层 26 个房间，全楼有 4 部楼梯。取名步云，寓意子孙后代从此发迹，读书中举，仕途步步高升青云直上。果然，步云楼还在兴建，族人又有了财力，随即在它的右上方动工修建新一座圆楼，叫和昌楼，也是三层高，每层 22 个房间，设两部楼梯。1930 年，步云楼的左上方又建起了振昌楼，还是三层高，每层 26 个房间。1936 年，瑞云楼又在步云楼的右下方拔地而起，仍然是三层，每层 26 个房间。最后一座文昌楼建于 1966 年，准确地说它是一座椭圆形楼，三层，每层有 32 个房间。

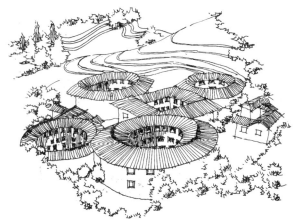

图 11-16　田螺坑土楼群（卢德尧绘制）

第 4 节　围龙屋

　　客家围龙屋是广东梅州地区的特殊建筑形式，它也是由土楼夯成。围龙屋的整体布局是一个大圆形，在整体造型上，围龙屋就是一幅太极图。围龙屋的主体是堂屋，它是两堂二横、三堂二横的扩展。它在堂屋的后面建筑半月形的围屋，与两边横屋的顶端相接，将正屋围在中间，有两堂二横一围龙、三堂二横一围龙、四横一围龙与双围龙、六横三围龙等，有的多至五围龙（图11-17）。

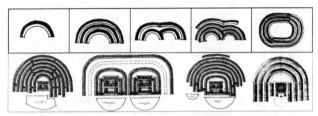

图 11-17　客家半圆形围龙屋平面

（图片来源：陆元鼎《中国客家民居与文化》）

围龙屋多依山而建，整座屋宇跨在山坡与平地之间，形成前低后高、两边低中间高的双拱曲线。屋宇层层叠叠，从屋后最高处向前看，是一片开阔的前景。从高处向下看，前面是半月形池塘，后面是围龙屋，两个半圆相合并包围了正屋，形成一个圆形的整体（图11-18）。

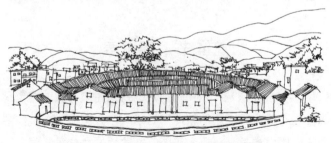

图 11-18　客家围龙屋（卢德尧绘制）

围龙屋的中轴线房间为龙厅，正对上堂祖龛，是存放公共物品的贮藏室。在围屋与正堂之间有一块半月形空地，称花头或化胎。化胎的斜面是园林绿化之所，种植花木或用碎石、鹅卵石铺砌，而不可用石块或三合土铺平，寓有龙气不会闭塞而化为胎息之意，是全屋的风水宝地。在正屋与化胎之间的分界线，开辟有利排水的明沟，防止洪涝。在中轴线上为上、中、下三堂，上堂为祭祀场所，中堂为议事、宴会场所，下堂为婚丧礼仪时乐坛和轿夫席位。上堂与中堂、中堂与下堂之间左右两厅，为南北厅，又名十字厅，是公共会客厅。并排在上、中、下三堂两侧的房间为正房；中堂与下三堂两侧的房间为正房；中堂与下堂先靠横屋的正房为花厅，是本族子弟读书的场所，内设小天井、假山、花圃等。围屋前面与池塘之间为广场，收获季节为晒谷场地（图 11-19）。

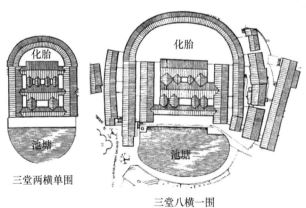

图 11-19　三堂单围龙平面

　　围龙屋反映了儒家的等级秩序，中轴对称，主次有序；以厅堂为中心组织院落。围龙屋用中方外圆，构成天圆地方的构局。屋前必有半月形池塘，屋后必有半月形化胎，两个半圆相合，形同阴阳两仪的太极图式。

　　客家围龙屋的龙是当地蛇崇拜与中原龙崇拜的结合。中原龙崇拜在汉代画像砖中就出现半圆形盘龙，如图11-20所示，与客家围龙屋十分相像。梅岭地区原住民的蛇崇拜，被客家人带来的龙崇拜所更名并美化，再加上汉代风水术的盛行，于是很多仪式都将龙奉为神，形成龙崇拜。粤东客家地区受江西形势派影响，地师把山脉当成龙，把水脉当成龙，依山的龙态用半圆盘龙的形态，构成围龙屋，所谓围龙屋就是盘龙屋。地师将山龙水龙引进屋，要贯穿龙厅、龙丘、龙神、龙门、龙脊、龙池等崇拜点，将龙气聚集于围龙屋中。每年春节，围龙屋内住民还要举行舞龙、升龙灯活动。天门地户就是水龙的进出之处，在围龙屋内还要举行与龙脉和龙气有关的祭祀活动——安龙转火。安龙是请觋公从龙脉上将龙从围龙屋的龙厅经堂屋后门引进上厅，并安顿在祖宗神龛的下面。转火是将本次活动之前去世的亡灵请上祖公神龛，与祖先一起被供奉。安龙转火的活动一般在三种情况下举行，一是堂屋和祖龛修葺，动了龙脉；二是定时为祖龛增加"仙人"牌位；三是族老认为龙气衰弱，诸事不顺（图11-21、图11-22）。

图 11-20　汉画像砖中盘龙

（图片来源：吴卫光《围龙屋的龙义辩析》）

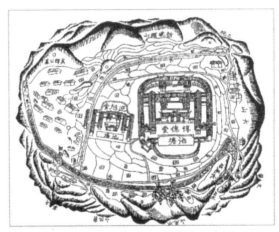

图 11-21　豫章《罗氏族谱》围龙屋

（图片来源：吴卫光《围龙屋的龙义辩析》）

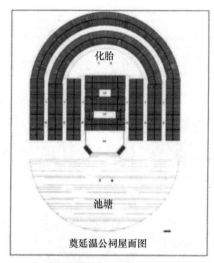

奠延温公祠屋面图

围龙屋的水塘与化胎：两个相对应半圆（梅县丙村奠延温公祠屋面图）

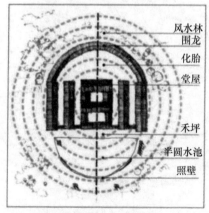

围龙屋的"龙脉"与"聚气"

图 11-22　围龙屋的盘龙结构图

第 *12* 章　银河、雀桥、
牛郎、织女

　　子曰："为政以德，譬如北辰，居其所而众星共之。"[①]
早在秦朝秦始皇建造都城咸阳时就参照着天上的银河星辰，
象天法地，对宫宇楼台进行布局。《三辅黄图·咸阳故城》
有记载："始皇穷极奢侈，筑咸阳宫，因北陵营殿，端门四
达，以则紫宫，象帝居。渭水贯都，以象天汉；横桥南渡，
以法牵牛。"[②] 可见，咸阳城的规划建造基本是按照天象星辰
的位置布局的，渭河象征着天上的银河，咸阳宫则是位于
北天中央位置的中宫"紫微垣"，又称为"紫宫"，在北天
的冬夜，位于中宫中间的北极星在银河的北部，这与咸阳
宫与渭河的相对位置极为相近，其余宫殿建筑如同众多星
辰围拱在中宫四周，主要宫苑与天象位置对照研究有很多

---

① 出自孔子《论语·为政》。
② 学术界一般认为《三辅黄图》的成书时间为东汉末曹魏初，作者不详。

学者，提出了很多学说。

杜忠潮（1997 年）提出，秦咸阳都城中心区的布局，是按照冬至日前后傍晚时分，咸阳天顶的银河与仙后座包围的星区（冬至日前后 18:00—20:00，咸阳市区天顶 120 度视角）来进行规划设计的。其中渭河＝天汉，咸阳宫＝紫宫，横桥＝阁道，营室＝阿房宫。并且，秦时冬至日太阳居于"牵牛初度"，午时二者都在咸阳天顶的南方。因此秦人在规划中，将横桥的走向与日影最长时（冬至日）的牵牛星直线相对，故称"横桥南渡，以法牵牛"。另外，与天象位置对应的建筑还包括：①市井、手工业、居住区＝扶筐、天厨等星；②兰池宫＝咸池星；③章台宫＝渐台星；④武库＝奎宿（天之府库）；⑤信宫（天子祭祀之地）＝娄宿（牧养牺牲，以供祭祀）；⑥上林苑＝天苑星，如图 12-1 所示。

王学理（2000 年）认为秦咸阳布局思想与其建设过程是互动的，（1）在秦始皇称帝之初，以咸阳宫对应紫宫，在大咸阳地区形成渭水贯都的格局，与银河分牵牛、织女星的天象呼应。（2）极庙建成后，以极庙象天极。（3）自阿房宫筑复道、连接渭北的规划设想，与天极星通过阁道过天河、联系营室的天象相合。（4）秦始皇陵墓内"上具天文，下具地理"，表现的是一个完整的宇宙。此文推测了文献记载之外的宫室和星象的对应，与杜忠潮（1997 年）略别：①兰池宫与兰池＝毕宿"五车"和"咸池"；②宜春苑、

上林苑 = 昴宿"天苑"；③诸府库 = 奎宿"天府"，胃宿"天囷""天廪"；④厩圉 = 娄宿；⑤御道 = 牛宿"辇道"，奎宿"阁道"。

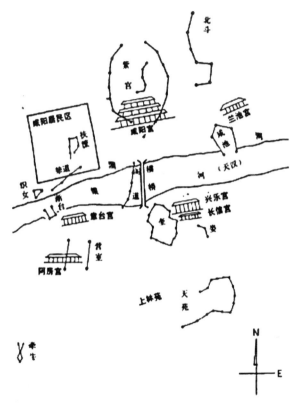

图 12-1　秦咸阳布局与冬至日前后 18:00-20:00 咸阳市区

天顶 120 度视角的天象相应

（图片来源：杜忠潮《试论秦咸阳都城建设发展与规划设计思想》）

陈喜波（2000年）用正投影绘出秦咸阳象天图式，指出：（1）秦咸阳是以十月岁首的星图为布局原则的，"每年十月的黄昏时分，营室星正当南中天，北极星巍然不动，银河居中东西横跨。此时天空中的星象格局正好对应于地上渭水两岸的各个宫殿，紫微垣对应咸阳宫，银河对应渭水，营室宿对应阿房宫，天上的阁道星对应于横跨渭水的复道，周围的宫殿也灿若群星，拱卫皇居"。（2）秦咸阳的南北轴线，恰好与连贯天上营室、北极和北斗的直线相吻合，符合汉书《汉书·律历志》"斗纲之端连贯营室"的说法，如图12-2所示。

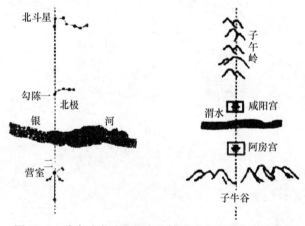

图12-2　陈喜波秦咸阳的南北轴线对应连贯北斗和营室

郭璐（2014年）将秦咸阳宫殿陵墓与《史记·天官书》的天空结构进行了比对，认为：①中宫：极庙＝帝星，章台、

兴乐二宫＝匡衡十二星，北斗（斗为帝车，运于中央）＝
以极庙为中心的交通系统；②东宫：以帝陵为东宫，其中
封土＝氐宿，封土西北便殿＝亢宿，丽邑＝天市垣，上焦
村马厩坑＝房宿，兵马俑陪葬坑＝衿、辖；③北宫：以渭
北宫室为北宫，其中咸阳宫＝营室，渭桥＝阁道，六国宫
室＝虚宿，望夷宫＝北落师门；④西宫：以西部苑囿为西宫，
其中诸池沼＝咸池，其余功能如祭祀牺牲＝娄宿，五谷＝胃，
游猎＝毕宿，禽兽＝天苑；⑤南宫：以阿房宫为南宫，其
中阿房宫＝太微（太微垣），南山＝阙丘二星（图 12-3）。

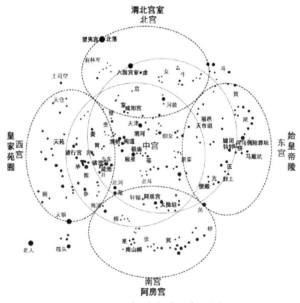

图 12-3　郭璐秦咸阳象天图

汉长安的象天之说有黄晓芬的东井说，郭璐的紫宫说，《三辅黄图》的斗城说，尤以后二者较为直观系统。郭璐（2014年）认为，汉长安的规划延续秦咸阳象天设都的手法，但尺度和气势均不及秦代宏大。整个都城从宏观非象全天，只是在局部的西部象天，如汉长安西部（未央宫、阁道、桂宫、横门）、建章宫、甘泉宫、昆明池等运用象天法地图式谋篇布局，其方法仍是按照《史记·天官书》的天文图结构。①汉长安西部：以未央宫象紫宫，其中前殿＝帝星，椒房殿＝正妃之星，官署、少府等＝匡衡十二星，阁道、辇道＝阁道星，桂宫＝营室，明渠＝天河，横门＝北落师门。②建章宫：以建章宫象全天星象，其中前殿＝紫宫，凤阙＝东宫角宿，虎圈＝西宫天苑，太液池＝天河，渐台＝渐台星，阊阖门＝紫微垣阊阖二星。③甘泉宫：甘泉宫＝紫宫。④昆明池：昆明池＝天河，石爷＝牵牛，石婆＝织女（图12-4）。

"斗城说"最早见于《三辅黄图》："城南为南斗形，北为北斗形，至今人呼汉京城为斗城是也。"《史记》《汉书》均无记载，《西都赋》《西京赋》也无类似说法。但刘歆、葛洪《西京杂记》记载了汉初人们崇拜北斗的习俗；《史记·天官书》有"斗为帝车，运于中央，临制四乡"的记载，反映出西汉时期以北斗为帝车的信仰；王莽时期，北斗崇拜达到极致，《汉书·王莽传》记载王莽"亲之南郊，铸作威斗"，在赤眉军攻入长安城后，王莽"旋席随斗柄而坐"，

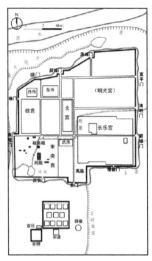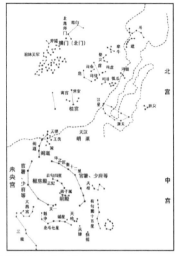

图 12-4　郭璐汉长安象天图

希望以此厌胜众兵。唐、宋、元时期的著名志书，如李吉甫
《元和郡县图志》、宋敏求《长安志》和骆天骧《类编长安志》
等沿用了《三辅黄图》的说法。但从元代李好文《长安图
志》开始，提出了对"斗城说"的质疑，"予尝以事理考之，
恐非有意为也"，认为汉长安城墙的曲折源于地形的限制。
当代学者对"斗城说"亦分两派。支持"斗城说"的学者，
将汉长安考古成果与天文图进行比对。如李小波（2000 年）
认为汉长安城主要依据北斗七星、勾陈、北极、紫微右垣
进行布局，其中城北＝中宫诸星，城南＝北斗，实际上是
"城南象北斗"，怀疑《三辅黄图》的说法有误。而陈喜波、

韩光辉（2007 年）则认为，汉长安以北城墙＝北斗，未央宫＝紫宫，南城墙＝南斗，与《三辅黄图》的说法一致，如图 12-5 所示。李遇春、马正林、王社教都是反对派。

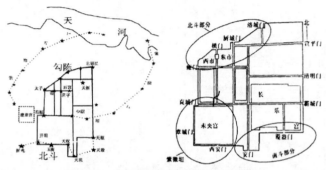

图 12-5 李小波、陈喜波汉长安斗城图

在北京城整体规划布局中法天象地，宫城所在之处便与北极对应，故宫太和殿作为最高权力所在，上书乾隆御笔"建极"二字即可证明此事。二十八星宿围绕北极星，银河穿越其中，冯时在《中国天文考古学·第八章天数发微》（2001 年）中描绘出了二十八星宿与银河的位置关系图（图 12-6）。在古人心目中天就如同穹庐一般笼盖在大地之上，因此他们观测到的日月星辰均是在这个半球状天幕上的投影，银河在皇城处的投影便是包括了北海的积水潭水系。《大都赋并序》有云"道高梁而北汇，堰金水而南萦，俨银汉之昭回"[1] 银汉就是指什刹海。比较金元两代宫城位

---

① [元]《大都赋并序》李洧孙。

置及北海水系的岸线变化，可知元朝将积水潭水域纳入城中，拓展了太液池（今北海）南侧水域，使其与通惠河等形成环绕宫城之势，如银河绕北极而行，是谓"众星共之"。到了明朝，在元大都的基础上进行改建，将宫城南移，开掘南海，使整个水域中心南移，规避了原有"银河"贯穿"北极"之势，修饰水系岸线，使其更为婉转悠长呈环抱之形，效法银河穿越天际之天象，宫城的南移使得水面偏于北方，五行学说中水居北，又是对风水思想的印证。在北京城全图中，若将太极点位于故宫太和殿前月台上，什刹海水系与西苑三海呈弧形，与银河形象更加贴合，如图 12-7 所示。古人将星象与宫城进行对应，以水系为银河，以宫城为龙，整体空间排布恰似飞龙跃出银河，突显了都城位置的尊贵祥瑞与皇权的至高无上。

图 12-6　二十八星宿银河图

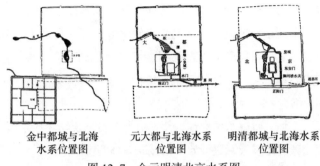

金中都城与北海　　元大都与北海水系　　明清都城与北海水系
　水系位置图　　　　　　位置图　　　　　　　位置图

图 12-7　金元明清北京水系图

　　据《西都赋》《西京赋》和《三辅黄图》记载，汉武帝效秦兰池宫做法，在昆明池东西两岸构建牛郎、织女二像，以兰池为银河。乾隆效汉武帝征战昆明而名昆明湖，也以此象征银河。在颐和园的昆明湖东岸立铜牛和西岸的耕织图是相呼应的。有专家言铜牛代表牛郎、耕织图代表织女，昆明湖成为阻止牛郎、织女相会的障碍银河。牛郎织女雀桥相会的雀桥就是十七孔桥。铜牛头朝耕织图的位置，而眼睛却朝向排云殿，把排云殿的主人当成玉皇大帝。然而从耕织二字上看，代表男耕女织，已是一片和谐美满的田园生活景象，故铜牛是遥望银河对岸有情人终成眷属的场景。耕织图比汉武帝的牛郎织女像更美满。

　　铜牛位于十七孔桥东头，乾隆在建成清漪园之后，于乾隆二十年（1755 年），沿用大禹投牛治水的传说，仿唐朝铁牛上岸的做法，命匠人铸造了一只铜牛，为了表示大清王朝的繁荣强盛，铜牛全身镀金，并在金牛背上用篆文铸了《金牛铭》，其全文是："夏禹治河，铁牛传颂，义重安澜，后人景丛。制寓刚戊，象取厚坤。蛟龙远避，讵数鼍黿。漾此昆明，潴流万顷。金写神牛，用镇悠永。巴邱淮水，共贯同条。人称汉武，我慕唐尧，瑞应之符，逮于西海。敬兹降祥，乾隆乙亥。"虽然文中所提"制寓刚戊，象取厚坤"用天干之戊和八卦之坤，但是，铜牛也没有放在太极点的坤位和戊位。昆明湖东堤比故宫的地基高约 10米，暴雨时昆明湖东堤会决口，殃及紫禁城，在此设置铜牛，观察湖水水位线，以便加强防护。

《耕织图》是南宋绍兴年间画家楼璹所作，反映的是农耕社会的男耕与女织的画作。作品得到了历代帝王的推崇和嘉许。天子三推，皇后亲蚕，男耕女织，成为上行下效的政策。南宋时的楼璹在任于潜令时，绘制《耕织图诗》45 幅，包括耕图 21 幅、织图 24 幅。清朝康熙南巡，见到《耕织图诗》后，感慨于织女之寒、农夫之苦，传命内廷供奉焦秉贞在楼绘基础上，重新绘制，计有耕图和织图各 23 幅，并每幅制诗一章。乾隆是清漪园的设计者和园主人，颐和园耕织图景区是乾隆亲手所建，颐和园耕织图景区是由耕织图（包括延赏斋、织染局、蚕神庙、耕织图石碑）、水村居以及水乡田园式的环境组成，当时乾隆皇帝特意将宫廷内务府织染局迁到园内，是体现中国传统"男耕女织"思想的一处独具匠心的绝妙佳景。乾隆一生写有御制诗文 4 万余首，其中反映园林中农耕景象的有 200 多首，关于耕织图景观的近 70 首。1860 年，英法联军焚园时，耕织图景区只余乾隆御笔"耕织图"石碑。1886 年，慈禧以恢复昆明湖水操的名义，动用当时的海军经费，在耕织图景区的废墟上兴建了水操学堂，使此处又成为了专门培养满族海军人才的高等学府。2004 年，颐和园耕织图景区重修复建，此次重修复建后全面开放的景区，是由耕织图地域上两个不同时期的历史建筑组成的，一部分是体现乾隆盛世时期皇家耕织文化的园林式建筑，包括延赏斋、蚕神庙、耕织图石刻长廊等；一部分则是复原后的水师学堂（图 12-8）。

图 12-8　耕织图景区

第13章 九州分野：圆明园九州清宴与避暑山庄湖洲

分野，指将天上星空区域与地上的国、州互相对应。古人依据寿星、大火、析木、星纪、玄枵、娵訾、降娄、大梁、实沈、鹑首、鹑火、鹑尾十二星次的位置划分地面上州、国的位置与之相对应。就天文说，称作分星；就地理说，称作分野。分野学说始于战国，其最初目的就是为了配合占星理论进行地理人事的占测。分野方法分为地域分野和时间分野。地域分野有：依据北斗七星形成的北斗分野；依据金星（太白、明星或大嚣）、火星（荧惑）、水星（辰星）、木星（岁星）、土星（镇星或填星）五大行星形成的五星分野；依据十天干和十二地支形成的干支分野；依据二十八宿形成的九野、三垣、四象；依据十二星次形成的十二分野。时间分野将一年或一日中的日期、月份、时刻等分配给不同地域。但占主流的是二十八宿分野和十二分野，而在园林中，主要是九州分野（表13-1）。

表 13-1 星象分野模式（根据亢亮《风水与建筑》绘制）

分野模式	方法	名称
干支说	将干支、月令与地域划分相对应	十干分野、十二支分野、十二月分野
星土说	将地域划分与星辰相对应	单星分野、五星分野、北斗分野、十二次分野、二十八宿分野
九宫说	把地域的划分与九宫相对应	九宫分野

　　《吕氏春秋·有始览》把国家从中央到八方分为九野，顺序配以二十八宿（其中有八野各配三宿，独北方则配四宿）。《有始览》曰："天有九野，地有九州。"《淮南子》道"何谓九野？中央曰钧天，其星角、亢、氐；东方曰苍天，其星房、心、尾；东北曰变天，其星箕、斗、牵牛；北方曰玄天，其星须女、虚、危、营室；西北方曰幽天，其星东壁、奎、娄；西方曰颢天，其星胃、昴、毕；西南方曰朱天，其星觜嶲、参、东井；南方曰炎天，其星舆鬼、柳、七星；东南方曰阳天，其星张、翼、轸。何谓九州？河汉之间为豫州，周也；两河之间为冀州，晋也；河济之间为兖州，卫也；东方为青州，齐也；泗上为徐州，鲁也；东南为扬州，越也；南方为荆州，楚也；西方为雍州，秦也；北方为幽州，燕也"（图 13-1）。以周为中州形成九州分野图：中央钧天：角、亢、氐三宿（周分豫州）；东方苍天：房、心、尾三宿（晋分冀州）；东北变天：箕、斗、牛三宿（卫分兖州）；北方玄天：女、虚、危、

室四宿（齐分青州）；西北幽天：壁、奎、娄三宿（鲁分徐州）；西方颢天：胃、昴、毕三宿（越分扬州）；西南朱天：参、觜、井三宿（楚分荆州）；南方炎天：鬼、柳、星三宿（秦分雍州）；东南阳天：张、翼、轸三宿（燕分幽州），如图13-2所示。

图13-1　古代九州地图

图13-2　九州分野图

圆明园是清代第一个用九州分野造园的案例。以水池中心为太极点，环绕一周为九个岛屿（图13-3）。九州分野图，本质上是九宫格，周边九州分原来的八宫位，于是形成等分的周长。离宫的南岛最大，为九州清晏主宫殿区，坎宫则分成二岛：上下天光和慈云普护。震宫为天然图画，兑宫为坦坦荡荡，艮宫为碧桐书屋，巽宫为镂月开云，乾宫是杏花春馆，坤宫是茹古涵今。

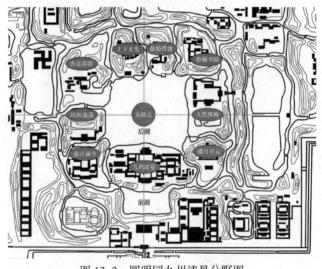

图 13-3　圆明园九州清晏分野图

如果按十二州分野，则以九州清晏为太极点，北部区、东西区不变，加入东南的保和太和、勤政亲贤，正南的正大光明，西南的长春仙馆，恰合一周十二州分野（图13-

4)。如此可见,九州清宴是九州分野为主,十二州分野为辅,
是天地人合一的格局。

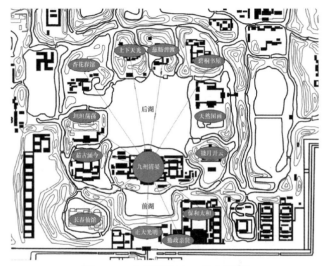

图13-4　九州清晏十二州分野图

承德避暑山庄湖洲区的九州分野格局则是经过康熙和
乾隆两代皇帝演变而来。在康熙湖泊区仅有如意湖、澄湖、
上湖和下湖,确定灵芝状,以芝径云堤为柄,以三大岛如
意洲、环碧岛、月色江声岛为伞盖,构成三朵灵芝,如图
13-5所示(年玥改绘,引自赵玲、牛伯忱著,陈克寅摄影,
《避暑山庄及周围寺庙》)在《芝径云堤》小序曰:"夹水为
堤,逶迤曲折,径分三枝,列大小洲三形,若芝英,若云朵,
复若如意,有二桥通舟楫。"序中明确了洲岛造型似"芝英",

即灵芝草，象征仙草，称如意灵芝树，有以仙草象征仙境之意，而三岛上坐落有亭、殿、榭、廊、阁、楼等形态各异、空间组合多样、艺术手法丰富的建筑群，又合一池三山的仙人居所。可见康熙时代还是以法地的原则为理念。

图 13-5　避暑山庄湖洲区灵芝图式

避暑山庄湖泊区最初营造时不止有灵芝三岛，还有三个小岛，合六个洲岛，后乾隆新拓镜湖与银湖，增加清舒山馆岛、戒得堂岛与文园狮子林，运用天数九，完善九州分野模式，以象天法地的手法完整意图。

青莲岛与如意洲一体，戒得堂与清舒山馆岛一体，于是构成北斗七星图，即七星九岛（见北斗七星章），如图13-6所示。

图 13-6 　 避暑山庄九州演变图

第14章 文昌、文曲、奎星、魁星、椽星

文昌星、文曲星、奎星、魁星、椽星都是天星，是中国象天文化中的重要组成部分，被古人认为关系家族的文化昌运。文昌星是与北斗星并列的星宫，文昌星位于北斗星旁。北斗由七颗星组成，而文昌星则由六星组成。

1. 魁星

魁星和文曲星都是北斗星的一部分。北斗星由斗勺四星和斗柄三星组成。斗勺部分四颗天权星、天玑星、天璇星、天枢星合称为魁星。文曲星又是魁星中的一颗星，即北斗魁星中的天权星，就是人们常说的文曲星。

北斗星备受全国各地人民的普遍敬仰与崇拜，原因是季节由它决定。在不同季节的夜空，北斗星的斗柄指向不同方向。古人根据初昏时斗柄所指的方向来决定季节：斗柄指东，天下皆春，即春季；斗柄指南，天下皆夏，即夏季；

斗柄指西,天下皆秋,即秋季;斗柄指北,天下皆冬,即冬季。北斗星是吉祥星,内含魁星,魁星内有文曲星,文曲星是主宰天下文运的吉星。魁星又在民间被尊为魁星爷,这里也有一些关于他的传说。魁星为北斗七星之首,民间称之为"魁星爷",右手执笔,谓文笔大昌,右脚踩鳌鱼,谓独占鳌头。左脚往后方举起,拱拖斗中其他 6 个星曜,谓之"起斗"。喻示:领袖群伦,舍我其谁?中状元称为大魁天下士、魁甲或一举夺魁。乡诗中举人第一名称为解元,也称为魁解。一举夺魁、魁星点斗和独占鳌头、五经魁。

　　魁星在民间俗称奎星,而奎星是二十八星宿的西宿之一。因其形貌也是黑脸红发以鬼面出现,故名魁。各地魁星楼供奉的星君尊神,就是西宿魁星与北斗魁星的二合一尊神,被天下考生敬仰和供奉。二十八星宿与北斗七星宿两套星相学问的两个星名,之所以混为一谈,是因为两星特性一样、作用一样、形貌一样,巧合名称也一样叫魁,因此天性相连、地性相通而同为魁星普受天下人供拜、供奉,在时间的长河中,西魁与北魁融为一体已成为事实。

2. 文曲星

　　文曲星,是北斗星中的第四颗,名为天权星,也是魁星中的第一颗星,民间将魁星与文曲星等同看待,都是主宰天下文运的万乘之尊。道家学派将天权星定名为文曲星,八宅学派将文曲星定性为水星。中国神话传说中,文曲星是主宰天下文运的星宿。大凡科考中榜位列一甲而被朝廷录用为大官的人，民间都认为是文曲星下凡。历史上被民间认定为文曲星下凡者有：比干、范仲淹、包拯、文天祥、刘伯温等。

文曲星在卦学的阴阳五行中，代表坎卦北方水，因其与文昌星都是主管天下文运而同属为吉祥星宿。而文曲星与文昌星不同的是，文曲星主管文学的同时，也掌管艺术，因文曲星代表北方水，有阴性桃花，即有水性杨花的风流特性。而文昌星纯粹只是掌管文学的星君尊神。

3. 奎星

奎星，由十六颗星串成长方形，是二十八宿之一的西方白虎宫的七宿之首，是主宰天下文运的大吉星。奎星称为魁星的三大原因：其一，因其形貌黑脸红发以鬼面出现，右手执朱批笔、左手托金印，左脚后翘踢斗而得名为魁星；其二，奎与魁同音，又是七宿之首，魁在中文大意里代表首位，有意头十足、独占鳌头之喻，魁星赐斗是古代科举人士最为喜欢的意头，具有吉祥如意、功成名就的象征；其三，奎星是专门主管文运之神；其四，从星相图看，奎星屈曲相钩，似文字笔画，遂将奎星称为魁星。

4. 文昌星

文昌星，是文运的象征，原本是星宫名称，不是一颗星，共六星组成，形如半月，位于北斗魁星前。《星经》所载："文昌六星如半月形，在北斗魁前，其六星各有名。"《史记天官书》载："文昌星，一曰上将，二曰次将，三曰贵相，四曰司命，五曰司中，六曰司禄。"因其与北斗魁星形状相近，都是曲折如勾，如文字笔画，故被称为主宰科甲文运的吉星。文昌、文曲一字之差，但星名星象不同，可能是六星半月形与四星斗勺形相近之故。

文昌星与北斗魁星因异曲同工而同称为文昌斗魁。易卦风水与命理中有文昌星，同是主管文运又寓意吉祥的贵人星。道教也将其尊为主宰功名禄位之星君，称文星，是读书文人求功名所尊奉的文圣星。

另有梓潼帝君，与文昌星同被道教尊为主管功名利禄之神，所以二神逐渐合而为一，将梓潼帝君称为文昌帝君。据载，梓潼帝君原名张亚子，晋朝越隽人氏，今四川省凉山州越西县人，后来迁到四川省梓潼县七曲山。因读书出身又笃信道教，终生在四川各地传教，他死后百姓在七曲山建清虚观，奉为梓潼君，再升格为梓潼神。安史之乱时，唐玄宗夜宿七曲山，梦得梓潼君见告，不日乱平，封为左丞相。唐广明二年，唐僖宗躲避黄巢乱军，再次到七曲山，加封为济顺王，解佩剑赐给梓潼神。至元仁宗延佑三年，仁宗帝敕封梓潼神为"文昌司禄宏仁帝君"，简称为文昌帝君。从此，梓潼君变为梓潼神，再变为梓潼王，又再变为梓潼帝君，最后变成了文昌帝君。梓潼君就成了文章、学问的天部尊神，职责掌管天部文昌府的事务，成了文昌星、文曲星、北魁与西魁的代理星君。宋时，道教将梓潼君与文昌合称为文昌帝君，升级为人、鬼、生、死、爵、禄的大仙帝君。古代书生求仕途，以科举为途径，于是天下府县，处处大兴土木，为梓潼帝君建立文昌宫、文昌阁（殿）。明代以后，每一所学校都将主要书屋中的一个大间腾出来，用于供奉文昌帝君。

每年农历二月初三，逢文昌帝君诞辰，历代皇帝都要举行隆重的祭祀活动。明朝景泰年间，景宗皇帝为文昌帝君在北京新建庙宇，每年二月初三祭祀。清嘉庆六年，皇帝敕命礼部，将文昌神编入国祀大典。而在民间，凡是读书人也必要奉祀文昌帝君，童生、秀才、禀生、贡生、举人以及私塾老师都要准备全牛及供品，至文昌庙行"三献礼"祭祀之。历代官府也都要通令天下学校，来奉祀文昌帝君。

至此，文昌帝君的神位已升级至九五主尊。许多供奉文昌的庙观，在正殿中堂奉祀文昌帝君，北斗文魁与西宿文魁则分祀在帝君两旁。文昌宫的文昌殿，是文昌帝君的殿堂，而魁星楼或魁星塔，则是北斗与西宿文昌魁星的庙宇。（资料来源：武汉长春观）

5. 棂星

棂星，又称灵星，是天田星。天田是中国古代星官，有两座，分别属于二十八宿的角宿和牛宿。牛宿六星交织在一起，人称牛郎星，与织女星相对。角宿两颗主要亮星是角宿一与角宿二，分别为青龙的右角和左角，黄道穿过两星之间，七曜诸星的运行轨迹亦多从两星间经过，故称天门或天关。星宿十二宫中，角宿星属女宫二足，秤宫二足。龙角，乃斗杀之首冲，故多凶。此星宿在春末夏初夜晚，出现在南方天空，是闪烁着银白色的光芒的星斗，日本古代称其为真珠星，中国则称图星，亦称角星。主春生之权。密教占星学中，角宿位于北斗曼荼罗外院东边南方第一位之星宿，或现图胎藏曼荼罗外院南方之星宿。

牛宿东北，角宿东南，相距甚远。角宿的天田意为"天上的田"，位于现代星座划分的室女座，含有 2 颗恒星。牛宿的天田意为"天子的田"，位于现代星座划分的显微镜座和魔羯座。汉高祖刘邦为风调雨顺而祭祀天田星。到了宋代，儒家把孔子与天相配，所以在孔庙和儒学中，也都把祭祀孔子当作祭天，所以都筑有棂星门楼，用以祭祀孔子。因古代门的形状好像窗棂，就把"灵星"改为"棂星"。无论牌楼式木质或石质棂星门，外框简单，只有框架，没有屋顶，有窗式棂格。棂星门也象征着孔子可与天上施行教化、广育英才的天镇星相比。

至于诸星的位置，北斗星在紫微垣的南空，斗前二星指向北空的北极星。魁位于紫微星的正南，而第四颗文曲星（天权）恰在正南。其前方的文昌六星则在紫微垣的西南位。奎星则是北方与西方的交界处，恰在西北位。棂星的牛宿为玄武第二宿，在东北。棂星的角宿，属东方青龙的角，是第一宿。

《淮南子》道："日冬至，日出东南维。"当白昼最短阴气最盛之时，太阳升起之位正是东南方，所谓"冬至一阳生"。《周易》认为东南属巽位，巽者顺也，象征万物顺应自然而畅达。堪舆学认为，东南巽方属贪狼木，主"得生气"。狄仁杰被称为"斗南第一人"。斗南即北斗之南。东南方属春夏之际，当"斗柄东指，天下皆春"之时，主文章、科举的魁星，主功名禄位的文昌六星，主坐论朝政的三台六星，二十八星宿中属斗宿主文运的南斗六星，属辰宿为龙左角的天田二星，属牛宿的天田九星，都在这片星区，由此东南区被认为是文运昌盛区。正因为如此，文庙、魁文阁、文昌阁都建在东南位。（庞洪．文庙学宫历史文化初探）

不仅是道观祀魁星、文曲、文昌，孔庙也专门构建楼阁供奉此星。楼阁是古代建筑中的多层建筑物。早期楼与阁有所区别，楼指重屋，多狭而修曲，在建筑群中处于次要位置；阁指下部架空、底层高悬的建筑，平面呈方形，两层，有平坐，在建筑群中居主要位置。阁用于观景和供神，楼用于居住和办公。后来楼与阁互通，无严格区分。楼阁多为木结构，构架形式有井傒式、重屋式、平坐式、通柱式等。佛教传入中国后，楼阁发展为特殊形式的塔，专门供奉舍利、经书、佛像。

嘉定文庙前为五水归一，称为汇龙潭，明代万历十六年（1588 年）建为公共园林。应奎山坐落潭中，绿水环抱，宛如一颗明珠，自古有五龙抢珠之称，汇龙潭因此而得名。应奎山就是奎星的代名词。园内还建有二层的魁星阁，开拱形门洞。一层供奉魁星，二层平座腰檐，可凭栏远眺。

建水书院是中国书院中泮池最大的书院，它的书院区建有三阁：尊经阁、奎文阁、魁星阁，把奎星与魁星分置，区别对待。又建有四门：梫星门、大成门、金声门和玉振门。

北京市东城区魁星阁坐落于古城北京的东南府学胡同小学内，原为顺天府学所在。南京市秦淮区夫子庙泮池旁南京夫子庙，也建有魁星阁，是全庙的核心景观和标志性建筑之一，又称奎星阁、文星阁。曲阜孔府的东南位建有奎楼。平遥古城的文庙在东南位，魁星阁在城东南角，远处 40 千米外的超山顶上还建有文峰塔，与文庙魁星遥相呼应。高邮古城的奎楼，又称魁星阁，位于古城东南的快哉亭公园内，为徐州五大名楼（彭祖楼、燕子楼、黄楼、霸王楼和奎楼）。位于古城东南硷山上的奎山塔影一直是徐州八景之一。

1920 年《瑷珲县志》记载：瑷珲城"东南角有魁星楼一座，高盈十丈，若登楼一望，则三面环山，一面枕水，诚可谓天然险峻城廓。"上海川沙县魁星阁，是道光二十九年（1849 年），厅事何士祁在古城墙东南角建造的，期望魁宿能光顾川沙，保佑书院世代学子学有所成。魁星阁是高三层的宝塔形建筑，六面飞檐翘角，可谓当时川沙的最高建筑。1925 年，川沙古城墙拆除，仅保留东南角观澜书

院中 200 余米一段，魁星阁作为文物亦得以保存。1947 年
邑人张文魁出资重建。1966 年"文化大革命"中，魁星阁
毁于一旦。1987 年重建，次年建成。重建后的魁星阁，再
现当年雄姿，与古城墙上的岳碑亭、文笔塔及城墙下的敬
业堂浑然一体，构成了川沙著名的文物景点，成为浦东新
区重要的文化遗迹。

　　桂城魁星阁位于佛山市南海区东部桂城街道虫雷岗山
山顶（虫雷岗公园）。古代桂城魁星阁是虫雷岗八景之一，
老百姓到此阁来祭拜文曲星以求考取功名，旧的魁星阁被
毁后，2012 年重建，2015 年元旦对外开放。

　　江西省新余市魁星阁、淄博魁星阁古庙群、靖江魁星
阁文昌庙、富源文庙魁星阁、凉山彝族自治州德昌县县城
上翔街魁星阁都是在古城东南。

　　我国台湾地区的台南在古城东南建有奎楼书院，清雍
正四年（1726 年）分巡道吴昌祚于府城关帝厅街道台衙创
建奎星堂，取名"中社"。为地方士绅鸿儒交流诗文、议论
时事所在，迥异于一般书院。乾隆时曾 3 次重修。嘉庆初
增建惜字塔。嘉庆十一年（1806 年）改建东西两堂，修仓
圣堂、魁星堂、朱文公祠、敬字堂。嘉庆十九年（1814 年）
按察使糜奇瑜改建魁星堂并改名奎光阁。道光十三年（1833
年）董事陈泰阶、黄应清等更名为奎楼书院。同治、光绪间，
曾做大小修葺。1926 年院舍被拆，士绅黄欣等购得府前路
90 巷 34 弄 25 号地，建两层大楼，工竣而碑未立。第二次

世界大战时被毁。1955年众议将该院田园收入等重建书院及教室,以培育人才,重振文风。门柱上尚有赵逢源题联:"才识奎星真面目,更看沧海大文章。"原祀仓颉、朱熹,现祀文昌、文衡帝君。

在园林中的星象景台还有渐台。渐台是星名,在织女星旁。《隋书·天文志上》:"东足四星曰渐台,临水之台也。"刘向《列女传·楚昭贞姜》载,渐台为楚国的台,在湖北省江陵县东。楚昭王出游,留夫人渐台之上。江水大至,台崩,夫人流而死。

《史记·郊祀志》载:"建章宫其北治大池,渐台高二十余丈,命曰太液池,中有蓬莱、方丈、瀛洲、壶梁,象海中神山龟鱼之属。"《汉书·郊祀志》载:"建章宫北治大池,渐台高二十余丈,名曰泰池。池中有蓬莱、方丈、瀛洲、壶梁象海中神山龟鱼之属。其南曰玉堂、壁门、大鸟之属。"《王莽传下》载,汉末刘玄兵从宣平门入,王莽逃至渐台上,为众兵所杀。

第15章 地理形胜

　　如果说秦朝咸阳规划和汉代长安规划遵循的是象天法则的话，北齐后主高纬的仙都苑遵循的就是法地法则。而乾隆清漪园中，既遵循象天法则，也遵循法地法则。法地分为风景区的胜地模拟、园林的胜园模拟和单体景点的胜景模拟三种类型，胜地如五岳、四海、四渎、西湖、五台；胜园如辋川别业、嵩山别业、狮子林、天一阁、豫园、桑耶寺、布达拉宫、大世界；胜景如太和殿、胜概楼、德国领事馆、观音山。也可按实体类模仿和意象类模仿来分，如清代皇家园林对天一阁、狮子林、如园的模仿属于实体性模仿，而民国时期各地园林对江南园林的模仿、欧洲园林的模仿常属于意象性模仿。常常一个园中有两种模仿，如圆明园对西湖十景的模仿，除三潭印月的葫芦塔、断桥残雪的石拱桥、苏堤春晓的堤桥是实体模仿外，其他七个都属于意象模仿。

第 1 节　历代地理形胜写放综述

园林写放源于秦始皇。《史记·秦始皇本纪》载："秦每破诸侯，写放其宫室，作之咸阳北阪上，南临渭。"自此，开创了中国园林的仿景先河。汉武帝平定云南之后也效秦始皇写放昆明滇池于上林苑中，名之昆明池。由此可见，在京城中写放地方胜地景观，是帝王威加海内、征服诸侯的政治目的。

对于地方政权来说，中原都城是政治中心，城市是胜局，其风景就是胜景，其园林就是胜境。南越国的后苑就是按中原故国和新朝园林的样式，仿建于南越皇宫的后苑之中。其曲水激流做法，据杨鸿勋考证，为西汉第一个私家园林袁广汉园的做法。相同写放天朝景象的还有唐代渤海国仿府城、仿长安都城，日本平城京仿洛阳的做法。

隋朝杨广在扬州的离宫仿洛阳宫苑建造，这是对本朝都城的仿写。北宋徽宗在汴梁开封建苑囿时仿的是杭州的凤凰山，是对异地风景的仿写。异地之仿因为路途遥远之故，而南宋第一任皇帝高宗建宫苑堆假山时仿的是附近的飞来峰，可谓对佛教景点意和景的双重敬爱才导致了这一举动。

清朝的皇家园林仿写从康熙就开始了，在乾隆朝达到高潮，主要原因是乾隆对全国各地风景名胜的极大热情。他不仅多次前往这些景点参观游览，而且还为这些景点点景题名，有时提出修改意见，还带画师，命其当场绘制，最后仿写于皇家园林之中。圆明园、清漪园和避暑山庄是仿景大园。以西湖为首的格局仿写，到天一阁、兰亭、黄鹤楼、六和塔、玉带桥、卢沟桥的全面仿写，以至成为巅峰之作。天一阁不仅被仿写于一个园中，不仅乾隆的四库七阁仿天一，连民间南浔的嘉业藏书楼也不甘落后。

但是，唐代陈邕在漳州家中仿建都城王宫之法，可能原来不过是略抒胸臆，以表对在京几十年为官的怀念，最后却成为政敌的政治攻讦的把柄。清朝嘉庆年间衍圣公孔庆镕在孔府后花园，按照御花园改造，是因为有乾隆之女下嫁孔府作为倚靠。而乾隆朝和珅却没有这么好的下场，他的花园和住宅锡晋斋，却因模仿乾隆宁寿宫花园而被嘉庆帝籍没并砍头。得到皇帝允许而在扬州瘦西湖仿建北海五亭桥和白塔两景，可谓是官私结合的园林杰作。对皇家园林和建筑景观的模仿，只是因为是帝王的至亲才能有的尊崇，更是为了讨好皇帝，希望得到皇帝的垂青，这一心思本为人之常情，只有到了清朝覆灭之后，各地仿建都城和宫殿成为平常，龙凤主题也能进入寻常家庭。民国时期新疆李溶提出在中山公园中仿太和殿，蔡廷蕙在广州环翠园和鲁道源在昆明的鲁园仿颐和园石舫，都是帝王园林被百姓的仿写的范例。

在私家园林中仿写最多的还是桃花源、辋川别业、兰亭曲水。这三个景点本为自然风景园，既有自然山水风景，也有人工造作的景观。因为陶渊明、王维、王羲之本身个人魅力的映射而使园景备受欢迎。全国称为桃源、小桃源的多与桃花源有关，称为辋川、小辋川的是与辋川别业有关，称为曲水、兰亭、禊赏等的景观，与兰亭水有关。如北宋大画家李公麟在桐城老家的龙眠山庄完全是仿辋川别业。元代张适的乐圃林馆仿辋川别业。明代王世贞弇茨园明确说："粉本辋川庄，洞天狮子窟。"明代钱岱在常熟的小辋川则取名和造景双随。沈周的有竹居，内有青山、泉水、奇石、竹林、书房，以竹为胜，而且把园林与王维蓝田的辋川别墅相比："东林移得闲风月，来学王维住辋川。"清初造园家李渔在家乡建伊园，有伊园十景，竟说："此身不作王摩诘，身后还须葬辋川。"清代苏州蒋垓的绣谷，也学辋川别业。扬州冶春诗社有辋川诗画阁。清代桂林画家李秉绶的环碧园，"称水部别墅，在水竹处构茆亭，又有风亭水榭十余处，广植栗树，与茂树清流相映带，殆不减辋川之胜"。常熟景如柏的景园，人称堪比辋川别业。唐代卢鸿一在嵩山建的别业也驰名一时，并题有十景诗，绘有十景图。至明代，刘珏在寄傲园仿写其嵩山草堂十景而构十景：笼鹅馆、斜月廊、四婵娟室、螺龛、玉局、啸台、扶桑亭、众香楼、绣铗堂、旃檀室。

曲水流觞之典就是出自兰亭盛会，这一景观，成为历代文人园林竞相模拟的对象。宋朝黄庭坚在宜宾为官期间，在当地凿山为谷，穿石为渠，构建兰亭式流杯亭。宋朝苏州卢璿在自己的卢园中构曲水流觞。清代乾隆更是王羲之的崇拜者，不仅对王的书法极为推崇，收纳并藏于皇家园林的多处地方，也在多处皇家内廷、离宫、行宫中兴建流杯亭，宁寿宫花园、圆明园、清漪园、避暑山庄、潭柘寺行宫等地，皆有此景。

对异地园林的模仿也不仅局限于皇家，如明代申时行在苏州适园中仿无锡小盘谷和绍兴鉴湖。私家园林中仿写异地风景的也有，如板桥花园的主人是漳州人，故模仿漳州的观音山，秦恩复意园仿黄山小盘谷。同时，私家园林也仿写本地风景，如清代苏州洽隐园就仿写西山的小林屋洞，清代黄履暹趣园仿的是瓜洲的胜概楼。常州顾氏小园仿写太湖风景区。肖钦的潮州西园仿的是南海的海岛景观。

对园林和园中个别景点的仿写，在民间也很流行。李长蒨兴化的曼园仿的是枣园。集仿各园的以苏州怡园为盛，它可以说是一个集仿园，以苏州几个名园为模本，东部庭院有留园的影子，中部水池有网师园余声，旱舫仿拙政园，复廊仿沧浪亭，假山参照环秀山庄，洞壑参照狮子林。上海课植园仿写本地豫园和苏州狮子林。广州番禺的宝墨园集仿各地名景，成为粤中名园，其紫洞艇仿的是珠江上船舫，紫带桥仿的是江南拱桥，清明上河图仿的是宋代张择端画，可谓是集仿主义的表现。

到了民国时期，江南园林和欧洲园林成为两大模仿主题，体现在众多的地方军阀和富商豪强的宅园之中。所谓的中西合璧就是这两大园林的结合。礼园、共乐园、清和别墅、栩园和陈楚湘花园仿的是江南园林，厦门李清泉的榕谷别墅、天津潘复的别墅园、自贡张伯钦的张家花园仿的却是欧洲建筑或园林。中西兼而有之的亦大有案例，如天津五大道现存二十多处洋房花园中，近一半是中西合璧。不仅私家园林如此，公共园林的公园也是如此。中西园林和建筑文化的碰撞直到中华人民共和国建立后仿苏式，改革开放后仿欧美，以至当下从西方学习雨水管理，更其名曰海绵城市，则更广泛地运用于城市绿地系统的规划和建设之中。

　　寺院园林以元代的狮子林为典范。1341 年，高僧天如禅师来到苏州讲经，受到弟子们拥戴。元至正二年（1342年），弟子们买地置屋为天如禅师建禅林。天如禅师因师傅中峰和尚得道于浙江西天目山狮子岩，为纪念自己的师傅，取名"师子林"，又因园内多怪石，形如狮子，亦名"狮子林"。园中最高峰为"狮子峰"，另有"含晖""吐月"等名峰，建筑有"立雪堂""卧云室""指柏轩""问梅阁"等。园内多竹，竹间结茅的是方丈禅窝，建有"冰壶进""玉鉴池""小飞虹（桥）"。园建成后，当时许多诗人画家来此参禅，所作诗画列入"师子林纪胜集"。著名的画有：朱得润的《狮子林图》、倪瓒（号云林）的《狮子林横幅全景图》、徐贲的《狮子林十二景点图》。（倪瓒和徐贲的画在清代由皇家收藏，近世有延光室影印本，真迹目前下落不明）狮子林由此名声显著，至元末明初，已成为四方学者赋诗作画的名胜之地。在虎丘寺院中，小五台也出现在门额之上，表明门内的景观是仿自五台山。中国人的仿景之法被日本学习，在日本寺院中仿写中国寺院洪隐山、普陀山西湖也是极为流行的做法（表15-1）。

表15-1　历代仿景一览表

（根据《中国园林年表初编》整理）

朝代	人物	园名	地点	仿景做法	仿景类型
秦	秦始皇	皇苑	咸阳	每破一国，仿其建筑于北阪园中	建筑
西汉	汉武帝	上林苑	长安	昆明池仿滇池	湖
南越	赵佗	宫苑	广州	仿长安宫苑	园
东汉	梁冀	宅园	洛阳	模仿崤山	山
隋	杨广	毗陵宫苑	江苏常州	仿洛阳宫苑建离宫，周回十二里。苑中凿夏池，环池有十六宫	园林
唐	陈邕	宅园	漳州	仿皇宫建府园，为避钦差调查改为报劬寺	园
唐	大钦茂	府园	黑龙江宁安	府城仿长安，城东建禁苑	园
北宋	李公麟	龙眠山庄	安徽桐城	王维辋川别业	园
北宋	宋徽宗	艮岳	河南开封	仿杭州凤凰山格局堆山理水	园
南宋	宋高宗	德寿宫	浙江杭州	仿杭州灵隐寺飞来峰	园

续表

朝代	人物	园名	地点	仿景做法	仿景类型
金		会宁府	黑龙江	仿汴京	园
元		碧云寺	北京	南跨院有仿杭州净慈寺而建的罗汉堂	寺院
元	天如惟则	狮子林	江苏苏州	仿浙江天目山狮子岩堆假山，以成禅宗景观	山石
明	申时行	适适园	江苏苏州	仿景无锡愚谷堆山，仿绍兴鉴湖理水	山水
明	李长倩	曼园	江苏兴化	东部苔藓山仿枣园之土窟楼，以奇石垒成，内洞外土，遍植翠竹，顶构危楼，楼设佛堂	假山
明	刘珏	寄傲园	江苏苏州	仿唐代卢鸿一草堂十景而构十景：笼鹅馆、斜月廊、四婵娟室、螺龛、玉局、啸台、扶桑亭、众香楼、绣铗堂、旃檀室	园林
明	顾氏	顾氏小园	江苏常熟	假山水池仿太湖风景	风景
清	许氏	檀干园	安徽歙县	仿西湖凿湖、堤景和三山如西湖	风景
清	周秉忠	洽隐园	江苏苏州	仿洞庭西山小林屋洞堆假山石洞	假山
清	康尧衢	康园	天津	仿苏州园林	园林
清	孔庆镕	铁山园	山东孔府	仿北京御花园，在中轴线重构园林和建筑	建筑

续表

朝代	人物	园名	地点	仿景做法	仿景类型
清	王庭魁	渔隐小圃	江苏苏州	仿文征明停云馆改小停云馆	
清	雍正乾隆	圆明园	北京	仿江南名园（茹园、安澜园、瞻园）、同乐寺宫市（江南市肆）、西湖十景、文津阁（天一阁）、千尺雪	园林、风景、名胜
清	康熙	避暑山庄	承德	烟雨楼仿嘉兴烟雨楼，小金山仿镇江金山，文园狮子林仿苏州狮子林，千尺雪仿苏州千尺雪，永佑寺舍利塔仿六和塔	景、园
清	乾隆	北海	北京	仿镇江金山江天寺建北海北部的漪澜堂	寺庙
清	乾隆	清漪园	北京	仿天下名景，以杭州西湖为构局，规划昆明湖，仿建的景点有：西堤和六桥（苏堤）、江南市肆苏州街、园林如惠山园（寄畅园）以及异地景点如：河南天门山的邵窝、北京十七孔桥（卢沟桥）、六和塔（原大报恩延寿寺塔）、寄澜阁（黄鹤楼）、景明楼（岳阳楼）、赅春园（南京永济寺）、须弥灵境（桑耶寺）	风景、园林、寺院、名胜

续表

朝代	人物	园名	地点	仿景做法	仿景类型
清	乾隆	殊像寺	河北承德	仿五台山殊像寺，假山为外八庙中最大者	寺院
清	乾隆	普宁寺	河北承德	仿桑耶寺	寺院
清	乾隆	普陀宗乘之庙	河北承德	仿西藏布达拉宫	寺院
清	乾隆	碧云寺	北京	仿杭州净慈寺	寺院
清		五亭桥、白塔	扬州	仿北海五亭桥建五亭桥，仿北海白塔建白塔	景点
清	黄履暹	趣园	江苏扬州	园内的胜概楼仿写瓜洲胜概楼	景点
清	冯文毅	万柳堂	北京	仿元代廉希宪的万柳堂而建	古迹
清	秦恩复	意园	扬州	请著名造园家戈裕良仿黄山小盘谷堆叠黄石假山，名小盘谷	风景
清		文澜阁	浙江杭州	仿宁波天一阁	园林和建筑
清		铁公祠	山东济南	祠中园林仿苏州沧浪亭而建，名小沧浪	园林
清	甘福	桐阴小筑	江苏南京	藏书楼、津逮楼仿天一阁，假山仿环秀山庄	园林
清	李春城	荣园	天津	仿杭州西湖凿池堆山，今人民公园	风景

朝代	人物	园名	地点	仿景做法	仿景类型
清	顾文彬、顾承	怡园	江苏苏州	怡园是集仿园，以苏州几个名园为模本进行仿写，东部庭院有留园的影子，中部水池有网师园余声，旱舫仿拙政园，复廊仿沧浪亭，假山参照环秀山庄，洞壑参照狮子林	园林
清	彭玉麟	小曲园	浙江杭州	仿俞樾在苏州的曲园，故名小曲园	园林
清	刘华邦	金鄂书院	湖南岳阳	仿白鹿书院，为园林式书院	园林
清	林维源	板桥花园	台湾地区台北	仿漳州观音山堆假山	山岳
清	肖钦	西园	广东潮阳	仿海岛景观构园	风景
清	刘承干	嘉业藏书楼	浙江湖州	仿天一阁建藏书楼	建筑
清	袁世凯	李公祠	天津	建筑和园林仿李鸿章家乡的建筑风格	建筑
清	徐润	竹石山房	广东珠海	建筑布局仿豫园	园林
清		遐园	山东济南	山东图书馆的楼仿天一阁，园林亦仿	园林建筑
清	唐绍仪	共乐园	广东珠海	莲池九寸龙仿苏州园林	园林

续表

朝代	人物	园名	地点	仿景做法	仿景类型
清	李耀庭	礼园	重庆	仿苏州园林而建	园林
清	段书云	红榆山庄	江苏徐州	仿肖县老家花园而建	园林
清		宝墨园	广东广州	集仿各地名景，最典型的如紫洞艇仿的是珠江上船舫，紫带桥仿的是江南拱桥，清明上河图仿的是宋代张择端画	园林、风景
民国	蔡廷蕙	环翠园	广东广州	仿颐和园石舫，望云草堂仿杜甫草堂	景点
民国		清和别墅	福建厦门	中式景观仿苏州园林	景点
民国	莫咏虞	栖霞仙馆	广东珠海	斋堂仿上海太古洋行建筑	建筑
民国	马文卿	课植园	上海青浦	集仿豫园、狮子林	景点
民国		先农坛公园	北京	仿上海大世界兴建城南游艺园，放露天电影，开餐厅、杂耍、台球、旱冰等游艺项目	景点
民国	陈文虎	翊园	上海南汇	陈文虎为哈同义子，仿哈同爱俪园	园林
民国	徐炳炎	徐园	江苏扬州	在徐园东部是乾隆御赐趣园所在，其中四桥烟雨，仿嘉兴烟雨楼	园林

朝代	人物	园名	地点	仿景做法	仿景类型
民国	徐永昌	徐永昌公馆	山西太原	仿北京某王府	园林
民国	林焕章	栩园	福建福州	仿江南园林	园林
民国	潘复	潘复故居	天津	仿西洋园林和建筑	园林、建筑
民国	康有为	游存庐	上海	仿当时新闸路广东华侨简照南园中竹屋而建竹屋，外竹内木	景点
民国	梁仁庵	啬色园	香港	1992年仿北方园林而建成后花园，名从心苑	园林
民国	刘尔炘	小西湖	甘肃兰州	把莲荡池改名小西湖，仿杭州西湖格局，池心建来青阁，池西建临池仙涫，北岸建螺亭，池外环栽杨柳，池内养鱼种莲	风景
民国	张伯卿	张家花园	四川自贡	园中别墅仿德国领事馆	建筑
民国	李清泉	榕谷别墅	福建厦门	主庭仿西洋园林风格建园	园林
民国	周醒南	厦门中山公园	福建厦门	仿北京动物园格局	园林
民国	鲁道源	鲁园	云南昆明	仿颐和园石舫建桥右舫	园景

续表

朝代	人物	园名	地点	仿景做法	仿景类型
民国	黄冠章	黄冠章别墅	广东广州	主体建筑仿中山堂，人称迷你中山堂	建筑
民国		二龙喉公园	澳门	集仿北方、江南和岭南园林	园林
民国	石荣廷	石家花园	重庆	仿重庆的礼园	园林
民国	贾继英	退思斋	山西太原	东南部在晋土府墙基上仿静安园堆假山，建石洞。山前建八角亭，山上建六角亭和四角亭，山顶建南楼。山东依山建十多间爬山廊	园林
民国	席启荪、徐介启	启园	江苏苏州	仿无锡仿蠡园及明代王鏊的招隐园意境，设计师画家蔡铣、范少云、朱竹云等	园林
民国	周玳	在田别墅	山西太原	仿某氏明代铜假山配置图	古图
民国	吴颂平	吴颂平故居	天津	奥地利设计师盖苓集仿欧洲花园别墅	园林、建筑
民国	陈楚湘	陈家花园	上海	仿苏州古典园林	园林
民国		桐梓小西湖	贵州遵义	仿杭州市西湖，墨三石塔，名三潭印月；栽杨柳，名柳浪闻莺；建方塔，名雷峰夕照；又有望湖亭和放鹤亭，仿林逋放鹤亭	风景

朝代	人物	园名	地点	仿景做法	仿景类型
民国	李溶	乌鲁木齐中山公园	新疆	1921年议会会长李溶提出建丹凤朝阳阁，仿北京太和殿	建筑
民国		陈园	山西绛县	仿歌特式建筑建门楼	建筑

第2节　仙都苑与五岳四渎四海

1. 仙都苑

公元571年，北齐后主高纬于南邺城之西兴建仙都苑。《历代宅京记》载："仙都苑周回数十里，苑中封土为五岳，五岳之间分流四渎为四海，汇为大池，又曰大海。每池通船，行处可二十五里。海池之中为水殿，周回十二间，四架，平坐广二丈九尺，基高二尺四寸。殿脚有船二只，各长五丈二尺，上作四面步廊，周回四十四间，三架，悉皆彩画。其中岳嵩山北，有平头山，东西有轻云楼，架云廊十六间。南有峨嵋山，小山东西屈头，若峨嵋。山之东端有鹦鹉楼，以绿瓷为瓦，其色似鹦鹉；其西有鸳鸯楼，以黄瓷为瓦，其色假鸳鸯。北岳之南有玄武楼，楼北有九曲山，山下有金花池，池西为三松岭。再南有凌云城，西有陛道，名通天坛。大海之北，有飞鸾殿，广十六间，五架，青石为基，珉石为柱础，镌作莲花形，梁栋梧柱皆包以竹，以斑竹为椽。殿后有长廊，檐下引水，周流不绝。其南有御宿堂，尽用铁装，庭前有红色山石，其东有井，以玉砌。堂前有白樱桃树二株，钩鼻桃树二株。其中有紫薇殿。园中有山，屈曲而上，名七盘山。七盘山有数峰，山上有宜风观、千秋楼。紫薇殿左右又有游龙观、大海观、万福堂、流霞殿。紫薇殿北有修竹浦，紫薇殿内有连璧洲。大海之中有杜若洲、靡芜岛、三休山。西海有望秋观、临春观，隔水相望。海池中又有万岁楼。北海中又作密作堂、贫儿村、高阳王思宗城。密作堂周回：十门，四架，以大船浮之于水，为激轮于堂，层层各异。下层刻木为七人，各执乐器，相对而坐；中层作佛堂三间，作木僧七人，各长三尺，衣以缯彩；上层亦作佛堂，傍列菩萨及侍卫立士，佛坐帐上刻作飞仙，御环右转，又刻画紫云飞腾，相映左转，往来交错，终日不绝，奇妙机巧，前所未有。贫儿村作于北齐后主高纬天统末年，在密作堂之侧。村中编蒲为席，剪茅为房，断经之荐，折簟之床，故破靴履，糟糠饮食，陷井藜灶，短匙破厂，蒿檐不蔽风雨。纬与诸妃游戏其中，以为笑乐。其傍还设一市肆，多置货物，高纬亲自为市令，胡妃坐店卖酒，令宫人交易其中，往来无禁，三日而罢。"

在园林技法上，《历代宅京记》明确了五岳是堆土为岳。五岳连续出现两次以后再也没有出现，五岳中只出现中岳和北岳，东岳、南岳和西岳没有出现。五岳山名中只有中岳嵩山出现，其他未出现，倒是出现了平头山、峨嵋山、九曲山、七盘山、三休山、小山、三松岭的名字，可见，五岳只是方位的概念。四渎仅出现一次，全文并未说明四渎之名，只说是用五岳分流而成。四海中提出北海、西海，而东海、南海未提及。四海汇为大池，也叫大海，大海出现四次，其中有一次为大海观。大池和大海合称为海池，出现了两次。每海都可通船，可见船游已是游览的主要方式。大海中堆三岛，是一池三山的表现。海池的水中建万岁楼。西海岸上有望秋观和临春观隔水相望。北海水中建密作堂，下层木刻乐伎七人执乐器；中层佛堂供木偶僧侣七人；上层为佛堂供如来和菩萨。最为奇趣的是飞仙会动，往来交错，奇妙机巧。

《历代宅京记》中只有中岳嵩山直呼其名，其他四岳、四渎、四海皆没有明确山名、水名和海名，只是冠四方以区别位置而已。既然中岳有名，其他岳、渎、海应作为成对出现的名词，应有名，只不过未予记录，至于为何？推断仙都苑的模仿属于意象模仿，若全部冠名，怕名不副实；从造景来看，空间方位的四方观和五方观胜于此方的代表物。但是把山、川、海统一于一园之中，历代仅此一例，从目标上反映了作为帝王雄霸天下、四海归一的雄心壮志，从造园上开启了对五岳、四渎、四海的地理形胜的写仿模式，从地理上表达了北朝时期天下五方的观念，从宗教上表达了北朝时对自然胜地崇拜的观念。

　　把五岳、四渎看成是神的象征，应该不仅是皇家的观念，从所涉及范围和尺度上看，属于国家地理范畴，是以都城为中心点，把方位与神山相结合，就是中国古代人的地理观、空间观和崇拜观的有机结合（图 15-1）。

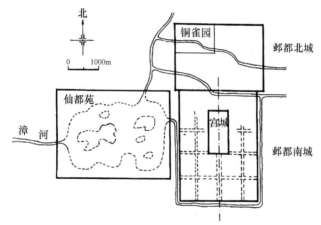

图 15-1　仙都苑平面推测图

（图片来源：周维权《中国古典园林史》）

2. 五岳观

　　东周春秋前，岳是掌管大山的官职。尧时执掌四方外事的部落首领为岳。后来把主管方岳的官吏与岳官驻地的大山名称统一，于是，代表四方大山的道教著作《洞天记》道："黄帝画野分州，乃封五岳。"五千年前黄帝部落疆域不出中原黄河流域，黄帝封岳无正史可查，直至唐虞三代方有四岳之说。

历代京城屡变，然不出豫、晋、陕三省，故历代所封四岳都在黄河流域的中原地区。而五岳之说与五行有关。五行说产生于春秋，经战国时阴阳学家邹衍等人宣扬，"五德终始论"的日渐盛行而产生了五岳之说，故《诗话》曾说："唐虞四岳，至周始有五岳。"岳山称名始见于公元前五世纪成书的《尚书》。《尚书》有东、西、南、北四岳，而无五岳。四岳山名见于经书者唯有东岳岱宗。《周礼·大宗伯·大司乐》始言五岳，虽未确山名，但成为国家地理组山范畴的升级。

西汉司马迁《史记·封禅书》细述五帝至秦的演变。《封禅书》曰："尚书曰，舜在璇玑玉衡，以齐七政。遂类于上帝，禋于六宗，望山川，遍群神。辑五瑞，择吉月日，见四岳诸牧，还瑞。岁二月，东巡狩，至于岱宗。岱宗，泰山也。柴，望秩于山川。遂觐东后。东后者，诸侯也。合时月正日，同律度量衡，修五礼，五玉三帛二生一死贽。五月，巡狩至南岳。南岳，衡山也。八月，巡狩至西岳。西岳，华山也。十一月，巡狩至北岳。北岳，恒山也。皆如岱宗之礼。中岳，嵩高也。五载一巡狩。"

《礼记·王制》曰："天子祭天下名山大川，五岳视三公，四渎视诸侯，诸侯祭其疆内名山大川。四渎者，江、河、淮、济也。天子曰明堂、辟雍，诸侯曰泮宫。""秦缪公即位九年，齐桓公既霸，会诸侯於葵丘，而欲封禅。管仲曰：'古者封泰山禅梁父者七十二家，而夷吾所记者十有二焉。昔无怀氏封泰山，禅云云（指泰安市大汶口镇云亭山，原名亭亭山，海拔 141.5 米）；虙羲封泰山，禅云云；神农封泰山，禅云云；炎帝封泰山，禅云云；黄帝封泰山，禅亭亭（指新泰市楼德镇云云山，海拔 210.4 米）；颛顼封泰山，禅云云；帝喾封泰山，禅云云；尧封泰山，禅云云；舜封泰山，禅云云；禹封泰山，禅会稽（应为司马迁之误，指山东东蒙山，故称龟祭山，因越国冒名后世误会为会稽山，与龟祭山同音）；汤封泰山，禅云云；周成王封泰山，禅社首（泰山市西南社首山）：皆受命然后得封禅。'"最后，齐桓公封禅念头因管仲的制止未果。"其后百有余年，而孔子论述六艺，传略言易姓而王，封泰山禅乎梁父者七十余王矣，其俎豆之礼不章，盖难言之。"

秦始皇即位三年，就上泰山封禅，尽管众儒反对，还是亲自上山，"而遂除车道，上自泰山阳至巅，立石颂秦始皇帝德，明其得封也。从阴道下，禅於梁父（梁父山，新泰境内徂徕山东，又名映佛山）"。秦二世"元年，东巡碣石，并海南，历泰山，至会稽（应为司马迁之误，应为龟祭山），皆礼祠之，而刻勒始皇所立石书旁，以章始皇之功德"。（以上地名注解源于东岳雨石博文："大禹封泰山禅会稽是千古谬误"，2019 年 1 月 20 日，个人图书馆）。

司马迁再考证："昔三代之皆在河洛之间，故嵩高为中岳，而四岳各如其方，四渎咸在山东。至秦称帝，都咸阳，则五岳、四渎皆并在东方。自五帝以至秦，轶兴轶衰，名山大川或在诸侯，或在天子，其礼损益世殊，不可胜记。及秦并天下，令祠官所常奉天地名山大川鬼神可得而序也。""於是自崤以东，名山五，大川祠二。曰太室。太室，嵩高也。恒山，泰山，会稽，湘山。水曰济，曰淮。春以脯酒为岁祠，因泮冻，秋涸冻，冬塞祷祠。其牲用牛犊各一，牢具珪币各异。""自华以西，名山七，名川四。曰华山，薄山。薄山者，衰山也。岳山，岐山，吴岳，鸿冢，渎山。渎山，蜀之汶山。水曰河，祠临晋；沔，祠汉中；湫渊，祠朝那；江水，祠蜀。亦春秋泮涸祷塞，如东方名山川；而牲牛犊牢具珪币各异。而四大冢鸿、岐、吴、岳，皆有尝禾。"

因为夏、商、周的国都皆处于黄河与洛水之间，故河南嵩山为中岳，嵩洛相近可视为一体，其他四岳各随其方，四渎都在山东。至秦称帝，建都陕西咸阳时则五岳、四渎均在东方。自五帝以至秦，名山大川因诸侯王朝起落而不可胜记。及秦并天下后方确定：自河南省崤山以东为名山五，即嵩山、恒山、泰山、会稽、湘山；大川二，即济水和淮河。《史记·封禅书》载："岁二月，东巡狩，至于岱宗；五月巡狩至南岳，南岳，衡山也；八月巡狩至西岳，西岳，华山也；十一月巡狩至北岳，北岳，恒山也，皆如岱宗之礼……中岳，嵩高也……昔三代之君皆在河洛之间，故嵩高为中岳，而四岳各如其方。"河洛指黄河和洛水。

综上所述，汉之前五岳之制因势而异，各有不同。西周建都于丰、镐，以华山为中岳；东周周平王东迁洛邑（洛阳）以后，又以嵩山为中岳，华山为西岳。只有东岳泰山和北岳恒山称呼未变。至汉武帝时，确立五岳制度，并登礼天柱山封为南岳。据《汉书·郊祀志》载，汉宣帝神爵元年（前 61 年）颁发诏书，确定以泰山为东岳，华山为西岳，霍山（即天柱山）为南岳，恒山（河北恒山）为北岳，嵩山为中岳，将南岳由衡山移往霍山，至隋文帝杨坚统一南北朝后，于开皇九年（589 年）重新诏定湖南湘江之滨的衡山为南岳，废霍山为名山。北岳恒山在汉、唐、宋、元、明时，皆在山阳的河北曲阳举行祭礼，遥祭恒山（河北恒山）。明代中后期浑源伪造历史，附会传说，称浑源玄武山为恒山，提出改祀，到清代顺治十八年（1661 年），遂改祀北岳于浑源。

3. 四渎观

四渎指长江、黄河、淮河、济水，为中国民间信仰中河流神的代表。《尔雅·释水》："江、河、淮、济为四渎。四渎者，发源注海者也。"称渎条件为流入大海。《风俗通义·山泽》引《尚书大传》《礼三正记》继续解释说："渎者，通也，所以通中国垢浊，民陵居，殖五谷也。江者，贡也，珍物可贡献也。河者，播也，播为九流，出龙图也。淮者，均，均其务也。济者，齐，齐其度量也。"长江献珍物，黄河出龙图，淮河均其务，济水齐度量，各有神奇，于是因敬畏之情而立庙祭祀。

据《礼记·王制》，古代的天子祭天下名山大川，即五岳与四渎。《史记·殷本纪》："东为江，北为济，西为河，南为淮，四渎已修，万民乃有居。"从周朝开始，四渎神成为河神代表，由君王亲祭。《礼记·祭法》曰："天子祭天下名山大川，五岳视三公，四渎视诸侯。"并在全国各地修庙祭祀，据《风俗通义·山泽》载，河神庙在河南荥阳县，河堤谒者掌四渎，礼祠与五岳同，江出蜀郡前氏徼外岷山，入海，庙在广陵江都县，淮出南阳平氏桐柏大复山东南，入海，庙在平氏县，济出常山房子赞皇山，东入沮，庙在东郡临邑县。

祭祀从周传至汉，《汉书·武帝纪》建元（前140—134年）元年（公元前140年）诏曰："河海润千里，其令祠官修山川之祀。"汉宣帝始列四渎神入国家祀典。《汉书·郊祀志下》称宣帝神爵元年（前61年）制诏太常曰："夫江海，百川之大者也，今阙焉无祠。"其令祠官以礼为岁事，以四时祠江海洛水，祈为天下丰年焉。自是五岳四渎皆有常礼。

唐代始称大淮为东渎，大江为南渎，大河为西渎，大济为北渎。金、明等代袭之。《旧唐书·礼仪志四》称唐天宝六年（747年）封河渎为"灵源公"，济渎为"清源公"，江渎为"广源公"，淮渎为"长源公"。《宋史·礼志八》称宋仁宗康定元年（1040年）诏封江渎为"广源王"，河渎为"显圣灵源王"，淮渎为"长源王"，济渎为"清源王"，由公升级为王。《元史·祭祀志五》则称至元二十八年（1291 年）加封江渎为"广源顺济王"，河渎为"灵源弘济王"，淮渎为"长源博济王"，济渎为"清源菩济王"，在王的封号前缀了各自功能。

4. 四海观

古人认为中国四境有海环绕，各按方位名为东海、南海、西海和北海，但四海之名因时而异。上古时，"海"常以"晦"为训。《释名·释水》云："海，晦也。主承秽浊，其水黑如晦也。"《易经》里"不明晦"，在汉帛书本中作"海"。《老子》里"澹兮其若海"，释文曰"海本作晦"。晦，有昏暗之意。晋张华《博物志》云："海之言，晦暗无所睹也。"明孙毂《古微书》引《考灵曜》也言"海之言昏晦无所睹也"。

"四海"写作"四晦"，可见于战国简《赤鹄之集汤之屋》："小臣受亓（其）余（馀）而尝之，亦邵（昭）然四晦（海）之外，亡（无）不见也。"四晦（海）与四（荒）并列，指夏汤王朝外的荒芜之地。小臣尝羹之后，能知晓地面上乃至辽远荒芜地方的所有事物，"亡（无）不见也"。又按陈斯鹏《战国楚帛书甲篇新释》有："山陵不（卫），乃命山川四晦（海）。□□（热）（气）仓（沧）（气），以为亓（其）（卫），以涉山陵，泷汩凼濭（濑）"。开天辟地之后，山川四方的大地也随之进行调整。

海与晦的互训表明上古人们未形成海的完整概念，只是识到陆地的天限为昏晦，对天限是地是水存疑。王庸据"今日所知之甲骨文字与金文，均不见有海字"推断古人关于海的观念，约于周代才形成。

"海"作海水解，见于《说文·水部》："天池也，以纳百川者。从水，莫声，慕各切。"《尚书》道："江汉朝宗于海"，说明海是江汉的目的地。《淮南子·氾论训》："百川异源，而皆归于海。"

国都陆中，周围邻海，应是山东一带的认知。《禹贡》："夏成五服，外薄四海。东海鱼须、鱼目……咸会于中国，异物来至。"东海出产鱼须和鱼目，表明是海之水义。又《禹贡》中"东渐于海，西被于流沙……讫于四海"，《孟子·告子篇下》中"禹之治水，水之道也。是故禹以四海为壑"，"原泉混混，不舍昼夜，盈科而后进，放乎四海"，文中四海乃水汇之处。又如稍晚于孟子的齐人邹衍在九州论中认为四海是环绕州外的"四方的海水"。

从战国中期到后汉，"四海观念的核心，都是如字面之义的海域或者边界的意思"（渡边信一郎．中国古代的王权与天下秩序：从日中比较史的视角出发 [M].徐冲，译．北京：中华书局，2008:56.）。如《史记·五帝本纪》有"辅成五服，至于五千里，州十二师，外薄四海"，晋张华《博物志》有"……有北海明矣。……汉使张骞渡西海，至大秦。……东海广漫，未闻有渡者。……南海短，狄未及"。

　　宋代交通条件的发展使地理观念更进一步，洪迈《容斋随笔》考证："海一而已，地之势西北高而东南下，所谓东、北、南三海，其实一也。"东南北三海相连，西高而"无由有所谓西海者"。

　　《尔雅·释名》从人文地理出发，以四海国民族："九夷、八蛮、六戎、五狄，谓之四海。"郭璞注曰："九夷在东，八狄在北，七戎在西，六蛮在南，次四荒者。"郑玄将此观点应用于群经之中，《毛诗序》有"《蓼萧》，泽及四海也"，郑玄笺为："九夷、八狄、七戎、六蛮谓之'四海'。国在九州之外，虽有大者，爵不过子。《虞书》曰：'州十有二师，外薄四海，咸建五长。'"

　　正因四海有海陆两说，故辨四海之义要依行文而定。如《荀子·王制》东海、西海、南海、北海的说法，不能全部都理解为海域。云："北海则有走马、吠犬焉，然而中国得而畜使之。南海则有羽翮、齿革、曾青、丹干焉，然而中国得而财之。东海则有紫紶、鱼、盐焉，然而中国得而衣食之。西海则有皮革、文旄焉，然而中国得而用之。"走马、羽翮都是陆地上的物产，唯有东海有鱼、盐等海产。

　　渡边信一郎认为，先秦将"四海固定化为夷狄所居住的领域"，是附庸《周礼》《尚书》等古文经学而来，体现了华夏王朝四方一心的世界观，进而中原邻四夷，文德化四方，成为古代中国十分重要的思想，一直影响了整个封建时代人文地理观念建构。

四海又与天下相关，清代阎若璩在《四书释地又续》析四海二义："有宜从《尔雅》解者，'四海遏密八音'是也。有宜从郑康成《周礼》注'四海犹四方也'解者，如上云'天下慕之'，下云'溢乎四海'；上云'中天下而立'，下云'定四海之民'，盖四海即天下字面也。""遏密八音"和"犹四方"，演化为与"天下"相近的概念。

郭丽娜、郑莹认为，狭义的"天下"非"四海"的"九州"。"九州"的地理范围，就是达于四方。《周礼》："凡将事于四海、山川、则饰黄驹。"郑玄注解为："四海，犹四方也。"贾公彦的注疏："云'四海犹四方也'者，王巡狩，惟至方岳，不至四海夷狄，故以四海为四方。"在《礼记·王制篇》中，"四海"是包含方三千里的领域。从战国到汉代，"四海"所指的狭义的天下就是这三千里的九州之地（陈斯鹏.简帛文献与文学考论[M].广州：中山大学出版社，2007:1.）。

秦汉的一统使"四海"逐渐趋于广义的天下。《史记·秦始皇本纪》云："秦并四海，兼诸侯，南面称帝，以养四海，天下之士斐然向风。"秦始皇把秦以外六国称四海，故称并四海，汉代"陛下以四海为镜，九州为家"，其中"四海"则是在"九州"之外，唐代"天子以四海为家"，四海真正演化为广义的天下（李元晖，李大龙.是"藩属体系"还是"朝贡体系"？——以唐王朝为例[J].中国边疆史地研究，2014:11-17+178.）。古代士人反复用"奄有四海"来形容统驭天下的正统性。如《元史》："洪惟我太祖皇帝，受命于天，肇造区夏，世祖皇帝，奄有四海，治功大备，列圣相传，丕承前烈。"明代皇帝朱棣道："夫天下一统，华夷一家，何有彼此之间？"文人高启称"从今四海永为家，不用长江限南北"。

天启三年（1623 年）刊印的《职方外纪》共五卷，题有西海艾儒略增译，东海杨廷筠汇记。该书介绍了有关自然地理的"天体原理""地圆说"和"五大洲"等观念。其中第五卷为《四海总说》，列举了海名、海岛、海族、海产、海状、海舶、海道等知识。从艾儒略所带来的"四海"知识来看，中西之间的地理思维和认知存在较大的差异，明清士人呈现出不同的接受态度。

艾儒略释四海前说认为，海分为国包海的地中海和海包国的寰海，后者相当于邹衍九州论每州外面的裨海和九州之外的瀛海，"复更有八州，每一州者四海环之。名曰裨海。九州之外，更有瀛海"。元代张翥云否定了邹衍瀛海说："九州环大瀛海，而中国曰赤县神州。其外为州者复九……此邹氏之言也。人多疑其荒唐诞夸。况当时外缴未通于中国，将何以证验其名矣。"

艾儒略在《四海总说》中提出两种命名法，一是西方的州域称谓，如近亚细亚者谓亚细亚海，一是以本地方位观的命名法，如中国的四海观。艾儒略一方面将"中国列中央"按中国传统分四海，另一方面则在"四海"之下灌输着全新的信息：海虽分而为四，然中各异名。如大明海、太平海、东红海、孛露海、新以西把尼亚海、百西儿海，皆东海也；如榜葛蜡海、百尔西海、亚剌比海、西红海、利未亚海、何折亚诺沧海、亚大蜡海、以西把尼亚海，皆西海也；而南海则人迹罕至，不闻异名；北海则冰海，新增蜡海、伯尔昨客海皆是。（艾儒略 . 职方外纪 [M]. 北京：中华书局，1985.）

对于利玛窦和艾儒略带来的"四海"知识，支持者有之，如对利玛窦称赞有加的李贽专门写有《四海说》，从自然地理方面探究有关"四海"的知识，在文中他写道："由此观之，正西无海也，正北无海也，正南无海也，西北、西南以至东北皆无海，则仅仅正东与东南角一带海耳，又岂但不知西海所在邪？"晚明士人熊人霖的世界地理著作《地纬》，也是参考《四海总说》，只是未引起重视。

反对西方海说的是稍晚于李贽的朱国桢，他说："卓吾谓，只有东南海，而无西北海。不知这日头没时，钻到那里去，又到东边出来。……且由上下，则四傍在中，只四傍，岂能透上达下乎？"大地理学家陈祖绶对"四海之说"持存而不论的中立态度，"彼五大洲者有之，中国不加小，四海不加大，总之，四大洲环乎中国者也"。明末清初的杨光先持批判态度："天德圆而地德方，圣人之言详矣。……地平即东西南北四大海水也。"从李贽到杨光先有回归传统的趋势。

清初"最明于地理之学"的顾炎武谈"四海"问题，

认为四海犹四方也，并非是真海水名，于是清代士人四海观又模糊起来。尽管在清康熙十三年（1674 年），另一位西方传教士南怀仁（Ferdinandus Verniest）在其所制《坤舆全图》中的下卷引用了《四海总说》，但批艾仍是主流。《四库全书总目》曰："《职方外纪》……前冠以《万国全图》，后附以《四海总说》，所述多奇异，不可究诘，似不免多所夸饰。"

清朝末年林则徐命人翻译《四洲志》，开放了人们的视野。艾说终得到一定认同。魏源在编写"以夷攻夷"的《海国图志》、晚清文人张维屏随笔集《老渔闲话》双双坚持艾说："后世言四海，以西洋人艾儒略《四海总说》为易明。"（郭丽娜，郑莹．中国古代的"四海"意识与艾儒略《四海总说》．北京行政学院学报，2017 年第 5 期）

第 3 节　清代皇家园林的写仿

1. 圆明园与西湖十景

写放之盛莫过于康乾二帝。同治十年，文人王闿运写下《圆明园词》，其中有一句："行所留连赏四园，画师写放开双境。谁道江南风景佳，移天缩地在君怀。"最后一句"移天缩地在君怀"是盛世帝王的宏大心愿，他们也是这么践行于园林创作的。

据郗志群和王志伟研究，康熙第二次南巡（1684年）驻跸杭州，第一次将西湖十景的位置标定。康熙和乾隆曾十一次南巡驻跸杭州。随着雍正三年（1725年）圆明园工程的开工，西湖十景遂进入皇家园林。

圆明园仿建杭州西湖十景，有两种方式：实景写仿与会意写仿。实景写仿是对西湖景点的某一标志性形象具体仿建，例如三潭印月之葫芦塔、断桥残雪之石桥、苏堤春晓之湖堤等。会意写仿是不追求真实摹仿，只对环境进行写意创造，重在品题。例如平湖秋月、双峰插云、花港观鱼、柳浪闻莺、雷峰夕照、南屏晚钟、曲院风荷。[郗志群，王志伟.圆明园写仿"西湖十景"简论.北京科技大学学报（社会科学版），2016年4月第32卷第2期]。

圆明园三潭印月位于福海东北部方壶胜境涌金桥以西，其西部与四宜书屋大船坞隔山毗邻，整组建筑处于一条东西向的水湾之中，由东西两部分组成。东面仿效西湖三潭印月小瀛洲栈桥建有九曲临水建筑一组，水中重檐四角亭悬挂"三潭印月"匾。西面水池构葫芦石塔三座，与西湖三潭石塔形制相似。虽水面不及西湖，但是湖水、叠石、石塔、敞亭、水桥被完全收纳，虽层次分明，然略感复杂拥挤，仅为其母题的生硬再现。约道咸时期，三潭印月亭被拆除，匾移他处（图15-2、图15-3）。

图 15-2　《圆明园四十景图》之三潭印月

图 15-3　杭州三潭印月葫芦塔和曲桥

　　同样属于实景写仿的断桥残雪位于圆明园西北汇芳书院东面东西向叠石桥，西面与问津亭相邻。乾隆二十八年（1763 年）在桥东树立"断桥残雪"坊。因桥下水面仅为小河道，故桥景亦无法与西湖断桥相比，唯有桥西问津亭

251

处有假山堆叠，与北面相连形成一条南北向小山，略似西湖断桥北的宝石山。

属于实景写仿的圆明园苏堤春晓，位于九州景区与曲院风荷之间一条南北狭长的土堤上。主体建筑为一座三间卷棚敞轩，上挂"苏堤春晓"匾。敞轩向西跨河有板桥（即桥亭）与天然图画岛东端小亭相连。建筑结构上与西湖之桥略为相似，有西湖烟柳之意。

圆明园平湖秋月是圆明园四十景之一，与西湖平湖秋月在建筑位置上相似，坐北朝南，临湖而设，属于会意写仿（图15-4、图15-5）。东端三孔石桥宛如白堤之锦带桥。乾隆时期扩建为敞厅五间，正殿三间，东北两进跨院，西有敞亭名流水亭，北面山谷有一座殿宇名花屿兰榇。道光时期大改，将五间敞厅拆除，改正殿为三卷殿，东边跨院院墙及西边流水音长廊也被同时拆除。

双峰插云一景是凭眺西湖南北两座高峰的景观，所谓"南高、北高两峰相去十余里，中间层峦叠嶂，蜿蜒盘结，列峙争雄，而两峰独以高名，为会城之巨镇。山势既峻，能兴云雨，故其上多奇云。山峰高出云表，时露双尖，望之如插，宋人称'两峰插云'，为十景之一"。圆明园双峰插云位于平湖秋月以东，是一座方台与方亭结合的高台建筑。据亭可望万寿和玉泉山。玉泉山上有定光和庙高二塔，宛如杭州西湖之葛岭宝俶塔和丁家山之雷峰塔。塔增山势，高入云霄，故此景为写意之作。

图 15-4　《圆明园四十景图》之平湖秋月

图 15-5　杭州平湖秋月

属于会意写仿的西湖花港观鱼是康熙和乾隆双双流连和题刻之处，其碑号称祖孙碑。圆明园花港观鱼位于西峰秀色岛的北岸，西面与长青洲相对。乾隆九年（1744年）的《圆明园四十景图》中可见为木板桥，上构架棚顶三间。板桥中间可以自如开合，以利船行。道咸年间的《圆明三园地盘河道全图》，花港观鱼板桥位于园北部皇帝经常乘船游览的主要河道之上，是游览长青洲，观赏小匡庐瀑布的必经之地，在此观鱼是主要目的，园中也有坦坦荡荡和深柳读书堂等观鱼处，故它仅是意仿而已，故后来被拆除，改建为岚镜舫。

西湖柳浪闻莺位于涌金门与清波门之间的濒湖地带，康熙皇帝曾建御碑亭于涌金门南。乾隆时修御书楼。乾隆十六年（1751年）御制诗云："那论清波与涌金，春来树树绿阴深。间关叽啭供清听，还似年时步上林。"圆明园的柳浪闻莺位于文源阁西北，周围是大片稻田，西有观稻赏荷的芰荷香。柳浪闻莺为南北向小桥，乾隆于二十八年立石坊，并题御制诗："十景西湖名早传，御园柳浪亦称旃。栗留叽啭无端听，恰似清波门那边。"从诗意看，欲以稻浪比柳浪，故为意仿之景。

圆明园雷峰夕照位于福海东岸，涵虚朗鉴一景的南端，是一座西向三开间的借景建筑，虽名"雷峰夕照"却无宝塔。此殿乾隆年间挂"澡身浴德"匾，北有悬山南向小屋两间，名"惠如春"。此景可隔福海西望西山南北连绵之态。

西湖南屏晚钟，取法南屏山北麓净慈寺之钟声响彻西湖的意境。圆明园中南屏晚钟变体为一座十字形殿宇（或为十字亭），其内部有无铜钟无从知晓，唯一效法西湖的就是圆明园南屏晚钟选址在福海东南，与南屏山净慈寺同西湖的位置关系略为相似。

曲院风荷是西湖宋时酒池，可以在此行曲水流觞之宴。康熙三十八年（1699 年）在跨虹桥西建御碑亭，其后又续建了望春楼、迎薰阁、聚景楼等建筑。曲院风荷东临苏堤，南北与西里湖、岳湖相夹，这里"花时香飘四起，水波不兴，绿盖红衣，纷披掩映。穆然如见'南风解愠'时也。"圆明园曲院风荷是四十景之一，建在九州景区以东，为南北狭长环境，为摹仿西湖十景中面积较大者。乾隆九年（1744 年）乾隆皇帝述及曲院风荷仿建时说："兹处红衣印波，长虹遥影，风景相似，故以其名名之。"圆明园曲院风荷南部为水景，九孔石桥架于水面之上，东西各有小牌楼，西名金鳌、东名玉栋，与北海之桥同名。桥东建筑天圆地方亭，题：饮练长虹。水面西邻苏堤春晓，北以棕桥亭与小岛相连，岛上正殿五间，题：曲院风荷，西间题：洛迦胜境。乾隆二十二年，乾隆皇帝第二次南巡来到杭州西湖曲院风荷，面对眼前的苏堤，他吟到："几个田田漾细风，乍看绿叶想花红。昆明湖上浮轻舫，六月春光讶许同。"乾隆十五年（1750 年）清漪园水利工程告竣，昆明湖上西堤的摹仿蓝本即西湖苏堤，此诗为感怀三处苏堤而作。

2.清漪园与天下名胜

江南风景佳，吸引历代皇帝前往巡幸游历，乾隆是最热衷的一位，他一生六次南巡。乾隆帝曾于乾隆十六年（1751年）、乾隆二十二年（1757年）、乾隆二十七年（1762年）、乾隆三十年（1765年）、乾隆四十五年（1780年）、乾隆四十九年（1784年）六次巡幸江南，每次一般都要到江宁府（今南京市）、苏州府、杭州府、扬州府，后四次还巡幸了浙江的海宁。乾隆十四年（1749年）十月初五日、十七日，乾隆帝弘历相继下了两道上谕，讲述欲于十六年巡幸江南的原因，大致有四点：一是江浙官员代表军民绅衿恭请皇上临幸；二是大学士、九卿援据经史及圣祖南巡之例，建议允其所请；三是江浙地广人稠，应该前去，考察民情戎政，问民疾苦；四是恭奉母后，游览名胜，以尽孝心。而学者们分析有六个原因：蠲赋恩赏、巡视河工、观民察吏、加恩士绅、培植士族、阅兵祭陵。

乾隆下江南与其祖康熙下江南督河工有很大的不同，他还是要把江南风景统揽于胸。虽公开场合是说督河工，考行政，问民情，而实际上对游览江南风景情有独钟，在各级官员们一再恳请下，大部分景点他都游览过，有些景点还多次前往。六次南巡，乾隆御笔几乎写遍了江南大部分的山山水水。以至于他在第六次南巡十多年后，八十多岁的他对军机大臣吴熊说："朕临御以六十年，并无失德，惟六次南巡，劳民伤财，作无益，害有益，将来皇帝南巡，而汝不阻止，必无以对朕。"

　　《南巡盛典》中的风景和园林是他特别钟意的写照。宫廷画师如今天的摄影师，把他留念的景点一一如实描绘下来。这些全景图，让我们了解了当时风景和园林的样貌。这些景点，也大部分被仿写在皇家园林之中。狮子林是他最喜欢的一个园林（图 15-6）。他曾在假山中探研山洞，以至痴迷。在清漪园、圆明园、避暑山庄中曾多次仿写。最完整的仿写是避暑山庄的文园狮子林（图 15-7）。不仅院落和园林区被全部模仿下来，还在北部局部堆高，做了形势方面的改进。

图 15-6　《南巡盛典》中的狮子林

文园狮子林

图 15-7 《钦定热河图志》中的文园狮子林

　　六次南巡每次都到镇江金山寺烧香拜佛，游览赏景。当时的金山与江岸有一段距离，要乘船方可登岛。在金山的远帆楼上，望江水白帆和江天云影。这一景也被多次写仿。首先，北海的琼华岛北面的建筑群就是在乾隆十六年至三十七年（1751—1772 年）南巡期间建成的，其中的远帆阁就是仿的金山寺的远帆楼。避暑山庄的小金山则以金山为摹本，上帝阁略师金山寺塔之意，故名小金山（图15-8）。静明园的玉泉山如金山，玉峰塔是仿的金山寺塔。

　　江南风景中杭州西湖是乾隆的至爱，他在他独立完成的园林作品清漪园中，大展园林设计的才华。他的重要手法就是模仿。首先，他把杭州西湖的格局运用于昆明湖中。万寿山相当于西湖上的孤山，为了显出万寿山环绕水面的效果，在万寿山的北面开湖以象西湖的北里湖，东面挖河环绕一周与昆明湖相接。万寿山南面中轴线上建排云殿，仿的也是西湖孤山南坡的康熙行宫。清漪园西面的玉泉山和西山，与西湖的西山群峰相似。（党洁．颐和园的造园艺术之研究．中国市场．城市规划与管理．2014 年第 42 期）

图 15-8　避暑山庄小金山

湖中西堤仿苏堤，呈南北向延展。西堤六桥亦仿杭州西湖苏堤。苏堤旧称苏公堤，是贯穿西湖南北的林荫大堤，现长 2797 米。为北宋文人苏轼任杭州知府疏浚西湖时（1089

年）取湖泥和葑草堆筑而成。堤上有由南而北构六座石桥，依次是：映波、锁澜、望山、压堤、东浦、跨虹六桥，桥下可行船，古朴美观。苏东坡曾有诗云："我来钱塘拓湖绿，大堤士女争昌丰。六桥横绝天汉上，北山始与南屏通。"苏堤六座桥，一棵杨柳一棵桃。乾隆自负才高，但唯羡苏东坡，南下履访苏子故迹。颐和园西堤从北向南依次筑有界湖桥、豳风桥、玉带桥、镜桥、练桥、柳桥六座式样各异的桥亭；其中玉带桥仿的是江南地区的石拱桥，其拱券高度可通大型船只。（图15-9）玉带桥不只一处，在昆明湖南面长河入口也有一个，就是为了乾隆大型游船从京城直抵玉泉山静明园而设计的。其他的桥为平桥，上构桥亭，既利乘凉也利遮雨。在柳桥和练桥之间有为取范仲淹《岳阳楼记》中"春和景明，波澜不惊"之句命名的景明楼。景明楼仿写岳阳楼,不是形似，而是意如。乾隆想借警句"先天下之忧而忧，后天下之乐而乐"，让自己在游娱之中"偷闲略赏还知愧""后了先忧缅前贤"（图15-10）。沿堤遍植桃柳，春来柳绿桃红，有"北国江南"之称。他曾写诗"三岛忽疑移此地，六桥原不异西湖"。（乾隆御制诗《昆明湖上作》）

昆明湖上有三岛：南湖岛、治镜阁、藻鉴堂，也是依西湖的三岛：三潭印月、阮公墩、湖心亭而设。虽合数却模样有别。

图 15-9　清漪园玉带桥

图 15-10　颐和园景明楼

　　小西泠的西泠之名也是西湖孤山上的一景，而小西泠的一岛两桥并与万寿山相连，其九曲桥和荇桥（图15-11）也是仿杭州西湖西泠桥和断桥。乾隆诗中多次提到："西峰漫水西湖似，缀景西泠小肖诸。何必孤山忆风景，已看仲夏淀芙蕖。"（乾隆御制诗《小西泠》）"溪畔书斋偶憩停，举头题额小西泠。因之忆到孤山后，处士花今作么馨。"（乾隆御制诗《小西泠口号》）"山西复近水，因号小西泠……因忆林桥畔，吾民可晏宁。"（乾隆御制诗《小西泠》）

图15-11　清漪园荇桥

　　乾隆从紫禁城到清漪园有时走水路，路线是：长河—凤凰墩—万寿山—惠山园，与无锡至寄畅园路线也一样：大运河—皇埠墩—新开河—锡山—寄畅园。从大运河登皇

埠墩西望可见远处是惠山、锡山和山上龙光塔，而从长河
至凤凰墩西望也可见西山、玉泉山和山顶玉峰塔。前者沿
新开河至惠山东麓的寄畅园，后者经万寿山的后湖溪河于
东麓惠山园。故凤凰墩仿照皇埠墩的格局，岛上建三幢楼，
与皇埠墩的环翠楼完全一样（图 15-12）。乾隆在诗中写道：
"渚墩学皇埠，上有凤凰楼。"（乾隆《凤凰墩》）"墩在水中
央，乘闲一系航……忽疑游惠麓，溪泛忆从梁。"（乾隆《凤
凰墩》）"江南诸名墅，惟惠山秦园最古，我皇祖赐题曰寄畅。
辛未春南巡，喜其幽致，携图以归，肖其意于万寿山之东
麓，名曰惠山园。"（乾隆《惠山园八景诗有序》）（李粮企，
张龙. 颐和园山水格局形成过程探析. 历史·理论·文化. 古
建园林技术）（图 15-13、图 15-14）。

图 15-12　清漪园凤凰墩

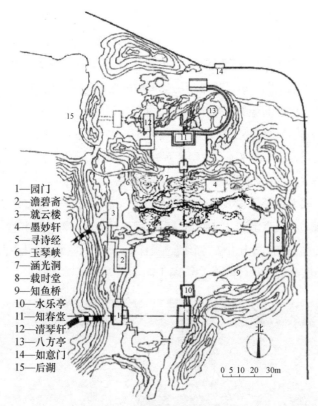

1—园门
2—澹碧斋
3—就云楼
4—墨妙轩
5—寻诗经
6—玉琴峡
7—涵光洞
8—载时堂
9—知鱼桥
10—水乐亭
11—知春堂
12—清琴轩
13—八方亭
14—如意门
15—后湖

0 5 10 20 30m

北

图 15–13　清漪园惠山园平面图

　　万寿山南大报恩寺模仿的是南京大报恩寺。明代成祖六年（1408 年），始建于东吴赤乌年间的建初寺被焚毁，永乐十年（1412 年）朱棣为了纪念其父朱元璋和马皇后，在原址重建寺院，取名大报恩寺，历时十九年，耗费

248.5 万两白银，十万军役和民夫。同时建成的大报恩寺
琉璃塔，九层，高达 78.2 米，为永乐年间最高的塔，被称
为天下第一塔。乾隆为报母恩，也在万寿山南建大报恩寺，
更仿建九层宝塔。无奈建到第八层时，听信风师水之言，
在紫禁城西北乾位不宜建高塔以镇帝气，于是拆塔改建佛
楼三层（图 15-15）。塔形却仿杭州钱塘江边的六和塔。乾
隆在《御制大报恩延寿寺塔志过诗》中说，"延寿仿六和，
将成自颓堕"，《新春游万寿山报恩延寿寺诸景即事杂咏》
的注中也说仿浙江六和塔。张龙认为，改建的佛香阁亦如
六和塔。

图 15-14　清漪园惠山园七星桥

图 15-15　颐和园佛香阁

　　万寿山后的赅春园仿照江南名胜而成。其中的清可轩，仿的是镇江金山屋包山的意象，乾隆在御制诗《清可轩》中道："金山屋包山，焦山山包屋。包屋未免俭，包山未免俗。昆明湖暎带，万寿山阴麓。恰当建三楹，石壁在其腹。山包屋亦包，丰啬适兼足。"另一诗《清可轩题句》道："海云山包屋，浮玉屋包山。清可信清可，用中执两间。"香岩室与留云阁又仿照金陵永济寺，乾隆御制诗《题留云阁》："昔游金陵永济寺，爱彼昨江之悬阁。铁锁系栋凿壁安，古迹犹能寻约略。万寿山阴绣屏张，我心写之命仿作。"在御制诗《香岩室》中道："我昔游金陵，悦彼山阴景。倚壁复临江，厥有招提境。归来写其状，喜此亦横岭。虽非俯绿波，构筑颇相等。宛转步回廊，牝洞栖岩迥。"乾隆《南巡盛典名胜图录》中亦有永济寺。（张龙，雷彤娜 . 清漪园赅春园写仿金陵永济寺史实考 . 建筑学报，2015-12）

乾隆不仅仿风景，也仿园林，亦仿街肆。乾隆皇帝第一次巡幸江南时，因留恋江南苏州热闹的街肆铺面及物产风俗，命随行画师绘制图式，将其仿建在京城西北郊的皇家园囿内。圆明园在同乐园有一条买卖街，在清漪园有两条买卖街。后湖买卖街直接命名苏州街。清漪园时期岸上有各式店铺，如玉器古玩店、绸缎店、点心铺、茶楼、金银首饰楼等（图15-16）。店铺中的店员都是太监、宫女装扮。皇帝游幸时开始"营业"。后湖岸边的数十处店铺于 1860 年被英法联军焚毁，1986 年重建。万寿山西侧的西所买卖街却未恢复。

图 15-16　重建的颐和园苏州街

清漪园除了仿建江南名胜，也仿建全国各地名胜。最大的一处景点是万寿山北的须弥灵境。此部分在《园释》中有更全面的分析。须弥灵境与承德外八庙的普宁寺同时建造，为了纪念乾隆平定准噶尔叛乱，模仿对象是西藏的桑耶寺，仿建表现为：以曼荼罗为原型的规划布局，建筑群规划和设计采用中心对称的集中式构图，主体建筑的形象与桑耶寺相近，都以须弥山为母题，四大部洲和八小部洲都与桑耶寺一样（图15-17）。（徐龙龙.颐和园须弥灵境综合研究：天津大学研究生论文，王其亨和张龙指导）

图15-17　重建的颐和园须弥灵境

北京卢沟桥是当地名胜，乾隆亦仿写于园中。卢沟晓月是金朝章宗于明昌三年（1192年）建成，初名广利，更名卢沟（又名芦沟），章宗题为燕京八景之一。卢沟桥是横跨北京西南卢沟河（今名永定河）上的石造联拱桥。桥身由十一孔联拱，河面桥长 213 米，加引桥长 266 米，桥身宽 9.3 米，桥面宽 7.5 米，南望柱 140 根，北望柱 141 根，望柱石狮、华表石狮、石碑石狮合计 502 个，又有说 496 个。其说法的不一是因为有大小、主次、主桥和附属之别，于是，成就了一句北京谚语：卢沟桥的石狮，数不清。乾隆下江南必从此过，金章宗曾题有卢沟晓月，乾隆又重书此名，勒石刻于桥头。乾隆曾题卢沟桥诗二首：“滑芴新波泛薄陵，春山苍郁有云兴。天边诗境卢沟道，半拂吟边忆我曾。”“凭栏历历好时光，麦垄才青柳欲黄。只有幽怀同渴壤，几时一倒沃天浆。”在建清漪园时，乾隆把卢沟桥作为名胜仿写在南湖岛与东岸之间，作为人间与仙境的连接。桥十七孔，超过卢沟桥，是中国园林中最长的桥梁。联拱的弧度优美，远胜于卢沟桥（图 15-18）。桥上石狮达 544 个，远远超过卢沟桥，使卢沟桥的“神话”被打破。桥面宽 8 米，比卢沟桥略宽 0.5 米。十七孔桥上所有匾联，均为清乾隆皇帝所撰写。在桥的南端横联上刻有“修蝀凌波”四个字，状其形如同彩虹，飞架于碧波之上。桥的北端横联则有“灵鼍偃月”四字，喻桥以水中神兽，横卧如月。桥北端的另一副对联写着：“虹卧石梁岸引长风吹不断，波回兰浆影翻明月照还望。”

图 15-18　清漪园十七孔桥

　　南湖岛龙王庙北堆山，山顶构建楼阁，乾隆题为望蟾阁。望蟾阁仿写武昌黄鹤楼。黄鹤楼建于黄鹄矶上，故乾隆也在南湖岛北面临水土石结合，临水石崖，写仿黄鹄矶。黄鹤楼在乾隆年间是三层收分（指建筑柱子上端细下部粗的做法，也称收溜。）很少，故望蟾阁也是三层，收分很少。乾隆御题匾额，并写下八首诗，其一道："一径石桥通，崇台迥据中。四时延座景，八面纳窗风。霄映漪光碧，波含倒影红。隔湖飞睇者，望此作蟾宫。"乾隆曾奉母在此观看水军操练。因阁地基下沉，嘉庆帝改建为一层厅堂，另题涵虚堂，成为光绪陪同慈禧太后以此检阅水军之处（图15-19）。

图 15-19　颐和园涵虚堂

　　邵窝是北宋著名哲学家邵雍安乐窝的别称。名儒邵雍是易学大师、理学家、思想家、文学家、教育家。邵雍一生不求功名，过着隐逸的生活。耕稼自给，名其居曰安乐窝，自号安乐先生。乾隆皇帝南巡路过河南苏门山，在邵雍隐居的安乐窝盘桓多日，留下了深刻的印象，回京后即仿建于此。邵窝殿不大，只有正房三间，立于高台之上，矮墙环护，殿后围墙随山势而建，围成半圆形。整个邵窝殿与周围山林和谐相处，返璞归真，融为一体。其实邵窝并非安乐窝，乾隆也只是喜爱邵窝周边的山水环境，却永远不会学邵雍隐居山林。有诗为证："因以邵窝名，境似志则殊。"

3. 外八庙与少数民族寺院

为了巩固边疆，帝王常常平战结合，恩威并施。康乾既承袭秦皇汉武的武力平定，也承袭努尔哈赤的满蒙一家，更发展为各民族一家，于是有了外八庙和清漪园寺庙的写仿。康熙于二十九年（1690年）平定厄鲁特部蒙古噶尔部首领噶尔丹叛乱，于康熙三十年（1691年）在多伦举行会盟，创立并实施盟旗制，蒙古各部得以有几十年的统一，于是，在康熙五十二年（1713年）康熙六十大寿时，兴建溥仁寺（图15-20）和溥善寺，寓"施仁政于远荒"之意，"众蒙古部落，咸至阙廷，奉行朝贺，不谋同辞，具疏陈恳，愿建刹宇，为朕祝厘"（康熙溥善寺碑文）。

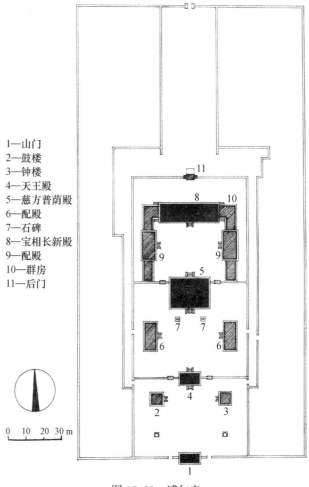

1—山门
2—鼓楼
3—钟楼
4—天王殿
5—慈方普荫殿
6—配殿
7—石碑
8—宝相长新殿
9—配殿
10—群房
11—后门

图 15-20　溥仁寺

乾隆十八年（1753 年），厄鲁特蒙古准噶尔部首领达瓦齐叛乱，乾隆二十年（1755 年）二月，乾隆帝派兵五万进驻伊犁，平定叛乱。同年十月，乾隆帝在避暑山庄赐宴厄鲁特蒙古四部贵族，效其祖父康熙皇帝之举，仿西藏桑耶寺形制修建普宁寺，以志平叛胜利的纪念（图 15-21）。乾隆二十二年(1757 年)，清政府再次平定阿睦尔撒纳叛乱，彻底平息准噶尔上层分裂活动，维护了国家统一，实现了"臣庶咸愿安其居，乐其业，永永普宁"。同时在北京清漪园按同一平面图在万寿山北部构建须弥灵境，把典出汉武帝威加海内的政治意义落实为景点创作。为加强对蒙古各部的管理，特将漠南蒙古的宗教首领三世章嘉活佛奉为国师，常年陪伴乾隆。乾隆前往避暑山庄，章嘉国师随同前往。皇帝居山庄，国师居普宁寺，为乾隆讲经。乾隆二十八年（1763 年），喀尔喀蒙古的宗教首领哲布丹尊巴三世活佛来热河朝觐，普宁寺一度成为哲布丹尊巴礼佛诵经的场所。

乾隆十一年（1746 年）新疆准噶尔的达什达瓦部，在贵族争权中族长和儿子丧生，乾隆二十年（1755 年）春，清朝军队进驻准噶尔部平叛，达什达瓦部达什达瓦妻子率部参加平叛。乾隆二十三年（1757 年）该部提出"情愿向内迁移，承受恩泽"之请，乾隆皇帝遂将该部安置于热河，重编为九个佐领归入热河八旗，在普宁寺周围建房屋千余间，供其居住。乾隆二十九年（1764 年），乾隆仿该部在

伊犁的固尔札庙建立安远庙，成为准噶尔部牧民聚会之所，
故此庙又被百姓称为伊犁庙（图 15-22）。

图 15-21　普宁寺

图 15-22　安远庙

　　清政府平息达瓦齐、阿睦尔撒纳叛乱以后，哈萨克族和布鲁特族相继归顺清朝，每年都要到避暑山庄朝觐皇帝。据乾隆御题《普乐寺碑记》："惟大蒙之俗，素崇黄教，将欲因其教，不易其俗，缘初构而踵成之。且每岁山庄秋巡，内外扎萨克观光以来者，肩摩踵接。而新附之都尔伯特及左右哈萨克、东西布鲁特（柯尔克孜族）亦宜有。以岁其仰瞻，兴其肃恭，俾满所欲，无二心焉。"文中说，平定准噶尔叛乱之后，皇朝为厄鲁特蒙古建了普宁寺；为达什达瓦族建了安远庙，同理，也应为新归附的哈萨克、布鲁特修建普乐寺（图 15-23）。此建议是章嘉国师在乾隆三十一年（1766 年）提议的，故当年实施，次年竣工。

图 15-23　普乐寺

乾隆三十五年（1770 年）是乾隆皇帝六十大寿，次年是其母后八十大寿，两寿相连，全国动员，内外蒙古、青海、厄鲁特蒙古、维吾尔和西南地区的各少数民族首领，及内藩外使都要云集承德。于是，乾隆把这次活动当作敬重信仰和显示国威机会，于乾隆三十二年（1767 年）仿前藏政教首领达赖喇嘛的驻锡之地布达拉宫修建普陀宗乘之庙，历时四年于乾隆三十六年（1771 年）竣工（图 15-24）。竣工这年，又逢土尔扈特部从伏尔加河流域历时八个月，行程几千公里，举族内迁。乾隆在避暑山庄万树园大宴七天，欢迎首领渥巴锡。渥巴锡等与内外蒙古、青海、喀尔喀、厄鲁特、天山南北各部贵族共同参加普陀宗乘之庙的竣工典礼，乾隆皇帝特于主殿万法归一欣然题匾：万缘普应。

乾隆二十六年（1761 年），皇太后七十寿辰，乾隆皇帝陪同皇太后前往五台山礼佛。五台山是文殊菩萨的道场，皇太后"默识其像以归"。回京以后，乾隆皇帝为了满足皇太后的心愿，在北京香山仿五台山殊像寺修建了宝相寺，其后，又于乾隆三十九年（1774 年）在承德仿建殊像寺，皆供奉文殊菩萨（图 15-25）。寺中喇嘛皆为满族，历时十八年翻译三部满文大藏经。乾隆还手抄佛经四部存于寺内，故殊像寺又称为乾隆家庙。

乾隆四十四年（1779 年），西藏六世班禅率领三大寺堪布，历时一年零一个月抵达热河，参加乾隆七十大寿寿礼。乾隆按照曾祖顺治在北京接见五世达赖时兴建西黄寺的做

法，模仿后藏班禅居所扎什伦布寺，在一年内兴建了须弥
福寿之庙（图 15-26）。须弥福寿之庙是扎什伦布寺的汉意。
班禅觐见乾隆帝时，既跪又拜，反映了中央政府对西藏地
方的强势统治。

图 15-24　普陀宗乘之庙

图 15-25　殊像寺

图 15-26　须弥福寿之庙

尽管外八庙写放的目的不是为了景，但是，它的规划、选址、设计和建设把建筑、园林、环境有机地结合在一起。不仅成为山水中的明珠，其建筑也成为名胜，其内园林也成为景观。由政治目的出发达到政治意义，从规划出发达到天人合一，从建筑出发达到宜居宜用，从园林出发达到可行、可望、可游。从此可见，政治是基础，规划是调和，建筑为功能，园林为旅游，四者缺一不可。

第３篇　呼象喝形

呼象是把客观形状概括为吉凶利害美丑图象，喝形凭直觉把客观形状比喻成身边的器物和人情。《系辞上》曰："在天在象，在地成形"，《道德经》曰："大音希声，大象无形"。形象在客观涵义上，都表客观存在外在之状，形专于外在，象兼具内外形和本性；形无时空之义，而象有时空之义。从感知中看，两者都可感知，具有可视性，但形兼备触觉，象则无关触觉；象具抽象性、概括性，形则具体和直观；形可状，而象兼可状与不可状，有象非有形，有形定可象。最后，象要借助想象，使视觉转为观念，而形则为纯视觉一眼便知，无需想象。喝形表达为拟人和比物，呼象表达为符箓和图案，都是近取诸身、远取诸物的表现。

第16章 拟人

人体本身结构巧妙和功能强大，被认为是灵长之物，故人体结构被广泛应用于设计。《孝经》说"天地之性（生）人为贵"，《老子》第二十五章认为生物以人为贵，"道大，天大，地大，人亦大。域中有四大，而人居其一焉"。依天地人同构的思想，天地被认为是大宇宙，人被认为是小宇宙。《吕氏春秋·有始》道："天地万物，一人之身也，此之谓大同。"《管子·水地》道，人有血脉，地亦有之，"水者，地之血气，如筋脉之通流者也"。

汉代董仲舒《春秋繁露》提出："天气上，地气下，人气在其间。春生夏长，百物以兴，秋杀冬收，百物以藏。故莫精于气，莫富于地，莫神于天。天地之精，所以生物者，莫贵于人。人受命于天地也。……唯人独能偶天地。人有三百六十节，偶天之数也。形体骨肉，偶地之厚也。上有耳目聪明，日月之象也。体有空窍里脉，川谷之象也。心有哀乐喜怒，神气之类也。……是故人之身，首坌[bèn]而圆，象天容也。发象星辰也，耳目戾戾，象日月也。鼻口呼吸，象风气也。胸中达知，象神明也。腹饱实虚，象百物也。百物者，最近地，故要以下，地也。天气之象，以要为带。颈以上者，精神尊严，明天类之状也。颈而下者，丰厚卑辱，土壤之比也。足布而方，地形之象也。……天以终岁之数成人之身，故小节三百六十六，副日数也。大节十二分，副月数也。内有五脏，副五行数也。外有四肢，副四时数也。"偶是合之意。人受命于天，于是，耳目像日月，血脉像川谷，哀乐喜怒像神气。头圆如天，发多如星，鼻通如气，足方如地，颈上如天，颈下如土，五脏像五行，四肢合四时。

三国时《管氏地理指蒙》把山脉与家族世系进行比类，道："古者有大宗，有小宗，宗其为始祖，后者为大宗，此百世不迁者也。宗其为高祖，后者五世而迁者也。宗其为曾祖，后者为曾祖宗，宗其为祖，后者为祖宗，宗其为父，后者为父宗，皆为小宗，别子者自与其子孙为祖，继别者各自为宗，小宗四，大宗一，所谓五宗也。象吉凶以垂天，示其文之不拘，天聪明而自我。原其道以相，须况吾身参于天地，灵于万物，经纶五常，操持五正，俾五福六极，以惨而以舒。"其次就是把山比龙，提出龙的赴、卧、蟠三式称为三奇，把水比龙，认为水也有三式，道："水之玄微，亦式三奇，曰横、曰朝、曰遶，精神气概，相其委蛇，以乘其止，为跃渊之宜。面前经过曰横，当面推来曰朝，抱于左右者曰遶，水无不去之水，乘其止者是水，之至静而不动处，横似龙之卧，朝似龙之赴，遶似龙之蟠。"

在"四镇十坐"中道："闻之曰镇龙，头避龙尾，坐龙颡 [sǎng]，坐龙耳，避龙角，避龙齿，避龙目，悬壁水坐龙鼻，坳污里坐龙巤亦可以。镇者按其前坐者居其上，避者违而弃之也。曰：颡、曰：耳、曰：角、曰：齿、曰：目、曰：鼻、曰：巤 [liè]，皆属头部位，故递举而言，尾与头相反，头崇隆、而尾尖削也。颡广而平耳停，以蓄角欹危齿琐屑，目露而湿流，鼻隆而污崴，巤龙颔旁之小髻 [qí]，其厚者可坐，薄者不可坐，故断以未定之辞。镇龙髻，避龙背，坐龙肩，堪负载。坐龙项当，曲会，避龙颈、如伸臂。曰：背、曰：肩、曰：项、曰：颈，皆与髻相近，故递举而言，髻者；龙背之矗矗。萧吉曰：皋陶之背，如植髻，谓其丰隆而可镇也。若背则平荡无倚，否则壁立难容，故当避肩，有肩井可停，颈后曰项，项有去者，回头为卫，故皆可坐。颈直无收，若伸臂者然也。镇龙腹，避龙腰，坐龙脐，自然坳，坐龙乳，如垂髻，避龙肋，不坚牢。曰：腰、曰：脐、曰：乳、曰：肋，皆与腹相近，故递举而言。腹宽博而有容，腰孱弱而无气，脐坳小而圆净，自然乳面平而不饱，若垂髻者，有下敲之情也。肋居龙体，一边正气不至。镇龙脚，坐龙腕，避龙肘，势反散。坐龙胯，聚内气，避龙爪，前尖利。曰：腕、曰：肘、曰：胯、曰：爪，皆与脚相似，故递举而言，脚必远至，故当镇腕掌后节中也。以其可腕屈，故曰：腕肘臂节也。虽曲而其势反背散者，其面既已反，势不聚也，胯两股间也，胯恐内寒而脱气，故须外气以聚内气。爪者；
尖利而犯刑伤之象，故须避之。"龙的全身部位与山脉进行
对照，说龙实山。

注道："是以四镇十坐穴龙之法备，后达申之，则四镇
改度，而其坐十二，或取诸龙，或拟诸身，其归一揆。四镇者；
头、鬐、腹、脚也，十坐者；颡、耳、鼻、鬣、肩、项、脐、
乳、腕、胯也，其改度十二坐见下。""来龙奔赴宗其颙息，曰：
宗龙之咤 [zhà]（一作宅），来龙横卧攀其肩井，曰：攀龙
之胛，来龙蟠环骑其源护，曰：骑龙之洿 [wū]，来龙磅礴
承其顾殢，曰：承龙之势。原注曰："颙 [yóng]，顿也。咤，
喷也。胛，背胛也。洿，窊 [wā] 下也。顾，眷也。殢 [tì]，
凝积也。奔赴龙之踊跃而来，颙息龙之静定而不越，是宗龙，
当中正受嘘之地，横卧之龙最怕脱气。曰攀者，寓贴脊之
义也。然非有肩井可安攀，终不易蟠，环首尾相顾穴于源
所护处。曰骑者，亦恐其脱气而骑之，乘其洿也。磅礴广
被而充塞顾殢，眷注而凝积，凡龙之广被充塞者，气既宏肆，
极难骤止，须求其眷注，止积之所为，其势之所趋集，盖
失其承，即失其势也。古诀云：虚檐雨过声犹滴，古鼎烟
销气尚浮者即此。凡曰宗、曰攀、曰骑、曰承，皆穴龙之法，
曰咤、曰胛、曰洿、曰势，皆穴龙之地。后又云宗龙之形
如花之蕊(有版本用的)，骑龙之形如宇之堂，蕊承跌尊之正，
堂居门仞之防。攀龙之形，如人卧之肩井，如鱼奋之腮鬣，
皆随其趋向，而横应偏旁。承龙之形，如心目之顾殢，如

日月之精光，皆引其来历，而宽接窀藏。曹叔曰：绝顶骑龙，而钳浏直悬，当头宗龙，而鼻吹双穿，半腰攀龙，而八字披泻，没脚承龙，而失势单寒。四龙已式，则四镇可择，曰镇龙头、曰镇龙项、曰镇龙背、曰镇龙腹，四镇已定，则十二坐可以当其正。镇头之坐曰颡宛、曰鼻崦 [yān]、曰准的，镇项之坐曰肩井、曰耳停，镇背之坐曰植髻、曰枕般，至于镇腹，其势有二端，坐之腹则曰坐乳房、坐脐窟、坐脬 [pāo] 元、坐胯肶 [pí]、坐翘踝，横卧之腹，则又未焉，曰坐龙头，于以长前人之式，而造其优。不能式四龙之趣向，不可以言镇，故宗龙则镇头，攀龙则镇项，骑龙则镇背，承龙则镇腹，不能定四镇之所在，不可以言坐。故颡宛坐眉目之间，崦坐鼻之左右，准坐鼻之正中，皆镇头之坐，所以宗龙也，肩井当项之偏，耳停当头之偏，而与项不甚相远，皆镇项之坐，所以攀龙也。植髻枕般皆喻其背之的，以背不可镇得髻与般，而背可得。坐龙可得骑也，乳房居腹之上，脐窟居腹之中，脬元居腹之下，胯肶居腹之后，翘踝居腹之前，虽曰镇腹，其实居腹之上下、前后，所以承龙之势也。横卧之腹曰坐龙头，一如镇背而坐于植髻，枕般之义，皆前人之所未及也。"为何指山为龙？"指山为龙兮，象形势之腾伏，犹易之干兮。"由此可知，三国时的堪舆著作还未用拟人之法。

东晋《葬书》道："地势以原脉，山势以原骨。委蛇东西，或为南北。宛委自复，回环重复。若踞而候也。"以脉、骨作为动物构架比拟,用蛇作为动物比拟,其他并无拟人说法。

杨筠松《撼龙经》专言山龙脉络和形势的:"须弥山是天地骨,中镇天地为巨物。如人背脊与项梁,生出四肢龙突兀。四枝分出四世界,南北东西为四派。西北崆峒数万程,东入三韩隔吉冥。惟有南龙入中国,胎宗孕祖来奇特。黄河九曲为大肠,川江屈曲为膀胱。分肢擘脉纵横去,气血勾连逢水住。大为都邑帝王州,小为郡县君公侯。其次偏方小镇市,亦有富贵居其中。"本文借用佛教的须弥山来强调龙脉的重要性,并用天地骨来形容。全国山系当成人体背脊和项梁、四肢,全国水系当成大肠、膀胱。

唐代杨筠松弟子曾文辿 [chān]《青囊序》:"杨公养老看雌雄,天下诸书对不同。先看金龙动不动,次察血脉认来龙。""富贵贫贱在水神,水是山家血脉精。山静水动昼夜定,水主财禄山人丁。"仍以山比龙,但提出血脉比水的说法。

北宋张子微《玉髓真经》把石峰当成骨,称石骨,"碎石满山若成金星则后圆,而金星必是石骨"。金星指的是圆形的石峦。"而又龙身节节生巨石嵌岩,或全身石骨,火焰烧空,土形不秀,每退卸处,必有火星,而生蒹葭叶。""山矿未变,其骨犹贱。"矿石多,对人体有害,故称贱。书中又把柱状石峰当成五行的木形,称为秀骨,"金斫成木,文星带筑。大富大贵,皆出秀骨。""发挥曰:金弱木强,故不能胜木而变文星,所以富贵皆盛也。秀骨者,所生之人出秀骨也。"石脉横跨水中称为蛇穿过江，"星石骨如蛇穿自江水中过也"。"沮洳 [rù] 之地中有石蛇骨行方为佳，如无此，有沮洳之地却不佳也，其初水星破碎不秀，来此方变换作蛇形出去。""又有一种赤紫石，石骨生时龙易识。"书中又提出桥是龙脉之骨，"若掘凿不深，又有石骨在下者，无害也。所以大崩洪去处，皆有石骨。经中所谓桥沉水底千年在是也。桥者，龙脉度水之骨也。千年者石也"。最后，把天地对生之形势当成是天地之灵，"以此见天地之间，凡对生者，皆受天地之灵气，人之手足筋骨，鸟兽之足翼，皆对生者也"。这一观点源于董仲舒之论。

唐代卜应天著《雪心赋》，是形势派名著。书中也把石当骨，道："石骨过江河，无形无影。""土山石穴，温润为奇。土穴石山，嵯峨不吉。""石骨入相，不怕崎岖。""骨脉固宜搏换。"

唐黄妙应《都天宝照经》："离祖离宗星辰出，此是真龙骨。"

唐邱延翰《理气心印》道："地法所谓相其阴阳、原其骨脉、辨其嫡庶、察其情性，使龙穴砂水收藏，裁千百里于方寸，冲阳和阴，增高益下，此君子所以夺神功改天命也。"

堪舆借用人体穴位论，把穴当成人类的居住阳宅和墓葬的阴宅。以穴名之，表明其地形是周边高中间低，宛如人体穴位。按《地理人子须知》整理的穴法总论，其源始于唐代卜应天的《雪心赋》："既有生成之龙，必有生成之穴。"

即有龙就有穴，穴是龙居之处。《经》曰："恐君疑穴难取裁，好向后龙身上别。龙上生峰是根核，前头形穴是花开。根核若真穴不假，盖从种类生出来。"又云："龙若真兮穴便真，龙不真兮少真穴。"表明穴有真有假。徐氏兄弟云："故杨公三不葬，首言有龙无穴不葬。厉伯韶四不下，亦首言无穴不下。蔡牧堂先生亦谓一不可下者天也，有龙而无穴者也。夫所谓有龙无穴者，乃假伪之龙，非真龙也。"张子微道"假龙亦有穿心开帐，有星辰秀丽，有桡棹手脚，亦有摆布，但无迎送。或蜿蜒四五里，或萦纡数十里，到大尽处，乃无穴可下"，故龙之与穴，不可缺一。或有龙无穴，或有穴无龙，皆非真地。

杨筠松道："寻龙容易点穴难。"古歌云："望势寻龙易，须知点穴虽。若还差一指，如隔万重山。"徐氏兄弟道："千里来龙，入首惟融八尺之穴。乘生气，注死骨，造化全在于此。苟穴无定准，可以从人作为，可以上下左右，则察识地中生气之法，皆渺茫无据，岂不大谬矣乎！故不识穴法之妙者，皆是不得传授，自作聪明，偏执臆见，其误可胜言哉！地理家穴法，自有一定不易绳墨，纔失毫厘，便有乖戾，变吉为凶。"

引用中医理论，最先是明代徐氏《地理人子须知》引用朱子《山陵义状》针灸之说："定穴之法，譬如针灸，自有一定之穴，而不可有毫厘之差。"但朱子不知何朝代之人。徐氏用自己经验教训说明穴位的准确性，"良由一穴之

间，数尺之内，真气融聚，不可过高，不可过低，不可偏
左，不可偏右，不可太深，不可太浅。如方诸取水，阳燧
取火，不爽毫发，始得无中生有之妙。"书中引用杨公之说：
"裁穴要知聚水火，远近高低皆不可。聚光若能得中正，火
却炎炎水倾坠。鉴取于水月中精，鉴必凹深取月明。其光
圆聚方诸上，一点精光似水晶。太近光时水不滴，太远光
时亦不湿。只要当中取正光，顷刻之间水盈溢。阳燧取火
亦复然，日光聚正却生烟。莫令太近莫太远，只要当中火
即然。若曾亲自取水火，便识高低皆不可。日月在天几万里，
阳燧方诸毫发细。聚光回射当凹中，水火即从生聚起。要
识裁穴亦如斯，穴聚前朝由水气。来山既聚众气米，下了
须臾百祥至。取水取火须自为，方识阴阳论气聚。"从中可
见，"点穴不可有差尺寸，高低、左右、深浅、向首俱要合
法，一或少差，遂失生气，纵是真龙，亦为毋益"。（徐氏语）
《地理指南》"立穴高低裁不正，纵饶吉地也徒然。"徐氏又
引《经》说，强调了地理点穴与针灸之同理，"穴若在低高
下了，穴在承浆却下脑。穴若居高裁处低，当针百会却针
脐。高低若是差裁却，恰是盲髠针腿脚。穴隔分寸尚无功，
况是高低针不着？"个中强调点穴不可有高低之失。董德
彰把穴的准确与福祸相联系："下穴不容少偏颇，左右如差
福成祸。"吴景鸾提出点穴应寻龙来向和研究气的来向，"龙
从左来，气从右注；龙从右来，气从左注。就生弃死，葬
乘生处。左右如差，福应难许"。是言不可有左右之失也。《宝

鉴》一书更是渲染点穴偏差的后果，"天然正穴不须移，案正山齐乃合宜。午向忽然差作丙，即伤龙脉损根基"。又云："就中安向如差悮，变福为灾起祸愆。"所言指立向不可偏差。

《葬经》论穴位浅深道："浅深得乘，风水自成。"蔡牧堂也说："下地必以深浅为准的。当浅而深，则气从上过；当深而浅，则气从下过。虽得其地而效不应。"徐氏在《地理人子须知》分析浅深位置与龙气的关系，"深一尺则气从上过，水自底生；浅一尺则气从下过，蚁自盖入。直来直下，气从脑散。饶减（指把多余的山体挖掉）太过，接气不着"。"苟有少差，纵见真龙、奇砂、秀水、百般美处，种种成空。是故必有天然之穴，依绳墨以定高低、左右、向首、浅深，则自无数者之失。"若无天然之穴，千万不要臆想地中生气。围绕穴之所在，诸家众说纷纭。

按徐氏总结，形势派"论百物形象者失之诞"，理气派"论九星变态者失之支，论天星方位者失之凿"，又有"论精神动静者失之异"，"相山骨髓，及四十字铜人、空山、赤图、寸金诸家之说，又皆失之滤漫隐僻"。他认为明代诸家穴法，吴氏和董为穴法正宗。于是提出穴形穴星穴证穴忌体系。穴形"非百物形象之形，而取夫杨筠松四象，窝、钳、乳、突之形"，穴星"非九星之星，而取夫张子微五星，金、木、水、火、土之星"；穴证"则兼取夫前后左右、龙虎明堂之诸应"；穴忌"则致辨夫粗恶、急峻、臃肿、虚耗之诸凶"。观其星，究其形，审其证，察其忌，则可判断龙之性情和融结真伪，而点穴方准。清末民初孟浩《雪心赋正解》云："上聚之穴，如孩儿头，孩子出生，脑门未满，微有窝者，即山顶穴也；中聚之穴，如人之脐，两手即龙虎也；下聚之穴，如人之阴囊，两足即龙虎也。"

南宋蔡元定《发微论·刚柔篇》道："水则人身之血，故为太柔；火则人身之气，故为太刚；土则人身之肉，故为少柔；石则人身之骨，故为少刚。今水火土石而为地，犹今精气骨肉而为人。近取诸身，远取诸物，无二理也。"《发微论·浮沉篇》道："大抵地理家察脉与医家察脉无异。善医者察脉之阴阳而用药，善地理者察脉之沉浮而立穴，其理一也。"从此，水与血、火与气、土与肉、石与骨、龙与脉、宅与穴的对应体系全面建构。

元代刘秉忠的《平砂玉尺经》把山地和平原进行了骨肉血脉的比拟，"冈垅平原之分别犹体骨肌肉之相附肌肉两于骨外，血脉行于肉中，知血脉流动之情，见肌肉荣枯之理"。刘基解道："几山脉起自昆仑为山之首，而气脉之行，因山而见，犹人体有骼骨之格。气络流行分布而散漫为土皮，犹人之肌肉土不离山犹肉不离骨也，乃知平土元气皆根山。"

明开国功臣刘基《披肝露胆》道："舌尖堪下莫伤唇，齿隙可扦休动骨。"乘生气诀道："穴中五色土，山川生气结。生气与骨殖，比之精与血。骨受二五气，气蒸枯骨热。气骨两相交，受胎而妙合。久则气以灵，英灵应子孙。子孙即蕃衍，富贵从此生。""死气与骨殖，比之水与铁。铁气既浑融，久则成妖孽。妖孽应子孙，子孙多顽劣。人丁渐稀少，财产汤泼雪。"论假龙中道："虽然脱卸，则脱不去粗皮硬骨，依然带杀。""正神宗保经"道："是故顽硬者，生气不蓄；松散者，真阳不居。舌尖堪下莫伤唇，齿隙可扦休近骨。鸡胸切肉，虽明老嫩交承；鸠尾裁肋，要识刚柔界限。""左承右接，须防反斗斧头；东倚西挨，切忌凿伤钗骨。""故有骨肉转皮，骑形借脉。脉情不顺，面前最忌贪峰；宾体虽恭，脚下当防倒履。""穴情赋"道："反手粘高骨，冲天打颡门。"论巧拙中道："或然低在深田里，没泥穴可取。""平洋龙行而不可见，间露毛脊，为石骨墩阜之类，但结穴处，必要高下分明，水势缠绕方真。"

明代王君荣编著的《阳宅十书》，其中"游年定宅水法"把水与血脉相比，道："若得吉宅而水不合法，臂如丰肌美貌之夫，籍令荣卫不调，气血罕适。则疾疢生焉。盖血脉周于一身，即水法，关于宅兆不配，是为失度，故水法犹宜究。"

徐善继和徐善述兄弟的《地理人子须知》对取物拟人的论述最为全面，不仅有前述的穴与点穴，亦有龙论。"论龙父母胎息孕育"把龙脉当成人类繁衍的迭代称谓，即祖宗父母：

《经》云："万里之山，各起祖宗，而见父母胎息孕育，然后成形。"是以认形取穴，明其父之所生，母之所养。卜氏云："问祖寻宗，岂可半途而止？"又云："胎息孕育，神变化于无穷。"是皆言龙之有祖宗父母胎息孕育，然后始成穴也。或曰："先起高峰谓之祖，次起一峰谓之宗，再起左右双峰谓之父母。"诚如其说，则是父母置之无为之地，而其所生，皆祖宗耳。张子微已尝极辩其非。而洪悟斋又拘于节数，谓自玄武顶一节为父母，二节为少祖，三节为曾祖，四节为高祖，亦太泥耳。若用其说，则自四节已上之龙又将何名？大抵龙之起身发脉处，必有高山大峦，谓之太祖。自此而下，辞楼下殿，迢递而行，又起高峰，即谓之宗。复行逶迤，奔腾磊落，其间小可星峰则不必论。直至将及结作，必要再起高峰，迥然耸拔，超异众山，谓之少祖。自此少祖山下，或起或伏，或大或小，或直或曲，但以玄武顶后一节之星名父母。父母之下落脉处为胎，如禀受父母之血脉为胎也。其下束气处为息。如母之怀胎养息也。再起星面玄武顶为孕，如胎之男女有头面形体也。融结穴处为育，如子之成，出胎而育也。自少祖山至此，最关紧要，须是合诸吉格，束气清切，护卫周密，乃以为吉。诸家喋喋之论，总不必拘，无非欲其尊卑有序，大小有伦，自高落下，自粗变细，自老抽嫩，星辰之生克不逆，桡棹之长短合法，则得祖宗父母胎息孕育之妙。乃有生气融结而钟灵孕秀，造化存焉。依法葬之，福应如响。其或祖宗当高而反低，当大而反小，胎息当细而反粗，当嫩而反老，此则尊卑失序，大小无伦，凶气所集，不可下也。

《地理人子须知》把水当成血脉，引用明以前所有典籍加以论证。首先,引廖氏云:"凡开口之穴,灵光合聚于中,余气分行于外,雌雄相顾,血脉交通,所以谓之吉穴。"说太极定穴,"挴道为血脉,从左右分为小明堂,故曰'水合三又细认踪'"。在"水法总论"中道:"夫水者,龙之血脉也。"又把水的轻重辛苦用瘿 [yǐng] 人、躄 [bì] 人、美人、痤 [cuó] 人来形容,"尝观轻水所多秃与瘿人,重水所多尰 [zhǒng] 与躄人,甘水所多好与美人,辛水所多疽与痤人,苦水所多尪 [wāng] 与伛 [yǔ] 人。是水能移人形体性情如此。且水深处民多富,水浅处民多贫,水聚处民多稠,水散处民多离"。再引《水经》之言:"五行始焉,万物所由生,元气之腠液。"最后引《管子》之言:"水者,地之血气,筋脉之流通者。"因此,他说"水其具财也。而地理家谓山管人丁水管财,诚然不爽"。

九星入式歌:"厥初太极分清浊,清者浮廖郭。浊者凝为山与水,血脉总相关。血脉中间行五气,气行因体势。"消水入式歌:"水本原是龙血脉,二者须要得。""臃肿"道:"凡穴,贵其星辰开面,如人眉目光彩。"水为动物血脉,更多的是像人之血脉和龙之血脉,当然也泛指其他血脉。

《地理人子须知》对石为人之骨的论述,引经据典。《经》云:"河流冲决山断绝,又无石骨又无脉。君若到彼说星峰,一句不容三寸舌。"在"论枝龙"中道:"或有石骨微露踪迹,或有银锭束气之脉。""所谓来历不明者,乃来脉龙势一坦平阳,无脊可据,高低不分,全无界水,无过峡,无石骨证脉，无银锭束气，无龟背分水，无草蛇灰线、藕断丝连之脉入穴；或已经断而不相牵连，散漫无气，必无融结。""河流冲决山断绝，又无石骨又无脉。"渡水峡中道"盖水不界石脉，而界土脉"，引邵子之说："水即人身之血，石即人身之骨，土即人身之肉。故血行于肉，不行于骨。血以资肉，肉以养骨以成身。惟气则无往而不通者也。""论龙枝脚桡棹"道："此可见天地间凡对生者，皆受天地之灵气。人之手足筋骨，鸟兽之足翼，皆对生者也。"

"论龙老嫩"载："夫龙一也，而有老嫩之殊。"引廖氏云："老是大山毛骨粗，嫩是换皮肤。""论龙长短"道，《灵台明堂经》及《宝鉴》诸书乃谓："贵龙有七十二骨节，�之者又谓应七十二候，节数不足者非真龙。其谬益甚。"盖龙自有骨节，如左仙《七星经》所谓"行度须观骨节奇，入穴须教骨节称"者是也。

"弱龙"："弱龙者，星峰骨瘦，枝脚短缩，本体攸缓之谓也。"引《入式歌》之说："弱是瘦峻嶒。"徐氏又道："盖其龙自离祖以来，飘飘散散，全无收拾。险峻嵯峨，浮筋露骨。尖小懒缓，随斜无依。陷削而不充实，虚浮而不光彩。形如鹅头鸭颈，败柳残花。势如饿马伏枥，孤雁失群，而怯弱欹攲也。此龙多遭风吹水劫，不能融结。纵有形穴，亦为虚伪。若下之，主孤贫伶仃，疾苦困弱。""杀龙者，龙身带杀而未经脱卸者也。自离祖以来，巉岩险壁，丑恶粗雄，露骨带石，枝脚尖利，破碎欹斜，臃肿硬直。"徐氏把寻龙当成"相山骨髓",其实,《相山骨髓》也是一本古书,说临海何尚书祖地:"屏中抽出一脉,石骨清奇,尖秀特异,如玉笋,呼为牛角尖。"石骨清奇被认为是吉形。

"疙头"即指石山的凶形凶态,引《玉峰宝传》云:"山有石骨,有沙骨。"徐氏道:"石骨之山,气脉完固,不肯发泄,浑浑沌沌,不生草木者。""沙骨之山,本是气脉枯竭,不能融结。坚不为石,疏不为土,故散为沙砾,或白或黑,如人无脉,如血无肉,所以草木不生,惟有黄茅,春生夏枯,秋黄冬死。"按:《宝传》此论沙骨之地,其结穴必是穴星疙头,主尸干骨枯而不可葬。《地理人子须知》还专设"巉岩"一节,认为巉岩也不好,"巉岩者,临穴处石出峥嵘,而巉岩可畏也"。引《葬书》云"气以土聚,而石山不葬",以佐证。吴公认为石头是山的骨头,"石为山骨欲其藏,切忌粗雄与恶昂"。故徐氏评道:"凡立穴处,宜皮面光彩,忌恶石巉岩。若不知避此而惧下之,主凶恶杀戮,军配争斗之祸。"徐氏评说杭州天竺山,"中出骨脉清奇,星辰秀异,有剥有换"。"其后龙石骨巉岩数里,顿起一山,内皆空洞如石屋,四门明朗,入内可容百十人设坐。四边垂四柱,石纹与地不相联属,故号飞来峰。旧有钳云:'天上飞来人不识,良珠万斛藏顽石。有人下得肉中穴,生者封侯死庙食。'"张氏遇明师点土墩穴,取螺蛳吐肉形,以石洞山为螺壳,而土墩为螺肉,吐于外,故云"肉中穴"。

张子微所说的天平穴,就是"中原平洋之地,龙行地中而不可见，间露毛脊，为石骨，为墩阜"。邵雍则把水与血、石与骨、土与肉进行全面比拟："水则人身之血，石则人身之骨，土则人身之肉。故血行于肉，不行于骨。血以资肉，肉以养骨以资身。惟气无往而不通也。"龙脉渡水的要诀，把石骨之脉当成真脉，说："漏脉过时看不得，留心仔细看龙格。穿河渡水过其踪，认他石骨为真脉。"

徐氏评临海秦状元祖地："过峡后顿起高峰，耸秀冲霄。石骨奇异，正脉从石顶中垂落鹅颈百余丈，复起星峰，顿跌数节，直串向西，闪落亥脉，从凹顶脱煞结穴。"徐氏评泉州府西曾丞相祖地："中生一窝，四围石骨，而左右远抱之山交互过前，成一字义星，以收尽内气。"绩溪东十里桥张氏阴鸷地，徐氏认为："复顿起天然木星，四面皆圆，而全身石骨。穴结山巅。"

罗星是水口的圆形岛屿，被认为是余气未了的征兆，《地理人子须知》道："夫罗星者，水口关拦之中，有堆埠特起，或石或土，于平中突然当于门户之间，四面水绕者是也。石者为上，土者次之，要居罗城之外为贵。"《经》云："水中重重生异石，定有罗星当水立。罗星外面有山关，上生下生细寻觅。""田中有骨脉相连，或为顽石焦土坚。此是罗星有余气，卓立为星在水边。"

徐氏评左地在台州府治南五里的紫纱岙之王侍郎祖地："其龙发自望海峰，辞楼下殿，精神雄猛，骨脉清奇。"再评晋江县南安溪詹氏父子御史祖地："帐中抽脉，石骨磷磷，大缠大送，重重包裹于数十里外，众山团聚。"

《地理人子须知》把回龙顾祖称为"其水尾源头局面虽窄，然顾祖之穴，骨肉一家"。这里骨和肉则指穴和龙，也不特指，只是明确关系密切。

平支阳基："然所谓高者，亦只尺许，或数寸，皆谓之高。但中原平阳如砥，其祖宗起处，在数百里外，撒于平坡，而变作平地旷野，或止高一寸，亦是龙身，水流不过，便为骨脉。""或数十里，中间忽起突阜，右一一石骨，又复隐藏。此正所谓'龙行地中，毛脊微露'。"

《地理人子须知》在"穴星入式歌"中强调四点，第四点说："要嫩不要老，细看休草草。老是大山毛骨粗，嫩是换皮肤。穴星更有八般病，有病何劳定？斩指折痕项下拖，碎是石嵯峨。断肩有水穿膊出，剖腹脑长窟。折臂元来左右低，破面浪痕垂。陷足脚头窜入水，吐舌生尖嘴。此是成星终有亏，误用祸相随。穴面又有八般病，有病皆要医。贯顶脉从脑上抽，星峰不见头。坠足脉从脚下去，灵光内所聚。绷面横生脉数条，生气自潜消。饱肚粗如覆箕样，丑恶那堪相？莫言立穴太精详，凶吉此中藏。"人之毛骨和皮肤被用来形容老与嫩，又用项、肩、膊、腹、臂、面、足、脚、舌、嘴、脑来说明精神状态。此书在论九星之谬之中道："又有移之于主山，起破军，逆行九匝，而周七二骨节之说。"

风水视山川大地为一人体。明末清初蒋大鸿的《水龙经·水法篇》也应用人体比拟："石为山之骨，土为山之肉，水为山之血脉，草木为山之皮毛，皆血脉之贯通也！"

　　从上述堪舆著作的人体比拟上看，所谓形态和体势的吉与凶，就是以人为参照物。只要有利于人的健康长寿、子孙绵延，则吉，不利则不吉。这种比拟不仅停留在个人的健康，还进行了许多的牵强附会，延及家族，延及家庭，延及子孙。

第17章 比物

　　取物取身的目的是为了比拟，比和拟都是拿物或人与场地的形态、空间、色彩进行比拟、比兴、比较，发现相似规律。远取诸物与近取诸身相对，近指的是身体本身，以及身体上的服装和配饰。远是与身体为参照物，是由身外之物和场外之物构成。所谓身外之物，指非随身穿戴却日常用到的家居场所之物、办公场所之物、游乐场所之物。场外之物，主要指场地外视野能见到之物，如大物的山水，中物的动植，小物的花草虫鱼，微物的藓芥、丝毫、菌落、沙泥。

　　古代物的分类以中等尺度为主。吴庆洲在"仿生象物与中国古城营建"中提出三类论："在进行器具制作和艺术创造时，也可以以自然界存在的非生物，如岩石，或人类制作的器具或文化图式，如琴、斗、笔、砚、船、建筑、太极、五行、八卦、海上三神山、天堂、地狱、佛教西方极乐世界、道家福地洞天、三垣、四象等宇宙图式等为意匠，进行艺术创造，这是'象物'的含义。"

　　吴教授又道："象物的意匠，即象非生物的，如琵琶形，船形、钟形、盘形、盂形、棋盘形等。中国古人的象天法地观念，认为天圆地方，认为天上有三垣（紫微垣、太微垣、天市垣）、四象（青龙、白虎、元武、朱雀）、二十八宿，认为天上有天极，北斗七星柄指天极。此外，中国古代的哲学所描绘的宇宙图式，如太极生二仪（阴、阳），两仪生四象，四象生八卦，都属于中国人创造的宇宙图式。"象天法地思想、道家思想和佛教思想和图式另有章节论述，本节只论述物中器物、具物、衣物、饰物、筑物。

器是用具的总称，按材料可分为木器、金器、铁器、铜器、石器、陶器、瓷器、漆器、火器、竹器等；按用途可分为兵器、农器、乐器、玩器、机器、仪器、盛（容）器、煮器、凶器、利器、钝器、礼器、法器、祭器、酒器、明（冥）器、币器、口器、脏器、国器、私器、公器等。老子论述有无与利用关系时，提出器是为了用的，有之以为利，无之以为用。"三十辐共一毂，当其无，有车之用。埏埴以为器，当其无，有器之用。凿户牖以为室，当其无，有室之用。故有之以为利，无之以为用。"老子把器分为利器和用器，用为目的，利为条件。以空间利用为主的器，如容器类；以结构利用为主的器，如兵器。也有兼具空间和结构使用的，如机器。

具常与器合用，但是，具常常更具体，更小型。具可分为工具、农具、文具、刑具、家具、卧具、用具、茶具、道具、餐具、量具、玩具等。有时器与具可通用，如农具和农器近义，但有时却不通用，如餐具和食器。具从器分化出来，故属于从属地位。

无论是器还是具，都是人类用来生活、生产和游乐的，且由人类根据需求加工生产的物，故一切器具都需按目的进行考量。其评价标准有三：基础的是利用与否，其次是危害与否，再次是美丑，最后是时空的条件。在堪舆学中，吉凶标准把形和色的危害性放在首位，并定义为煞，于是，消煞、整形、调色成为堪舆学的重要工作内容。另外，生活、生产和游乐三类的礼制影响反映在社会分工上，于是按三教九流提出贵贱之说和文武之说，而对于时空相应的命运之说，也屡屡与贫富贵贱相结合，其断语耸人听闻且身心兼击，各家门派鱼目混珠，莫衷一是，真假难辨，令人眼花缭乱，无所适从。然而，由于中国先人自古以来在与环境斗争中不断总结出一套吉凶系统、利害系统、美丑系统、贵贱系统，具有固有的经验性、文化性、准科学性、传统性、地域性、习俗性，因此，在民间极为流行。

第1节　生活器具——案

案作为器具分成三类，第一是古代端食物用的木托盘，如举案齐眉的案。第二是指长条的桌子，如书案。第三是指架起来用作台面的长木板，如案板。堪舆学中的案指后两者：书案和案板。

案山和朝山是堪舆学空间体系中的建筑或场地之前的

突起物，其中案山就是如案之山。《地理人子须知》首先分析这对范畴，说："盖其近而小者称案，远而高者称朝。谓之案者，如贵人据案处分政令之义；谓之朝者，即宾主相对抗礼之义。故案山近小，而朝山高远也。"所谓的近，一指室内，二指庭院内，三指园林水池近缘以内。所谓远，一指室外，二指庭院外，三指水池中或对岸，四指基地外的建筑环境，五指聚落外。故远近是相对的。案山多为利用，朝山多为相抗。案山小，朝山大。案山低，朝山高。

《地理人子须知》说："凡地贵于近案远朝两备。"吉地必是朝山和案山兼备。"有近案则穴前收拾周密，无元辰直长、明堂旷阔、气不融聚之患，丁以知其结作之真；有远朝则有配对，有证应，开豁光明，势局宏大，无逼窄促窒之虞，于以知其气象之广。故远朝、近案俱全，则内外堂局具备，三阳六建皆明，而为地之至美者也。"案山以真为吉，真的标准是水系曲折，庭院围合，天地人之气融聚。朝山的相对并非与案山相对，而是与穴内的主人相对，有视线的对视和轴线的联系。从空间来说，要开阔宏大，从形态来说，亦有其他标准。

《地理人子须知》认为，朝山并非基础条件，来龙才是基础条件。把家居选择在有来龙的地方，才是一等吉地，切"不可图贪远秀而失穴"，引吴公云："坐下若无真气脉，面前空有万重山。"又云："坐下无龙，朝对成空。"

对于案山，《地理人子须知》认为，无龙不可选，而案山是来龙的标志，故它比朝山更重要，于是作者说："却未见有无案山而结地者。"并认为所谓"一重案外见青天，后代少绵延"的说法"不足深泥"。在没有近案之山时，"亦要左右龙虎砂相交固，关聚内气，此则如同有案"。"若无低小近案，砂又不交，面前空旷，堂气不聚，必无融结。"

《地理人子须知》引经据典地从远近、尺度、数量、美丑、情愫多个方面比较了朝山与案山，有利于理解朝案体系。大抵案山宜近，朝山宜远。《龙子经》云："伸手摸着案，税钱千万贯。"言案之近也。张子微云："或从百里数百里，忽起朝迎间邑城。"言朝之远也。近案宜低，远朝宜高。范氏云："远朝不怕冲天，近案尤嫌过脑。"且近案贵于有情。卜氏云："外耸千重，不若眠弓一案。"又曰："多是爱远大而嫌近小，谁知就近是而贪远非。"远朝贵于秀丽。赖氏云："远峰列笋天涯青，文与韩柳争高名。"蔡文节公云："天涯目断凝苍色，不以形亲见丑容。"此朝案远近高低等诀之所当辨者，宜审之哉。

《地理人子须知》道："凡穴前低小之山，名曰案山。如贵人据案之义。"从位置上看，案山是穴前第一重山；从尺度上，案山是低矮之山；从形态上看，是吉形之山。何谓吉形？玉几、横琴、弓眠、带横、倒笏、按剑、席帽、三台、官担、旌节、书台、金箱、玉印、笔架、书筒等是也。几、台、箱属于家具，琴属于乐器，弓、剑属于兵器，笏、印是官具，笔架、书筒属于文具，旌、帽属于布品，担属于盛器。从类型看，案山被赋予了家居、防卫、文化、标识等多种功能。这些器具都属于贵器，如弓剑胜于石器，笏印是贵器，就连担也加上了官字，几加上玉字，箱加上金字，都试图趋富攀贵，这是比物最典型的特征。

对于形似观的理解和应用，此书提出，"也不必拘其合于形像，但以端正、圆巧、秀媚、光彩、平正、齐整、回抱有情为吉；顺水、飞走、向穴尖射、臃肿、粗大、破碎、巉岩、丑恶、走窜、反背无情为凶。"形的正、圆、巧、秀、光、整是可见可理解，而"有情"则较难理解。有情指案山与穴或穴内之人的关怀互动，在形和势上表现为回望、绕抱、朝向、逆水、来趋。"或是外来之山，或是本身之山，皆宜逆水，谓之溯水案。""逆水""溯水"就是指案山逆水而来朝，溯水而来朝。《经》云："吉地应有溯流案，有案且须生本干。弯环曲抱向穴前，诸山藉此为护捍。"

然而，此书说，虽然近处案山是贵地的表现，但此案山却不可太近，否则就会产生逼窒之势，"主出人顽冥昏浊，不可训诱"。杨公云："案山逼迫人凶顽。"凶形的案山，如窒胸塞心之状、流尸停棺之形，及丑石巉岩可畏之象。或平冈、田畜、高洲、小埠，皆是砂案，只要有情耳。

一般看来，独立案山最为常见，以堆山、筑坛、立峰为主要方式。留园五峰仙馆前的五老峰是堆山为案（图17-1），远翠阁前须弥座花坛是筑坛为案（图17-2），揖峰轩前面鹰犬石为立峰为案（图17-3）。网师园五峰书屋前的五老峰是堆山为案，看松读画轩前花坛堆土栽植为案，琴室前须弥座花坛砌坛植栽为案，小山丛桂轩前太湖石是立峰为案。

图 17-1　五峰仙馆前堆山为案

图 17-2　远翠阁前筑坛为案

图 17-3　揖峰轩前立峰为案

《地理人子须知》又提出一种"本身之案"，即源于龙脉主山，经龙砂或虎砂，单臂或双臂绕抱到穴前或建筑前(图17-4)，"在穴前，收关元辰之水而为案者，极吉"。吴公《快捷方式》云："本身连臂一山，横在面前有情，不远不高不低，不斜走麄恶反背，却于此外又见外阳秀峰，或尖圆方正，而此山遮却外山筋脚，极为吉地。"又须逆水为美。杨公云："吉地应有溯流案。"若是"顺水"则须"绕抱过宫者亦吉"，或"顺水而外面却又有逆砂以拦截之，则尤吉"，此中绕有两个物，一是水的绕抱，二是龙虎山与案山的绕抱。"大抵无问逆顺，只要弯抱有情，开面向穴者为吉。若直奔、走窜、反面无情及形破碎、尖射、欹斜、臃肿、断头、丑恶、崩洪、带石、巉岩、欺压、雄逼等形则凶矣。"

图 17-4　本身之案

第 2 节　建设设施——城

城本是防卫的军事设施。被引用到堪舆学之中，用于水系的选择和构筑。《地理五诀》把水系与穴位的关系，按五行归结为五类：金城水、木城水、水城水、火城水、土城水。这五种城都要在穴场前起围合作用，方能称城。城的形态有方形、圆形和弯曲形等。

金城水是最好的水形。金指在穴前绕半周之水，或指环绕穴场一周之水。以水为城，天然屏障，不须构筑，巧夺天工，口诀道："金城之水最为奇，富贵双全世所稀。祗父忠君仁且义，人人俱叹好男儿。"金城水因少见而称奇，多用在岛屿的场地，如颐和园中昆明湖相对于湖中大小三山就是金城水。每个岛屿上皆有场地和构筑，小者单体，大者群体。最大的南湖岛，有两条轴线，两个穴场都被水面环绕，最为贵气（图17-5）。另两个岛屿治镜阁和藻鉴堂，名字看起来是建筑，其实是岛屿。小三山的小西泠也有一个四合院祠堂，凤凰墩有一个三合楼院，就连最小的知春亭也是在一个小岛上。

图 17-5　金城水绕的南湖岛

木城水是指家门前面的水成原木形，即直线形，无论从左到右或从右到左，无论是左斜还是右斜，都造成与穴场之间的围合、半围合或不围合关系。这样的水系边界围合，势必形成正方形场地、梯形场地、凵形场地。但《地理五诀》中道："水作城门怎唤木，当前横过直而长。龙真出贵难言富，性直多刚世代强。"口诀把水形态的直和人性格的直附会，并认为家中之人可贵却不可富，都是由性格刚烈直爽推理出来的。

水城之水指用波浪形弯曲的水系围合穴场。《地理五诀》认为，这种水绕之城是吉地，家中会有多余财物出现，主人可以衣食无忧。口诀道："聪明秀丽是如何？水绕为城曲曲过。家有余金衣食裕，龙真犹易擢高科。"以曲为美是堪舆美学的核心内容，水可随器形而变的自由之性，加以曲折岸线的客观天赋，被认为是天性的表达，更加上水被儒家和道家同时附以智慧之性，而智慧的主要表现在于勇于曲折中前进，这种特性被阐述为聪明，附会成高中科举。

火城水指在穴场前成三角形如火焰外形的水面关锁。在堪舆学中，此类水城称为凶象。《地理五诀》道："火作城门大不祥，出人性傲更强梁。饶君穴的如雷发，一败如灰共惋伤。"虽然是水，但其形状如火，被附会为对土木建筑的危害，被引申为人性格的火烈，宛如强盗，还被延展为可招致雷火之灾。

土城水指穴场前面的水系成凹字形与原穴场之龙砂虎砂闭合，不仅扩大了场地，也围合了场地，更像一个自然砂山围合与自然水系围合的方城，这种山水双方的构局，被历代地师所器重。认为穴地端实、方正、严密、厚重，可令子孙富贵、信义、绵延。口诀道："水绕城门似土星，端方严重不斜倾。出人富贵兼多信，世世君家有令名。"

在砂法中，《地理人子须知》"罗城垣局"是指以砂山为屏障，形成一重或多重围合的格局，"前朝后托相连于周围者也。要重重迭迭，高耸周回，层层级级，盘旋围绕，补缺帐空，如城之有女墙垛者，故曰罗城。"指出罗城之局源于天象，"又如天文三垣星象，各有围垣之星以卫帝座，

故又谓之垣局。垣局者，即罗城也"。卜氏云："纷纷拱卫
紫微垣，尊居帝座；重重包裹红莲瓣，穴在花心。"多重城
墙宛如莲花之瓣，穴在花心。又曰："山外山稠迭，补缺幛空。"
外重砂山把内重砂山的缺口屏障了，使穴内之气更加稳定。
又曰："华表捍门居水口，楼台鼓角列罗城。"赖氏曰"四
神八将应位起"，杨氏曰"外山百里作罗城"，皆言垣局情状。
大抵砂山围城，外围宽大周圆，令人不知水从何出方为上好。
朱子曰"拱揖环抱无空缺处，宛然自一乾坤"乃罗城上吉。

　　《地理人子须知》看重水口砂对罗城（场地）的关锁
作用，引用杨公说："捍门水口尖峰起，圆峰北辰位。坐镇
城门不见流，富贵保千秋。"捍门砂就是捍城门的砂山。捍
门山是"水口之间两山对峙，如门户之护捍也"。捍门山有
三格。"其一穴前见之，端居左右，如门户放入，前砂、外
洋、远秀朝揖。""其二江水阳朝，先开捍门，水由门户中出，
洋洋坦夷，来不见源，去不见流。""其三则水口阚阗，开
设门户，水由此逝。"拥有捍门砂方是大贵之格。然捍门之
砂，"最喜成形。如日月、旗鼓、龟蛇、狮象等状，有九重、
十二重捍门者，必结禁穴。一重二重亦主王侯、后妃、宰
相、状元之贵"。日月是天象，旗鼓是军事器具，龟蛇和狮
象非器具而是动物。又道："若捍门外又有罗星，尤为奇特。"
《经》曰："捍门之外有罗星，便作公侯山水断。"罗星砂是
指门外水口中的砂山或洲岛，此节在象天中已述。

　　北辰砂也是守罗城的砂山，常作为玄武山。《太华经》

亦谓北辰星居溪中、水口，或旁应左右，皆为大贵，若非州郡邑镇，即出英雄豪杰之士，惊天动地之人。然《地理人子须知》道，这是术家过度夸大其词，"此固术家取义欠当，然亦不过假借美名以称特异之砂耳"。

第3节　富贵器具
——金、玉、印、钱、库、华盖、凤辇

　　贵器贵具主要反映在材料的稀有和贵重，如金箱案、玉几案，也反映在权力象征的印、官，如《地理人子须知》所谓玉印案、印盒砂、官担案、金城水、玉阶水、排衙水、朝拜水、朝拜砂。《水龙经》的五车星水断语道："琼屏玉架，上应五车。牙签夹穴，翰史荣华。"器府星水的断语："玉堂文幕，器府磷磷。福居穴内，笙歌满庭。"玉堂指用玉砌的厅堂，器府是指充满器具的府邸。恭王府花园西部水池中的诗画舫就是官印象征（图17-6），御花园东西水池中的桥亭也是官印象征(图17-7)。《地理五诀》的"印盒砂"道："印为贵人之符信，非贵人不敢用，故官贵之得此，名贵人带印，科甲最有利，贵格也。"又把方位与十二生肖结合，拟人动作为绕印、捧印、拱印、挂印，依不同的位置有不同的称谓："在巳名赤蛇绕印，在申为猿猴捧印，在亥为玄猪拱印，在寅为白虎挂印。"以水为印泥和颜色，认为印得水为妙合，"又印得印色方显,居水口中,四面皆水"。引《书》

证言："印浮水面，焕乎其有文章。""或居左，左居右，在龙虎之外，名肘后带印，必临水乃真。水为印色，或有砂石亦可，砂石属金，金能生水，亦为印色。""又须藏在秘处，用印多在内堂。"

图 17-6　喻官印的恭王府诗画舫

图 17-7　喻官印的御花园桥亭

当然，最贵之器就是帝王和皇后的用器，也反映在来朝山脉（指远客山朝向主山，如臣向君拱手作揖。），如《水龙经》中的华盖星水、五车星水。华盖星水的断语："龙额藏珠，贤辅所生。上应华盖，葬随曲衡。"华盖星属紫微垣，由十六颗星组成。上八星雄镇八方，团团围合中间一星，宛如九宫之格。外水如伞柄，支撑九宫。朝砂与穴位关系主要在"朝"字，朝即朝向、朝拜之意。《地理五诀》"朝拜砂"把朝山分成三种：正朝、斜朝、横朝。正朝者，"迢迢而来，特为此穴，至穴前，自高而下，中立一峰，两边小峰，恰如人相揖之状，又名进宝山，主大贵，发大财"。斜朝者，"斜过到穴前，稍停一停而云，亦有即止者"。横朝者，"如倒地木星样，横列穴前。亦有止者，亦有云者"。此三朝之山，"只要有情，发大富贵。俱要在案外眼见者，不见者不准"。

富器和富具主要反映在钱财和仓库上，如《地理人子须知》中的金箱案、财库案、田源水。《地理五诀》的库柜砂，道："库、柜二星也，主富，居水口之地，发富更准。何者？水口乃四局这墓库，库柜在此，名为得位耳。"《水龙经》中的天钱星水、天田星水、天厨星水、库楼星水、天仓星水。天钱星水形断语："锦屏挂镜，上辉天钱。穴藏中宿，主嫔贵贤。"天厨星水断语："天厨玉膳，天皇内厨。鼎釜取穴，珍羞肥腯。"天田星断语："方城秀衍，上配天田。葬居中穴，阡陌连绵。"天田星以田为财富象征，此局的典型案例就是杭州西湖三潭印月，原来是日月同辉格局，后来，在日中加一南北向的桥，成为田字格，即天田星形。在圆明园中，也有一个田字格局的园中园，叫澹泊宁静，属圆明园四十景图之一（图 17-8）。库楼星水的断语是："金阙牙班，库楼森张。玉案作穴，列爵鹓行。"此断语，不仅突出了富，也突出了贵。斛星水的断语："阳河潆浸，上应斗斛。穴钟自精，冢宰之职。"个中不仅是斗斛之富，更有冢宰之贵。天仓星水的断语："玉衡挂斗，天仓显文。柱史储卿，葬依云屏。"天仓中不仅是财富，更有文字，故显出文官的气质，于是有柱史之位。

图 17-8　田字格圆明园澹泊宁静

第 4 节　文人器具——四宝和四艺

在中国人的阶层结构中，士、农、工、商中的士地位最高。士分文士和武士，重文轻武是传统特色。附会场地与士的关系，与文士的关系是堪舆学最重要的比拟法则。《地理人子须知》中论案山，列出文人象征的三台案、书台案、笔架案、书筒案。书台案仅是一座案砂，而三台案则是三个案，笔架案是所有山区聚落选址的最重要地形。书筒案形如书筒，为立式或平卧式。文笔峰也是民间喜欢的独峰式案山，因其形似文人之笔而名。当没有自然的文笔峰时，就在平地上构塔以像文笔，故文笔塔遍及全国各地。

但是，大多数情况下，文笔峰也以朝砂的形式出现。《地理人子须知》全书有三十处说到文笔砂。在"论龙枝脚桡棹"中道："或如玉带金章，或如玎珰珂佩，或拔若文笔，或连如串珠，或圆如覆釜倾钟，或方若列屏贮柜，或森若排衙唱喏，或拥如队仗仪从，或济济如子孙丁壮之繁，或簇簇如奴仆畜养之众，云从雾集，侍卫森严，护定我身，不敢他往，此皆吉气之发见者也。"

在"论龙真假"中又道："所谓一事假，其余皆假，纵使龙虎、对案、堂局、砂水一一合法，文笔插天，秀水特朝，亦无甚益，况背戾者哉！"廖金精"下吴园张氏白牛坦地图"之卜课曰："面前旗鼓文笔排列，天马门中贵人朝拱。"评华容县东石玉笋地的黎状元祖地，"且前应文笔插天，星峰

蠹蠹，融结不凡"。其实就是看重并运用了文笔砂。

文笔可变画笔成凶，《地理人子须知》在多处论述。"以张山食水定穴"中道，若"贪朝失穴，逐使文笔变为画笔，牙刀化作杀刀"，亦何益哉！"以趋吉避凶藏神伏煞定穴"道："苟龙穴不真，虽牙刀化作杀刀，文笔化为画笔，况凶恶可畏者乎？"在砂法总论中道，引卜氏"文笔变画笔，牙刀化杀刀"之论，说"意先龙穴而后砂也"，不可本末倒置。若以形象论之，则如御屏、锦帐、御伞、金炉、贵人、天马、文笔、诰轴、金箱、玉印、殿阁、楼台、展旗、顿鼓、玉带、金鱼、晒袍、卓笏之类，皆砂之吉者，文笔位列其中。如投算、掷枪、烟包、破衣、抱肩、献花、探头、侧面、提箩、覆杓、断头、流尸之类，砂之凶者也。"论朝山暗拱"中再引卜氏之语："本主微贱，文笔变为画笔；龙穴特秀，杀刀化作牙刀。此不易之论也。"

评台州府城北后岭陈会元祖地，"但穴前无余气，又在低平之中，四山高耸，面前迫窄，亦无文笔，不见外洋"。本身下手砂山直去，虽不入俗眼，"呼作飞剑出匣形"，最后却得吉祥。评临海县北双桥邓卿祖地，"出口处有龟蛇捍门，屈曲流入丁方。丁上文笔插天，穴中不见"。

"论朝山乱杂"中评龙虎山张真人阳宅，"前对琵琶山，旧名枪刀山，虽耸拔森立，如锯齿排列，然以太多而不得为文笔，乃符笔矣。其富贵自两汉相传至今，悠久不替，乃其龙穴之美，非前砂之所能主也"。

孤峰是吉是凶，诸多有争议，《地理人子须知》进行了全面阐述。在"论孤峰独秀"中道，"朝砂则欲其耸秀。苟有一峰挺然独异，秀入云表，乃极贵之格，砂法中谓之文笔插天。""若坐下龙穴真的，主理学大儒、神童状元之贵，又何忌夫一峰之独秀乎？尝见朱文公、王荆公之祖地，罗一峰公阳宅也，皆是一峰特秀，岂可谓孤峰独秀而不吉？"然而《雪心赋》则说此状是"文笔孤单"之说。《地理人子须知》考证道，董德彰所注本作"文笔欹斜"，颇为有理。若《雪心赋》既有"文笔孤单"之忌，又何复云"尖峰秀出，只消一峰两峰"？岂应自相矛盾如此？若孤峰真的斜立，若"龙穴真贵，虽朝峰欹斜，亦不为大害，但稍减力而已"。作者曾给宁都县尚书董文僖公祖坟看风水，发现前峰欹侧，但仍课云："可惜状元峰不正，他年亦作探花郎。"可见，在徐氏兄弟的眼里，孤峰也是文笔，为吉砂。在评彭泽九都桥亭曾尚书祖地时道，"外洋诸峰，如挂榜，如天马、文笔、席帽，种种罗列，前应后照齐全"。在专论砂格中提出，"如华盖、文笔等，则专取其山头；进田笔、倒笏等，则专取其山脚；谢恩、绛节等，则兼取其山之头脚；马上贵人、点兵报捷之类，则取数山相映，凑合而成者也，在人聪巧可取"。直至改革开放后，建设部农村试点办的泉州籍规划师骆中钊给龙岩市天马山做规划时，在山顶设计一座毛笔状楼阁，得到当地百姓的称赞（图17-9）。

图 17-9　龙岩天马山象笔钟楼

　　《地理人子须知》把砂吉凶分成上格、中格和下格三类，各类有贵贱之分。大贵人砂是上格贵砂，是"木星高耸而尊严秀丽也。凡贵人砂，皆是木星。凡文笔砂，皆是火星"。金箱文星砂也上格贵砂，"土之低平者。要方正平圆，不欹不斜，方为合格。此砂要再见贵人、玉印、文笔相助，方为大贵"。文笔峰是中格贵砂，"文笔者，文星尖秀卓立耸拔者也。要端正清奇，忌斜破走足。大凡笔砂，宜远在天表"。断法云："状元笔，千里云霄出。""彩凤笔"为上格贵砂，"彩凤笔者，火星插天而下有从山飞扬之势，如彩凤腾霄者也。要端正秀丽，远在天表，方为合格"。宰相笔者也是上格贵砂，"火星卓立于土星之上而不居中"。诀云："宰相笔，案头出。"要案正笔秀为合格耳。三公笔也是上格贵砂，"三峰卓立于土星之上也。要秀丽清奇，中尊旁卑，不失其序，疏密相等，不欹不斜，方为合格"。状元笔是上格贵砂，"状元笔者，火星耸于土星之上，要正当其笔，又须土方正，火清秀，高而且远，方为合格"。笔架山是上格贵砂，"笔架者，或三峰，或五峰，有似于笔架之状，虽高低不同，亦宜中高旁低。若当高反低，当低反高，则吉中有咎也"。

笔阵砂是中格贵砂，"笔阵者，数峰特立，有似于笔阵，虽高卑不同，也宜中峰高，左右峰卑方好。若颠倒错乱，则吉中有咎耳"。法师笔是中格贵砂，"法师笔者，尖峰之上连开数歧，亦如骂天笔，而丫岐尤多者是也。若出自台盖之下，主因法而得官"。醮池笔是中格贵砂，"醮池笔者，文笔倒地醮入水中也。若顺水，多离乡出贵；若逆水，主巨富，时进田产及横财"。

骂天笔为中格贱砂，"骂天笔者，尖峰开两岐也。纵秀丽亦不吉"。刘白头云："文笔开丫又带歪，十遭赴举九空回。"斗讼笔是下格贱砂，"斗讼笔者，穴前两尖相对如斗射也。凡穴前遇此，多主争讼之应，兄弟不和，专好唆告词讼"。峰分两岐是骂天笔和斗讼笔的共同特点，以两两相对附会为骂、斗，显然十分牵强。和尚笔是下格贱砂，"和尚笔者，尖峰之旁有陀背之形。金火相战，所以贱也。更有仙桥相助，的主高僧无疑。"尖形为火形，圆形、弧形为金形，两形相对附会为"相战"，判断为和尚更是想象之中，且有职业歧视之嫌。

立峰为文笔峰形象生动，较易理解，而卧笔砂则只有地师方可发现，进田笔和退田笔就是卧笔砂的两种类型。进田笔是上格富砂，笔峰朝中轴，"凡龙虎之山，带低小之砂，逆水而上者是"。吴公云："进田之砂无左右，只要坟前有。逆来蘸水不教干，买尽外州田。"若地龙虎砂延伸的卧笔砂，笔锋不能正对穴场的主体建筑或场地，称为"有情面穴"，上吉之态势。若卧笔砂不与本身龙虎山相联，而在龙虎山外侧的逆流水中，穴上见之有情，亦是不能笔锋朝向主体建筑或场地，否则，就称为尖射。进田笔主发外来横财、田产。龙穴贵，则催贵。作者说"砂极易发，若近穴蘸水，寅葬则卯发"，"逆砂一尺可致富"等，显然是夸张过誉之词。退田笔砂是下格贱砂，水流和笔锋之向与进田砂正好相反，"退田笔者，不论左右，但有山头尖而顺水去者，名退田笔。若两水夹送流下去者，退败尤甚，不问过穴与不曾过穴，但穴前尖者，便是退笔。"作者把田丘和地角当成卧笔，断言"随水下去者，便主退卖田产"，"退笔多者，主倒尽田产，贫苦伶仃，离乡背井，极为凶恶"。说凡建筑或墓穴立向必定避此，否则"亦主少亡，生子不育，久而绝灭，危言耸听。又说笔锋尖射穴场者，"主杀伤人命，斗殴争讼，破家亡身"。民间曾有"左青龙为进田笔，右白虎为退田笔者"连《地理人子须知》作者也予以否定，当然他否定的是，不能左右之位妄称左边青龙位就是进田笔，右边白虎位就是退田笔，而应以水的来去和笔锋的方向为依据，主要还是对穴场有无利害，利者为吉，害者为凶。

评欧宁县之丰乐里，地名白狐窝杨文敏公祖地，作者徐氏说："四面八方，奇峰罗列，锦帐、御屏、文笔及天马贵人等砂咸备，真大贵之地也。"评丹阳县马墓贺廉宪祖地是聚水之格，道："近有玉带砂低伏弯抱，以关内气。远有文笔峰秀贴天表，以为贵证。"

立宅入式歌中道："忽然文笔左右现，读书膺举荐。"吉砂类中就有"文笔秀"，道："巽辛二方有尖秀之峰，谓之真文笔，主贵显，科名高。"赖氏云："天以太乙真文笔，秀入云霄状元位。"文笔峰的位置，在地师看来，依二十四山吉凶来定，左右、巽辛、太乙方为吉位，其依据无非是古代天星的谶纬。

文人器具组合首推文房四宝：笔墨纸砚。苍坡村把祠堂放在村庄的东南位，即文昌位上，以文笔街正对西山的文笔峰喻笔；以村基地为纸，以湖为砚，以池北石条为墨，形成文房四宝。其中墨和砚都在东南（图17-10）。

文人的才能是四艺：琴、棋、书、画。狮子林庭院围墙上就有琴、棋、书、画四艺图的漏窗（图17-11）。

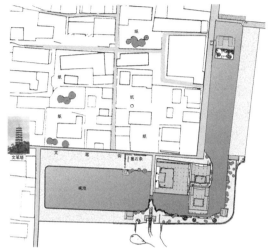

图 17-10 苍坡村文房四宝分布图

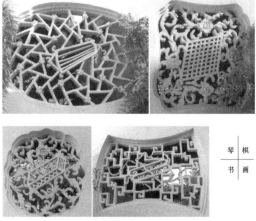

图 17-11 狮子林棋盘窗

第5节 武将器具——弓、箭、刀、枪

武将首先是兵,然后是将。《地理五诀》中有先弓砂:"先弓者,先到之砂,回环有情,湾曲如弓也。左先弓,长房隆;右先弓,小房丰,俱主发达。""但要不高不低,齐眉齐心便好,切不可儿椎胸压煞之病。太高为压煞,砍头尖向里为椎胸,主凶。先弓砂富贵双全,出孝子贤孙,忠良辅国,履色不变。"

弓形水的吉凶分弓内水和弓外水。若穴场位于弓内,则吉,若穴场位于弓外,则凶。中国以至东亚、南亚地区民居,都好弓水法。紫禁城用水为弓内水法。外金水河从西向东经过天安门前,呈弓形半绕,名玉带水。端门之内的内金水河,西在武英殿,中在太和门,东在南三所三个位置成弓形,用地穴位在北部属于弓内,是吉地,大量建筑集中;而南部广场,则为凶地,没有建筑(图17-12)。

中国几乎所有的村落都选址于河道弓形之内,或称半岛之上。在水利学中称为弓内堆积效应,弓外冲蚀效应。阆中古城被称为风水名城就是因为整个县城外于弓形之内,半岛之上。弓内作为居住之地,而弓外则作为游憩之地。前者多为吉地,以求安为目的;后者可有险地,以求趣为目的。国内也见选址于凶地者,如安徽口敦镇老镇区。此区原为渡口发展而来,每年雨季,此地大堤最易塌坝,因为弓外受河水冲力最大。于是,当地人在正对河水的弓背上建了一个凤凰台,以期在洪水到来之时,如凤凰起飞,躲避灾祸。而当地的外镇政府，却是处于两水交汇的弓内之地，符合弓法，如图 17-13 所示。

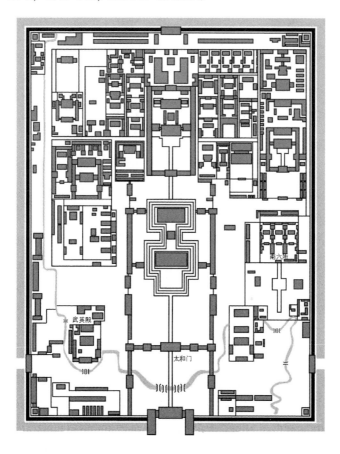

图 17–12　紫禁城的弓形水

图 17-13　口敦镇规划总平面

　　内弓形水不仅用于阳宅，也用于阴宅，如乾隆裕陵，就是典型的弓形水，建筑院落和宝城方楼皆在北面，被弓形所护卫。泰陵之水也呈弓形，穴场在弓前的内部。而作为东陵的总体规划，中轴线上有几道弓形水护卫。石拱桥从弓形水穿过，相当于一支箭向前，而不是向内，于是，在心理上起到护守功能。

　　旗鼓也是古代兵家用具，在《地理五诀》中有旗鼓砂，"旗鼓，兵器也。左有旗，右有鼓，武将兵权吹阵鼓，出阵旗身领将军。或龙上，或过峡，或穴场，得此者出武将最有利，发科甲最速"。"更妙者，旗出庚方，鼓现震方，再得丙龙入首，星峰贵秀，主文武全才，出将入相，贵居极品。"旗砂在庚方（西方），鼓砂在震方（东方），又得来龙于丙位（南方），被方家认为吉地。《水龙经》有将军星水，断语为："虹飞饮海，将军气场。帷幄内穴，威武边疆。"将军星是古天文学中的一组星，以其连线的形式附会地上水形，显然牵强附会。

科学地说，比物中有科学的成分，如弓形水的运用就是对水利科学基本原理的应用。砂法以山比罗城，亦有科学性，因为罗城真正的科学价值在于军事上的安全和躲避西北来向的寒风、西南向的台风，以及任何不利的自然风害。对于建筑而言，风雨对建筑构件的危害：一是风可直接掀起瓦片，古沿海地区建筑以石板当瓦，或以屋顶檐部压砖以镇瓦垄前方被风掀起。二是风可改变落雨方向，斜向打在墙上、柱上、门窗上，令土墙溃烂，令木板腐蚀，故夯筑土墙时加石灰、糯米、红糖的原理就是使黏土墙板结，或在外墙粉刷防水涂料，基础部分用不怕水的石构，外露木结构的多遍油漆，都是起防风吹雨打的侵蚀作用。

至于砂形如案称为案砂，其形尖锐者冲穴者为凶，原因是心理学上对尖锐物伤害的潜在威胁造成的心理阴影，并非真正的冲煞，具有一定的心理学依据。而其他的文笔峰、笔架峰、台案峰、书筒峰、进田砂，都是人类对于上等阶层的祈望，置于穴位或建筑前方，在心理上起到积极向上的心理暗示作用。这种引导也是儒家佛家善恶论、文武论的表现，弃恶从善和弃武从文有利于社会的稳定和群体经济效益、社会效益和生态效益的发挥。而本身这些吉形器物并没有实质性的作用。认识到堪舆学在心理上的暗示、引导文化的价值，而不是一味地从科学性上判定其价值，对正确看待所谓附会形体具有重要意义。以万物形势特征的利与害、吉与凶、美与丑来建构预测体系，以达到趋利避害、逢凶化吉，从而形成了中国古代特有的审美体系，具有中国人感性和经验性特点。尽管在与人事结合时有牵强附会，以至于形成儒学、道学和佛学的一部分，但是我们作为文化应用时应客观看待，不宜盲目崇拜，以至迷信。

第4篇　园林与堪舆

第 *18* 章 诸家气论

哲学上的气论与气学是不同的概念，两者都是以气为哲学基础。气论有道家气论、儒家气论和佛家气论，而气学则不限定思想立场，只要对气进行论述，都可视为其气学内容。

在气论的形成过程中，古代许多哲学著作如《老子》《庄子》《荀子》《春秋繁露》《周易》《易传》《淮南子》《管子》《左传》《吕氏春秋》《论衡》等著作都做出了贡献。而汉代以后的哲学家特别是宋明理学家朱熹、二程和张载等对气本论的继承、发展和完善做出了巨大贡献。胡栋材认为，"把宇宙本体层面的气论思想（元气说）全面扩展到儒家道德心性领域和工夫境界领域，是宋明儒者的一大贡献"。张载、二程之后，朱熹把气论与天理学说结合成为朱子理学，气论"除了在宇宙—本体论上继续为理学提供支持，还在存在论意义上获得新的发展。所谓气学脉络下的心性论、工夫论和境界论，即在此思想境遇下形成。"

张岱年在 20 世纪 30 年代的《中国哲学大纲》中说，宋元明清哲学思想中有三个主要潮流。一是以程、朱为代表的"唯理的潮流"，二是以陆王为代表的"主观唯心论的潮流"，三是以张载、王廷相、王夫之、颜元和戴震为代表的"唯气的潮流"，即理学、心学和气学。

20 世纪 90 年代，杨儒宾提出儒家身体观的架构是重塑儒家气论的基础，张载、罗钦顺、刘宗周等的气论为体验哲学的气论，王廷相、吴廷翰、王夫之、颜元、戴震等的气论为自然主义的气论，前者可视为心学的气论，后者可视为气学的气论。近年杨儒宾又从工夫论的角度出发，将气学分系为超越义和自然义两种形态，它们分别又被称为先天型气学和后天型气学。

刘又铭把气论分为自然气本论和神圣气本论，前者代表有罗钦顺、王廷相、顾炎武、戴震，后者包括与理本论相结合的王夫之，和与心本论相结合的刘宗周、黄宗羲。王俊彦依气学与理本论、心本论的关系，把王廷相、吴廷翰、吕坤、高拱等称为"纯粹气本论"，他们主张以元气为本，摆脱理学、心学的纠缠而自创格局。由朱子学的理气论者，包括薛瑄、罗钦顺、魏校等。另外，主张心、理、气是一体的如湛若水、刘宗周等。[气论研究：回顾与展望——以气学分系问题为中心，河北师范大学学报（哲学社会科学版），2014：11.]

而堪舆（风水）气论并未被列入哲学门派，因为堪舆的操作者和理论家都未超越先秦气论和理学气论，只是应用自然气论于规划、建筑、园林和室内。具体的应用反映于象天法地、阴阳和合、五行生克、八卦方位。气论是堪舆学不可回避的哲学基础，本文设专篇讨论。

第 1 节　道家气论

1. 老子气论

老子是并非气论的提出者，但是，他把气上升为哲学高度，却没有全面阐述，因为他的核心是道，而不在于气。《老子》中只有三处谈到气，但三处却至关重要 [史哲文，勾鉴体用，气贯道儒——论老子气论与张载气学关系，重庆交通大学学报（社科版），2013：8]

《道德经·第十章》道："载营魄抱一，能无离乎。专气致柔，能如婴儿乎。涤除玄鉴，能无疵乎。爱国治民，能无为乎。天门开阖，能为雌乎。明白四达，能无知乎。"从六句中心思想看，还是抱一。"专气"只是其一，这里气相当于心，专气目标是为了致柔。致柔与玄鉴、治民、开阖、四达意不同，从喻体的婴儿、无疵、无为、为此、无知上看，是突显朴素和"一"。《老子河上公章句》道："专，守精气使不乱，则形体能应之而柔顺。"其实，专亦能致刚，但老子却反其道。又说："人能抱一，使不离于身，则长存。一者，道德所生太和之精气也。故曰一。"冯友兰把专气写为"抟气","这个气包括后来所说的形气和精气"。老子并没有说形气与精气，是后来人发展的。

《道德经·第四十二章》道："道生一，一生二，二生三，三生万物。万物负阴而抱阳，冲气以为和。"此句明确了道是万物之母，更说明道生万物的过程，须经历一、二、三，其中一是气，二是阴阳，三是天地人。万物由阴阳构成，最和谐的状态是和，要达到和的手段是阴气和阳气相冲，即冲气。《老子河上公章句》道："阴阳生和气，浊三气分为天地人也。"

《道德经·第五十五章》道："心使气曰强。物壮则老，谓之不道，不道早已。"王弼注为"心宜无有，使气则强"，空虚无有则弱，意念使气则强。这个强有逞强之嫌。壮与强相近，只为过强为意指心使，壮为自然发展。但壮代表了事物发展的顶峰，再前进则向衰老发展。因此，老子最后说强、壮都是"不道"，"不道早已"，即不合规律，加速消亡。

2. 庄子气论

庄子气论是在直觉感悟式思维基础上产生的。《庄子·齐物论》道"大块噫气，其名为风"，实为气，名为风，大块是外形。《庄子·逍遥游》将空中游气和游尘形比野马，两者的共性就是流动和奔腾。庄子提出的浑沌、鸿蒙、氤氲就是元始之气，称为元气。庄子气论承于老子。《庄子·至乐》写庄子在夫人去世鼓盆而歌，惠子批评他，他反问："是其始死也，我独何能无慨然！察其始而本无生，非徒无生也而本无形，非徒无形也而本无气。杂乎芒芴之间，变而有气，气变而有形，形变而有生"，即气是夹杂在"芒芴之间"的东西，因为芒芴的变化才成气，气的变化而成形，形的变化才有生命。庄子的芒芴就是老子的恍惚和惚恍。《道德经》道："视之不见名曰夷，听之不闻名曰希，搏之不得名曰微。此三者，不可致诘，故混而为一……是谓无状之状，无物之象，是谓惚恍。"芒芴和恍惚都是无，由无变有的第一步就是气。《庄子·知北游》道："人之生，气之聚也；聚则为生，散则为死。"即生死是气散和聚的表现而已。此篇接着说："若死生之徒，吾又何患！故万物一也，是其所美者为神奇，其所恶者为臭腐；臭腐复化为神奇，神奇复化为臭腐。故曰，'通天下一气耳'。圣人故贵一。"庄子认为生死和物我都是气在不同时间的转化形态而已，故生死和物我统一于气。

庄子还把气当成"一"，一虽然是数字，切不可当成数字来看待，它是宇宙万物的对立物，是创世前的本态，或称神秘存在的象征：混沌、元气、葫芦等，与"混"同义。气作为实体自由出入于口鼻之间，同时又超越时空与鸿蒙元气相通，成为贯通时间上的古今，搭介个体与宇宙的桥梁，也是自然要素。（叶舒宪.庄子的文化解析.武汉：湖北人民出版社，1997.）

《大宗师》论道的那段有"夫道……伏羲氏得之，以袭气母"，即气之上还有气母，气母是什么？应该是老子的道。由此可见，庄子承老子道高于气的一元论，道是抽象的基础，气是具象的外化。

陶而吉的《庄子的气论》认为，庄子气论一指云气，二指精神。前者是云积的自然现象，后者指构成无形物质的要素。《庄子·逍遥游》中道："藐姑射之山，有神人居焉。肌肤若冰雪，淖约若处子，不食五谷，吸风饮露，乘云气，御飞龙，而游乎四海之外。"说的是藐姑射山的神人，可以不吃五谷，只餐风饮露，可以乘云气，在四海之外逍遥地游览。在《齐物论》中也说："至人神矣！大泽焚而不能热，河汉沍而不能寒，疾雷破山、风振海而不能惊。若然者，乘云气，骑日月，而游乎四海之外。死生无变于己，而况利害之端乎！"秦始皇时代方士卢生进言时也引用乘云气之说："真人者，入水不濡，入火不爇，陵云气，与天地久长。"

什么是云气？《说文解字》："气，云气也，象形。"但是，庄子并没有阐述，他在《逍遥游》中说乘的是云还是气？也没有阐明。若是云则是水晶的集合体，若是气，则是空气。庄子的气是弥漫于宇宙的要素，与风不同，否则他就不会在《逍遥游》中另有列子御风的单说："夫列子御风而行，泠然善也，旬有五日而后返。彼于致福者，未数数然也。

此虽免乎行，犹有所待者也。若夫乘天地之正，而御六气之辩，以游无穷者，彼且恶乎待哉。"列子的御风虽然是可以免行旅之苦，但是，还是"有待"。而庄子的御气则可达"无待"。待是凭借和依靠之意。无待就是不用凭借和依靠，即自由自在。而御风则会受风向风速的影响限制。

　　庄子提出六气观却没有明确六气为何物，历代哲学家各有表述。覃坤鹏研究（覃坤鹏，庄子·逍遥游——"六气之辩"评议，文史新探，2016.03）认为，最早解释六气的是西晋司马彪，他说"阴、阳、风、雨、晦、明也"，源于杜预注《左传》的"天有六气"，"谓阴、阳、风、雨、晦、明也"（杨伯峻，春秋左传注（修订本）第四册，中华书局，2009，1222），杜预注的源于《左传》鲁昭公元年，秦国的医和批评晋侯沉溺于女色："天有六气，降生五味，发为五色，征为五声。淫生六疾。六气曰阴、阳、风、雨、晦、明也，分为四时，序为五节，过则为灾。"（春秋左传注（修订本）第四册，1222）第二种六气是比司马彪稍晚的西晋李颐，他提出"平旦为朝霞，日中为正阳，日入为飞泉，夜半为沆瀣，天玄地黄为六"（经典释文卷二六庄子音义上，361），即朝霞、正阳、飞泉、沆瀣、天玄、地黄。而李颐的六气论来自《陵阳子明经》，东汉王逸注楚辞："《陵阳子明经》言，春食朝霞，朝霞者，日始欲出赤黄气也。秋食沦阴，沦阴者，日没以后赤黄气也。冬食沆瀣，沆瀣者，北方夜半气也。夏食正阳，正阳者，南方日中气也。并天玄地黄之气，是为六气也。"此经虽然佚失了，但1973年马王堆出土的《却谷食气》篇也包括朝霞、行暨、铣光、沆瀣、阳光等五种，与之类似。第三种说法是东晋高僧支遁的"天地四时之气"（经典释文卷二六庄子音义上，361），即天、地、春、夏、秋、冬之气，本为医家养生之说。此说最早见于陆德明《庄子音义》，但未指明是支遁所注，是覃坤鹏引《高僧传》时说支遁曾注《逍遥》篇，未予肯定。第四种说法是郭庆藩在《庄子集释》中将王应麟和沈括六气说引为注释，注道："王应麟云：六气，少阴君火，太阴湿土，少阳相火，阳明燥金，太阳寒水，厥阴风木，而火独有二。天以六为节，故气以六期为一备。《左传》述医和之言，天有六气，降生五味。即《素问》五六之数。沈括《梦溪笔谈》：六气，方家以配六神，所谓青龙者，东方厥阴之气也；其他取象皆如是。唯北方有二：曰元武，太阳寒水之气也；曰腾蛇，少阳相火之气也，其在人为肾，肾有二：左太阳寒水，右少阳相火，此坎离之交也。中央太阴土为句陈，配脾也。"王沈二人之说即成书于战国至西汉的《黄帝内经》的五运六气。六气指：少阴、太阴、少阳、阳明、太阳、厥阴。六气配五行即：少阴君火，太阴湿土，少阳相火，阳明燥金，太阳寒水，厥阴风木。第五种是郭庆藩自己的六气说："《洪范》雨旸燠寒风时为六气也。雨，木也；旸，金也；燠，火也；寒，水也；风，土也；是为五气。五气得时，是为五行之和气，合之则为六气。气有和有乖，乖则变也，变则宜有以御之，故曰御六气之变。"（郭庆藩，庄子集释，11）。《尚书·洪范》之"庶征"道："曰雨，曰旸，曰燠，曰寒，曰风，曰时。"第六种也是郭庆藩提出："六气即六情也。《汉书·翼奉传》奉又引师说六情云：北方之情，好也，好行贪狼，申子主之；东方之情，怒也，怒行阴饿（应作贼），亥卯主之；南方之情，恶也，恶行廉贞，寅午主之；西方之情，喜也，喜行宽大，己酉主之；上方之情，乐也，乐行奸邪，辰未主之；下方之情，哀也，哀行公正，戌丑主之。"（汉书卷七五翼奉传，中华书局，1962，3168）贪狼、廉贞是古天文学天星之二，前吉后凶。还有清人宣颖说六气为"六时消息"，近人蒋锡昌说："六气者，指阴晴风雨等气候而言，不必拘某六种。"

　　上述六气之说，都源自古代方术，《庄子》通篇广采方术之语。庄子的"乘云气"、"御风而行"与"御六气之辩"前后相合，显然是崇云气贬风。南宋刘辰翁评六气："以形御气，则犹未离乎气也。"他否定司马彪的六气观："一气之上，无阴无阳，无风雨，无晦明。"关锋道："有人把庄子说的'六气之辩'和列子'御风而行'等同起来，这是完全不对的。列子'御风而行'，是'有所待'的，庄文说得明明白白；而'至人'的'御六气之辩'是'无所待'而绝对自由的。"《庄子·在宥》又一次提到六气，道："云将曰：'天气不和，地气郁结，六气不调，四时不节。今我愿合六气之精以育群生，为之奈何？'"其中"天气""地气""六气""四时"是并列四个词，可见，庄子六气不应指天气、地气和四时，而庄子之游若指身体之游，则必借自然之气，而不是体内之气，庄子未明确，给后世留下不解之谜。

《庄子·人间世》提出"心斋"理念："若一志，无听之以耳而听之以心，无听之以心而听之以气。听止于耳，心止于符。气也者，虚而待物者也。唯集虚。虚者，心斋也。"徐复观解释此气："实际只是心的某种状态的比拟之词，与《老子》所说的纯生理之气不同。"陈鼓庆说："在这里'气'当指心灵活动到达极纯精的境地，换言之，'气'即是高度修养境界的空灵明觉之心。"而贾坤鹏认为，庄子的"耳""心""气"构成三个层次，气既指生命个体的"气之聚"的生，又是破除物我的"天地一气"和"虚而待物"之气。

《庄子·大宗师》提到："彼方且与造物者为人，而游乎天地之一气。""天地之一气"，张松辉解为"不分彼此的混沌状态"，进而将把"气"与"一"并尊为二元。而实际上庄子是"否定人的主观能动性"，追求"天地与我同生，万物与我为一"的齐物状态（陶而吉，《庄子》的"气论"，集宁师范学院学报）。

庄子大谈气以释一，老子大谈水以释道，两人的喻体不同，但说的是一样。从景观学的角度来说，老庄不约而同地运用自然的景观要素，这两个要素的特点就是流体，遵从流体特征，可破刚充隙，无孔不入，无空不有。

　　闫金玲认为，庄子沿袭老子"抱一""得一"理念，提出"守一""通一""反一""贵一""为一""齐一"等语汇。庄子的"一"就是人与天或人与道本一的境界，近乎老子之道。老子的阴阳统一论被庄子解释为生命起源，人的生死是气之聚散。《庄子·田子方》是对《老子》第四十二章万物生成论的呼应，即"阴阳交互作用构成宇宙间一切现象的起伏消长。而且，庄子气论由生命现象扩展到世界万物"。《庄子·则阳》"从自然界的相盖相治到人事界的祸福相生都是阴与阳才者相互推演而成"。

　　闫金玲还提出，庄子的气论机制是：道—气—物。庄子的气是自然之气，自然之气源于基逻辑的自然之道。因此，道就成为逻辑的起点，"是宇宙天地万物的本源，既产生物质又产生精神，既存在于物质中，又存在于精神中"。庄子之前的气不过是流动的气体，而庄子把它当成"一气"，即万物生成的基础，相当于造物主，因为《庄子·大宗师》道："方且与造物者为人，而游乎天地之一气"，"伏羲氏得之，以袭气母。""气母"就是"造物者"，也是老子的道。为了强调气的重要性，《庄子·知北游》又道"天地之强阳气也"，《庄子·则阳》道"是故天地者，形之大者也，阴阳者，气之大者也"，气在天地之上，也在阴阳之上。

　　闫金玲的气论机制分三点：安化、物化、心斋。安化就是"个体生命在宇宙大生命中的安于变化，即安于气化，是一种气化生命观"。《庄子·至乐》说的生命是气化结果，必经气、形、生、死四阶段。而把四阶段当成永恒的规律"纪"："生也死之徒，死也生之始，孰知其纪！"庄子气论成为汉代道教经典《太平经》以气为生命根本的宗旨。气贯天人的观点成为生命观的基础，使"气不仅指物质的气体，而是兼有物、心，乃至神的品性"。在《太平经》中发展为内神说，在后来的医学中发展为精、气、神为核心的生气论。物化是《庄子·齐物论》自述的梦蝶，把主客体互换，把心与物交融，于是主体得到精神的自由。这一典故说明了人的精神也可以"体道悟化"，其基础就是心物都源于气，或是指气当成心与物的媒介。心斋为物化奠定了心理学的机制。

第2节　儒家气论

1. 孟子养气论

儒家气论的代表是孟子。《孟子》全文十九次用气字，《告子上》用"夜气"和《尽心上》用"居移气"外，主要集中于《公孙丑上》（杨泽波，孟子气论难点辨疑，《中国哲学史》，2001）。全文如下：

公孙丑问曰："夫子加齐之卿相，得行道焉，虽由此霸王，不异矣。如此，则动心否乎？"孟子曰："否。我四十不动心。"曰："若是，则夫子过孟贲远矣。"曰："是不难，

告子先我不动心。"曰:"不动心有道乎?"曰:"有。北宫
黝之养勇也:不肤挠,不目逃,思以一豪挫于人,若挞之
于市朝;不受于褐宽博,亦不受于万乘之君;视刺万乘之
君,若刺褐夫;无严诸侯,恶声至,必反也。孟施舍之所
养勇也,曰:'视不胜犹胜也;量敌而后进,虑胜而后会,
是畏三军者也。舍岂能为必胜哉?能无惧而已矣。'孟施舍
似曾子,北宫黝似子夏。夫二子之勇,未知其孰贤,然而
孟施舍守约也。昔者曾子谓子襄曰:'子好勇乎?吾尝闻大
勇于夫子矣:自反而不缩,虽褐宽博,吾不惴焉;自反而缩,
虽千万人,吾往矣。'孟施舍之守气,又不如曾子之守约也。"

　　曰:"敢问夫子之不动心与告子之不动心,可得闻
与?""告子曰:'不得于言,勿求于心;不得于心,勿求于
气。'不得于心,勿求于气,可;不得于言,勿求于心,不可。
夫志,气之帅也;气,体之充也。夫志至焉,气次焉;故曰:
'持其志,无暴其气。'""既曰'志至焉,气次焉。'又曰,
'持其志,无暴其气'者,何也?"曰:"志一则动气,气一
则动志也。今夫蹶(jué,跌倒)者趋者,是气也,而反动
其心。"

　　"敢问夫子恶乎长?"曰:"我知言,我善养吾浩然之
气。""敢问何谓浩然之气?"曰:"难言也。其为气也,至
大至刚,以直养而无害,则塞于天地之间。其为气也,配
义与道;无是,馁也。是集义所生者,其义袭而取之也。
行有不慊(qiè,满足、快意)于心,则馁矣。我故曰,告

子未尝知义，以其外之也。必有事焉，而勿正心；勿忘，勿助长也。"无若宋人然：宋人有闵其苗之不长而揠（yà，拔）之者，芒芒然归，谓其人曰："今日病矣！予助苗长矣！"其子趋而往视之，苗则槁矣。天下之不助苗长者寡矣。以为无益而舍之者，不耘苗者也；助之长者，揠苗者也——非徒夫益，而又害之。

"何谓知言？"曰："诐（bì，偏颇）辞知其所蔽，淫辞知其所陷，邪辞知其所离，遁辞知其所穷。生于其心，害于其政；发于其政，害于其事。圣人复起，必从吾言矣。"

此篇核心是讲知言与养气。其逻辑是："不惑"与"不动心"—"勇"—气约关系（守气之勇与守约之勇）—心气关系（"不得于心，勿求于气"）—志气关系（志上气下、勿暴其气、志气互动）—养气观（浩然之气、义气于外、道气于心、自然勿助）——知言观（诐淫邪遁、祸心害政、谋政害事）。

《论语·为政》："吾十有五而志于学，三十而立，四十而不惑，五十而知天命，六十而耳顺，七十而从心所欲，不逾矩。"孔子谈自己人生，三十岁之前是理论学习，三十岁之后是实践经验，四十岁做事就不疑惑。但孟子说"四十不动心"，说的不是知识层面，而是三德层面。《论语·子罕》："知者不惑，仁者不忧，勇者不惧。"仁、智、勇是君子三德。孟子把孔子勇的定义由"不惧"发展为"不动心"。

孟子把勇分为三勇：北宫黝之勇、孟施舍之勇、曾子之勇。北宫黝之勇是匹夫之勇，孟施舍之勇是"守气"之勇，曾子之勇是"守约"之勇。三者之别在于勇的理由：武力、心气、正义。孔子和孟子都推崇后者。守气之勇的气是喜怒哀乐四种情绪。

孟子又建构了一个气志链条：得言—得心—求气—动志。得言就是社会舆论，得心就是个人遂心，求气就守约勇气，动志就是专心致志。故事情的正义性判断是根本，这样，社会舆论才会普遍认同，每个人才会发自内心地理解事情的正义，因为正义而动心而勇，在此基础上，坚持不懈，一心一意，方可成功。心是基础，没有心，气则无着落。志是法定，持志方可守气。在此孟子提出几个命题，成为千古名言："不得于言，勿求于心"；"不得于心，勿求于气"；"夫志，气之帅也；气，体之充也。""志至焉，气次焉。""持其志，无暴其气。""志一则动气，气一则动志也。""今夫蹶者趋者，是气也，而反动其心。"

气虽然是排在志之下，但是，气有多样，孟子养的是"浩然正气"。只有正气，方可不惑，方可勇猛。他给"浩然正气"下定义："至大至刚。"浩而大，刚而正。孟子又说，仅有"浩然正气"还不行，要配持"义与道"，即义气和道气，因为义于外，道于内。这种"浩然正气"不是为了某事而临时鼓动而是自然而然的，反对揠苗助长的临时抱佛脚或命令式的"正心"。

孟子认为，言可由衷，也可不由衷；众口亦可铄金；

谎言千遍成为真理。前述的"得言"得的是什么言？孟子把言分为正言与反言，无论正反，都是源于心，都可谋政，可成事也可害事。正言源于"浩然正气"，"正气"源于"正心"。而妖言则相反。孟子把妖言分成四类：诐言、淫言、邪言、遁言。

孟子的这套逻辑，彻底解决了勇的分类、前题、环境、影响因子、途径、结果。明确了气是"体之充也"，是次于志。只有自然才能正心，只有正心才能得正言，只有正言，得言方有正义；只有正义，方能守约；只有守约，方得大勇；只有持志，方能守气；只有守一，方可成事。

2. 董仲舒元气论

元气最早出现在道家著作《鹖冠子·泰录》："故天地成于元气，万物乘于天地。"而董仲舒元气论来自春秋公羊学"元"思想，认为，一切事物起于元，元不仅是始，也是大："故元者为万物之本。而人之元在焉。安在乎？乃在乎天地之前。故人虽生天气及奉天气者，不得与天元本、天元命而共违其所为也。"其《王道》中说："王正则元气和顺、风雨时、景星见、黄龙下。王不正则上变天，贼气并见。"其《天地之行》说："一国之君，其犹一体之心也。……布恩施惠，若元气之流皮毛腠理也。"王行正道则祥瑞，反之则灾异。

到底董氏之元是什么？东汉何休说："元者，气也。无形以起，有形以分，造起天地，天地之始也。""故《春秋》以元之气正天之端，以天之端正王之政，以王之政正诸侯之即位，以诸侯之即位正竟内之治。"他把董仲舒"以元之深正天之端"变为"以元之气正天之端"。金春峰在《汉代思想》中说，从哲学上看，元可释为气、精神和天三义。

董仲舒认为元生出气，然后依次为天气、地气、人气等级别。天气级别较高，包括阴阳之气、四时之气和五行之气。元气分化出的气都包括在天气之下，具体有十端：天、地、阴、阳、火、金、木、水、土、人。《五行相生》说："天地之气，合而为一，分为阴阳，判为四时，列为五行。"即阴阳和五行是以气的形式出现，天地之气先交感然后分阴阳四时五行。其《阴阳出入上下》具体阐述了天道的春夏秋冬变化是由阴阳二气运动而产生的，阳出而阴入，阴出而阳入，"逆气左上，顺气右下，故下暖而上寒"。

阴阳五行家虽然在战国时把五行变成了五行之气，但是，董仲舒把五行之气纳入到宇宙生成的过程，形成完备的阴阳、四时、五行宇宙图式。徐复观《两汉思想史》中评说："盖木火土金水在《尚书·洪范》上，本是具体的东西，至邹衍而始将其抽象化。仲舒开始将邹衍所抽象化的五行，应用到《洪范》之上，把抽象与具象的东西，夹杂在一起，于是不知不觉地在五行之'气'中，还是含着木火等具体的形质，而只好与纯抽象的阴阳之气，平列起来，使人感到阴阳与五行，是两种平行之气。"

董仲舒的《人副天数》把人气分成血气和神气:"天德施,地德化,人德义。天气上,地气下,人气在其间。""人生于天而体天之节,故亦有大小厚薄之变,人之气也。"《天地之行》说:"一国之君,其犹一体之心也。……布恩施惠,若元气之流皮毛腠理也;百姓皆得其所,若血气和平,形体无所苦也;无为致太平,若神气自通于渊也。"董仲舒说的"人之血气,化天志而仁"中的"血气"是指经过天志(天之阳气)干预后的"仁气"。《通国身》说:"气之清者为精,人之清者为贤。治身者以积精为宝,治国者以积贤为道。身以心为本,国以君为主。精积于其本,则血气相承受;贤积于其主,则上下相制使。血气相承受,则形体无所苦;上下相制使,则百官各得其所。""血气"亦为"气之清"积心之气,"血气"与心相合身体方无碍。

董仲舒把神气分为哀乐喜怒四种:"心有哀乐喜怒,神气之类也",又指出喜怒哀乐之气也源自天气:"喜气为暖而当春,怒气为清而当秋,乐气为太阳而当夏,哀气为太阴而当冬。四气者,天与人所同有也,非人所能蓄也,故可节而不可止也。节之而顺,止之而乱。人生于天,而取化于天。喜气取诸春,乐气取诸夏,怒气取诸秋,哀气取诸冬,四气之心也。"把喜怒哀乐与春夏秋冬对应。

董仲舒的人体气论核心是性情之气,指出性和情分别源自天阴和天阳二气:"人之受气苟无恶者,心何栝哉?吾以心之名,得人之诚。人之诚,有贪有仁。仁贪之气,两在于身。身之名，取诸天。天两有阴阳之施，身亦两有贪仁之性。天有阴阳禁，身有情欲柜，与天道一也。""身之有性情也，若天之有阴阳也。言人之质而无其情，犹言天之阳而无其阴也。"

《论衡·本性》评说："董仲舒览孙、孟之书，作情性之说，曰：天之大经，一阴一阳；人之大经，一情一性。性生于阳，情生于阴。阴气鄙，阳气仁。曰性善者，是见其阳也；谓恶者，是见其阴者也。"把人的性情和善恶，与阳阴二气之仁鄙对应，阳善而阴恶，"阳，天之德；阴，天之刑也。阳气暖而阴气寒，阳气予而阴气夺，阳气仁而阴气戾，阳气宽而阴气急，阳气爱而阴气恶，阳气生而阴气杀"。因此，性善而情恶。

受《中庸》的影响，董仲舒提出中和之气，认为天道以中和为特征，人道亦要以中和为法则。所以，养气才能达到中和。其《循天之道》说："故养生之大者，乃在爱气。气从神而成，神从意而出。心之所之谓意，意劳者神扰，神扰者气少，气少者难久矣。故君子闲欲止恶以平意，平意以静神，静神以养气。气多而治，则养身之大者得矣。古之道士有言曰：将欲无陵，固守一德。此言神无离形，则气多内充，而忍饥寒也。和乐者，生之外泰也；精神者，生之内充也。外泰不若内充，而况外伤乎？忿恤忧恨者，生之伤也；和说劝善者，生之养也。君子慎小物而无大败也。行中正，声向荣，气意和平，居处虞乐，可谓养生矣。"爱气是养气的前提，养心是养气的目标。《循天之道》说："举天地之道，而美于和，是故物生，皆贵气而迎养之。孟子曰：'我善养吾浩然之气者也。'谓行必终礼，而心自喜，常以阳得生其意也。公孙之养气曰：'裹藏泰实则气不通，泰虚则气不足，热胜则气口（原文献缺字），寒胜则气口（原文献缺字），泰劳则气不入，泰佚则气宛至，怒则气高，喜则气散，忧则气狂，惧则气慑。凡此十者，气之害也，而皆生于不中和。故君子怒则反中而自说以和，喜则反中而收之以正，忧则反中而舒之以意，惧则反中而实之以精。夫中和之不可不反如此。'故君子道至，气则华而上。凡气从心。心，气之君也，何为而气不随也。是以天下之道者，皆言内心其本也。"董氏引用孟子和公孙尼子，指出中和为养气之法，违和可致疾，修"心"可行"气"："故仁人之所以多寿者，外无贪而内清净，心和平而不失中正，取天地之美以养其身，是其且多且治。仁者憺怛爱人，谨翕不争，好恶敦伦，无伤恶之心，无隐忌之志，无嫉妒之气，无感愁之欲，无险诐之事，无辟违之行。故其心舒，其志平，其气和，其欲节，其事易，其行道，故能平易和理而无争也。"

董氏指出"养生"的本质就是"养气"，"凡养生者，莫精于气"，顺应天时方可天人感应，"是故春袭葛，夏居密阴，秋避杀风，冬避重漯，就其和也。衣欲常漂，食欲常饥。体欲常劳，而无长佚，居多也"，应根据四时特点而起居饮食，"四时不同气，气各有所宜，宜之所在，其物代美。视代美而代养之，同时美者杂食之，是皆其所宜也"，"是故男女体其盛，臭味取其胜，居处就其和，劳佚居其中，寒爰无失适，饥饱无过平，欲恶度理，动静顺性，喜怒止于中，忧惧反之正，此中和常在乎其身，谓之得天地泰。得天地泰者，其寿引而长；不得天地泰者，其寿伤而短。短长之质，人之所由受于天也"。衣食住行和四时之气相应，以求"中和之气"。（任密行，从本体论到工夫论：董仲舒的气论思想，中国社会科学院研究生院学报，2017 第 4 期）

董仲舒是天人感应的倡导者。其五行、阴阳、四时的宇宙图式，阐述了天道的运行原理，表明气在机制中的贯穿作用，为建构天象、山水、植物、建筑、人间的互动模式找到了能源和润滑剂。天气与人气之间感应，必须以中和之道行之。其养气而养生的观念承自道家和儒家，对于园居外养天地之气，内修中和之气意义重大。

第 3 节　理学气论

1. 张载气聚生物论

张载（1020—1077），字子厚，凤翔郿县（今陕西眉县横渠镇）人。北宋思想家、教育家、理学创始人之一，是气论的集大成者。张载坚持气是万物本体的气论被定义为唯物派，也被称为本体论派。

张载首先要回答的是宇宙图式是什么，他认为宇宙是太虚与气的结合体，太虚是结构，气是内容："太虚不能无气，气不能不聚而为万物。万物不能不散而为太虚。"太虚即气。"太虚无形，气之本体"，"太虚者，气之体"。

首先，太虚是无形的。张载曰："太虚无形，气之本体，其聚其散，变化之客形尔；至静无感，性之渊源，有识有知，物交之客感尔。客感客形与无感无形，惟尽性者一之。"张载把气与虚空混同："知虚空即气，则有无、隐显、神化、性命通一无二，顾聚散、出入、形不形，能推本所从来，则深于《易》者也。"（张载集 [M]. 北京：中华书局，1978）这一混同，即把内容与结构、内容与特性混同起来。

其次，气生万物。气是物的源，物是气的形，其转化原理就是聚与离。张载说："气聚则离明得施而有形，气不聚则离明不得施而无形。方其聚也，安得不谓之客？方其散也，安得遽谓之无？""盈天地之间者，法象而已；文理之察，非离不相睹也。方其形也，有以知幽之因；方其不形也，有以知明之故。"他把充盈天地之间的气当成法象，只有离得远才看得清，似乎在推导空气中的元素与大地上的万物之间的关系。

张载说："天地之气，虽聚散、攻取百涂，然其为理也顺而不妄。气之为物，散入无形，适得吾体；聚为有象，不失吾常。太虚不能无气，气不能不聚而为万物，万物不能不散而为太虚。循是出入，是皆不得已而然也。然则圣人尽道其间，兼体而不累者，存神其至矣。彼语寂灭者往而不反，徇生执有者物而不化，二者虽有间矣，以言乎失道则均焉。"

正因为太虚和气的无形，张载才把它们归入形而上之道，把万物有形之体归入形而下之器："'形而上（者）'是无形体者（也），故形（而）上者谓之道也；'形而下（者）'是有形体者，故形（而）下者谓之器。无形迹者即道也，如大德敦化是也；有形迹者即器也，见于于事实（即），礼义是也。"

又因为"太虚为清，清则无碍，无碍故神"，故太虚有神秘莫测和不可知的特点，故把太虚称做天："由太虚，有天之名。"

再次，太虚因气而实在。张载说："太虚者，气之体。气有阴阳，屈伸相感之无穷，故神之应也无穷；其散无数，故神之应也无数。虽无穷，其实湛然；虽无数，其实一而已。阴阳之气，散则万殊，人莫知其一也；合则混然，人不见其殊也。形聚为物，形溃反原，反原者，其游魂为变与！"太虚的实表现为"气之体""其实湛然""其实一"。

第四，张载提出神的概念，认为它与道、易和阴阳互变名异理同，"神"即阴阳变化，相当于易，故神之应"无穷""无数""无方无体"，具阴阳，通日夜，能阖辟，"体不偏滞，乃可谓无方无体。偏滞于画夜阴阳者物也，若道则兼体而无累也。以其兼体，故曰'一阴一阳'，又曰'阴阳不测'，又曰'一阖一辟'，又曰'通乎昼夜'。语其推行故曰'道'，语其不测故曰'神'，语其生生故曰'易'，其实一物，指事而异名尔。"

阴阳二气是什么？"阴阳言其实，乾坤言其用，如言刚柔也。"阴阳有虚实的特点，"阴虚而阳实，故阳施而阴受；受则益，施则损，盖天地之义也"。阴阳具有不同功能，"虚则受，盈则亏，阴阳之义也。故阴得阳则为益，以其虚也；阳得阴则为损，以其盈也。"阴阳交感为神："气有阴阳，推行有渐为化，合一不测为神。其在人也，智义利用，则神化之事备矣。德盛者穷神则智不足道，知化则义不足云。"

第五，张载之物是生物不是器物。动植物是生物之一："动物本诸天，以呼吸为聚散之渐；植物本诸地，以阴阳升降为聚散之渐。物之初生气，日至而滋息；物生既盈气，日反而游散。至之谓神，以其伸也；反之为鬼，以其归也。"呼吸是聚散的表现，生气、盈气、神（气）、鬼（气）是生物生、展、至、死的四个阶段之气。日月星辰、山川大地、金木水火土是生物之二："凡圜转之物，动必有机；既谓之机，则动非自外也。古今谓天左旋，此直至粗之论尔，不考日月出没、恒星昏晓之变。愚谓在天而运者，惟七曜而已。恒星所以为昼夜者，直以地气乘机左旋于中，故使恒星、河汉因一作回。北为南，日月因天隐见，太虚无体，则无以验其迁动于外也。""地，物也；天，神也。物无逾神之理，顾有地斯有天，若其配然尔。""水火，气也，故炎上润下与阴阳升降，土不得而制焉。木金者，土之华实也，其性有水火之杂，故木之为物，水渍则生，火然而不离也，盖得土之浮华于水火之交也。金之为物，得火之精于土之燥，得水之精于土之濡，故水火相待而不相害，铄之反流而不耗，盖得土之精实于水火之际也。土者，物之所以成始而成终也，地之质也，化之终也，水火之所以升降，物兼体而不遗者也。"定义天地和五行为生物的原理是它们有动静变化。

第六，万物因气之感应而生象、成形："气本之虚则湛一无形，感而生则聚而有象。有象斯有对，对必反其为；有反斯有仇，仇必和而解。故爱恶之情同出于太虚，而卒归于物欲，倏而生，忽而成，不容有毫发之间，其神矣夫！"他建构了气感逻辑过程：感—生—聚—象—对—反—仇—和—解。

人类也是生物，"天地之塞，吾共体"。天地之塞就是气，形成人体。张载说："聚亦吾体，散亦吾体，知死之不亡者，可与言性矣"，气聚为生，散之为死，"气于人，生而不离、死而游散者谓魂；聚成形质，虽死而不散者谓魄"。魂和魄的区别对应于气的聚散。张载气的聚散生死观源于《庄子·知北游》的气论："人之生，气之聚也；聚则为生，散则为死。"

张载也引用《周易》为其阐述气论："气坱然太虚，升降飞扬，未尝止息，易所谓'絪缊'，庄生所谓'生物以息相吹''野马'者与！此虚实、动静之机，阴阳、刚柔之始。浮而上者阳之清，降而下者阴之浊，其感通聚结，为风雨，为雪霜，万品之流形，山川之融结，糟粕煨烬，无非教也。"《周易》精气论认为："精气为物，游魂为变。"张载补充道："'精气为物，游魂为变'，'精气为物，游魂为变'。精气者，自无而有；游魂者，自有而无。自无而有，神之情也；自有而无，鬼之情也。自无而有，故显而为物；自有而无，故隐而为变。显而为物者，神之状也；隐而为变者，鬼之状也。大意不越有无而已。物虽是实，本自虚来，故谓之神；变是用虚，本缘实得，故谓之鬼。此与上所谓神无形而有用，鬼有形而无用，亦相会合。所见如此，后来颇极推阐，亦不出此。"生物生的标志就是精气生，即有，游魂标志亡，即无。前者称神，后者称鬼。精气为神，魂魄为鬼。其精气、神的理论，成为哲学精气说和精神说的重要支柱。(沈顺福，张载气论研究，齐鲁学刊，2015.2)(文引所有张载理论，皆引自《张载集》，不单独标明)

2. 朱熹理气论

南宋朱熹是理学创始人，但是，并非只讲理不讲气，他也从未作出过"理生万物"的结论，而是通过气生万物、理为气本，来构建他的理学大厦，描绘"有理便有气，流行发育万物"的宇宙生成图象。

他的气论上承张载，体系完备。气常被朱熹称为器，"气也者，形而下之器也"。(《朱子语类》)他把器进行了多方面定义："一物之中，其可见之形，即所谓器。""所谓物者，形也。"(《朱文公文集》)"天地之间，上是天，下是地，中间有许多星辰、山川、草木、人物、禽兽，此皆形而下之器也。"(《朱子语类》)

气的作用是"凝结造作"，是"酝酿""凝聚""形化"，"气则能酝酿凝聚生物也"(《朱子语类》)，"气聚成形，则交气感，遂以形化，而人物生生，变化无穷矣。"(《"太极图说"解》)"一元之气，运转流通，略无停间，只是生出许多万物而已。"(《朱子语类》)

他把张载"一物两体"的气论，阐述为："天地之间，一气而已，分而为二，则为阴阳"，"阴阳，气也。"(《易学启蒙》)"阴阳，气也。"(《朱子语类》)"盖阴之与阳，自是不可相无者。""凡天下之事，一不能化，惟两而后能化，且如一阴一阳始能化生万物，虽然两个，要之亦是推行乎此一矣。""阴阳之道，无日不相胜。"(三处皆引自《朱子语类》)气分阴阳，缺一不可；阴阳矛盾，自始自终。"阳而健者成男，则父之道也；阴而顺者成女，则母之道也。是人物之始，以气化而生者也。"(《"太极图说"解》)阴阳如男女，一旦结合可子孙绵延。他还把阴阳上升到"万物万化"的高度，"阴阳是气，天下万物万化，何者不出于阴阳"？(《朱子语类》)

朱熹提出种子论，认为气就是种子，"天地间人物草木禽兽，其生莫不有种，定不会无种子白地生出一个物事。这个就是气"。(《朱子语类》)"盈天地间，所以为造化者，阴阳二气之始终盛衰而已"(《朱子语类》)，"阴阳者，造化之本"(《朱子语类》)。他构建了"气—阴阳—种子—物事—盛衰"的逻辑，在明代被王廷相所继承为"阴阳者，造化之橐钥"。

对于天地、日月、星辰的形成，他也用阴阳二气解释，"天地初间，只是阴阳之气。这个气运行，磨来磨去，磨得急了，便拶许多渣滓，里面无处出，便结成个地在中央。气之清者便为天，为日月，为星辰，只在外常周环运转"。(《朱子语类》)他的渣滓精华之说虽缺乏科学性，却也直观生动，表明万物源于气，阴阳二气的运动变化产生万物。同时，他把人兽分途说成是气的差异性造成，"自一气而言之，则人物皆受是气而生；自精粗而言，则人得其气之正且通者，物得其气之偏且塞者。惟人得其正，故理通而无所塞；物得其偏，故理塞而无所知。且如人头圆象天，足方象地，平正端直，以其受天地之正气，所以识道理，有知识。物受天地之偏气，所以禽兽横生，草木头生向下，尾反向上。物之间有知者，不过只通得一路，如鸟之知孝，獭之知祭，犬但能守御，牛但能耕而已。人则无不知，无不能，人之气以与物异者，所争者此耳"。(《朱子语类》)

他把"禀气"说推及社会，首先是知慧与气的纯度有关，"禀气之清者为圣贤……禀气之浊者为愚为不肖"，"故上知生知之资，是气清明纯粹而无一毫昏浊，所以生知安行，不待学而能，如尧舜是也；其次则亚于生知，必学而后知，必行而后至；又其次者，资禀既偏，又有所蔽，须是痛加工夫，人一己百，人十己千，然后方能及亚于生知者，及进而不已，则成功一也"。（《朱子语类》）人的富贵贫贱也源于气的厚度，"禀得气厚者则福厚，气薄者则福薄，禀得气之华美者则富盛，衰飒者则卑贱"。（《朱子语类》）人的性格是"五行之气"所然，"如禀得木气多，便温厚慈祥"，"禀得金气多，则少慈祥"，"有得木气重者，则恻隐之心常多，而羞恶、辞逊、是非之心为其所塞而不发；有得金气重者，则羞晋之心常多，而恻隐、辞逊、是非之心为其所塞而不发"，"人之性皆善，然而有生下来善底，有生下来便恶底，此是气禀不同"。（《朱子语类》）这些言论对于堪舆的环境论影响很大。

在理与气的关系上，他说："阴阳五行错综不失条绪，便是理。"（《朱子语类》）即理是阴阳之气和五行之气运行的规律，与张载论相同，但是，他认定理在气中，理附于气，"盖气则能凝结造作，理却无情意，无计度，无造作，只此气凝聚处，理便在其中。"若气不结聚时，理亦无所依著""夫聚散者气也，若理只泊在气上。""道未尝离乎器，道亦只是器之理。"（《朱子语类》）理依附气可以称为一元论，成为王廷相的"理载于气"和王夫之的"气者理之依也"，"气外更无虚托孤立之理"，"无其器则无其道"。

朱熹的理学特点是把自然之理伦理化，认为："理便是仁、义、礼、智"，(《朱子语类》)，"宇宙之间，一理而已……其张之为三纲，其纪之为五常"。"天地之间，有理有气。理也者，形而上之道也，生物之本也；气也者，形而下之器也，生物之具也。"(《朱文公文集》)"有是理便有是气，但理是本。"(《朱子语类》)在此，把气理关系反过来。又说："天下未有无理之气，亦未有无气之理。"(《朱子语类》)"若以形而上者言之，则冲漠者为体，而其发于事物之间者为之用；若以形而下者言之，则事物又为体，而其理之发现者为之用。"似乎"冲漠"指代气，具有二元论之象。

朱熹的理气关系左右摇摆，"是以人物之生，必禀此理，然后有性；必禀此气，然所有形"。"理未尝离乎气，然理形而上者，气形而下者。自形而上下言，岂无先后？"理气"本无先后之可言，然必欲推其所从来，则须说先有理"。"未有天地之先，毕竟也只是理，有此理，便有此天地。若无此理，便亦无天地，无人无物，都无该载了。有理便有气流行发育万物。""万一山河都陷了，毕竟理只在这里。"(《朱子语类》)(以上主要根据龚振黔的"朱熹气的学说初探"改写——作者注)

朱熹的气论对堪舆影响很大，源于他祖籍徽州婺源，生于福建尤溪，长期在江西南康、福建漳州、浙东一带为官。这一带还是中国风水发源地和流行地。肖美丰的"朱熹风水堪舆说初探"讨论详尽。

首先，他的理气论，系统阐述了堪舆的基础气论和理学。他在《岳麓问答》中说，地理之学作为儒家孝道的法术，应当知道："盖地，术者之事，以儒者而兼通其说，特博闻多学之一端耳"，"通地天人曰儒，地理之学虽一艺，然上以尽送终之孝，下为启后之谋，其为事亦重矣"，若"后生小子，群居终日，视记诵词章为不足为，而独以不知地理为耻"，是不可取的。余嘉锡也有相似评论："夫文讪术士，其学之异於程朱不待言，至於蔡季通亦尝著葬书，而文讪复与之不同者何也，以其异於儒者之言也。"从中可知，江西三僚村的堪舆大师曾文讪是术士，而程朱是儒学大师，与之不同，但朱之徒蔡文定（字季通）精通风水，著《发微论》，更重理学，与曾途亦不同，概以道器划分。

其次，他对程颐（伊川）的反风水是不赞同的，在《与胡伯量书》中，朱熹说："伊川先生力破俗说，然亦自言须是风顺地厚之处乃可然，则亦须有形势拱揖环抱无空阙处乃可用也，但不用某山某水之说耳。"（《朱文公文集》）所谓"形势"就是形势派，"拱揖环抱无空阙"是藏风聚气之处。在《与孙敬甫书》中说："阴阳家说，前辈所言，固为正论，然恐幽明之故有所未尽，故不敢从。然今亦不须深考其书，但道路所经，耳目所接，有数里无人烟处，有欲住者亦住不得。其成聚落有宅舍处，便须山水环合略成气象。然则欲掩藏其父祖，安处其子孙者，亦岂可都不拣择，以为久远安宁之虑，而率意为之乎？"（《朱文公文集》）所谓"山水环合略成气象"即是形势派相地之法。只是说不要太功利了。"此等事(指葬事)自有酌中恰好处,便是正理。世俗固为不及,而必为高论者似亦过之也"。"葬之为言藏也,所以藏其祖考之遗体也。 以子孙而藏其祖考之遗体,则必致其谨重诚敬之心,以为安固久远之计,使其形体全而神灵得安,则其子孙盛而祭祀不绝,此自然之理也"。 埋葬是为了藏先人遗体,当然力求安固久远,郑重其事是正常,若"择之不精,地之不吉,则必有水泉蝼蚁地风之属以贼其内,使其形神不安,而子孙亦有死亡绝灭之忧,甚可畏也。其或虽得吉地,而葬之不厚、藏之不深,则兵戈乱离之际,无不遭罹发掘暴露之变。"(《朱文公文集》)依朱之言,地吉则水泉蝼蚁难入,祖先形神得安。

朱熹的堪舆活动最光彩的是孝宗陵寝改地之论,一战成名。孝宗陵寝出水,光宗廷议,因台史反对而止,朱熹上奏:"台史之说谬妄多端,以礼而言,则记有之曰,死者北首生者南向,皆从其朔。又曰葬於北方北首,三代之达礼也,即是古之葬者必坐北而向南。"朱氏用负阴抱阳否定台史的坐北之说。"若以术言,则凡择地者,必先论其主势之疆弱、风气之聚散、水土之浅深、穴道之偏正、力量之全否,然后可以较其地之美恶","今乃全不论此,而直信其庸妄之偏说,但以五音尽类群姓,而谓宅向背各有所宜,乃不经之甚者,不惟先儒已力辨之,而近世民间亦多不用"。朱熹否定北宋流行的五音五姓相配说,强调形、势和力。"臣窃见近年地理之学出于江西、福建者为尤盛，政使未必皆精，然亦岂无一人粗知梗概大略，平稳优於一二台史者"，"但取通晓地理之人，参互考校择一最吉之处，以奉寿皇神灵万世之安"，"庶几有以少慰天下臣子之心，用为国家祈天永命之助"。（此奏折引自《朱文公文集》）朱熹提倡福建江西的形势说，说明尽管当朝用五音利姓说，但民间还是用唐代杨筠松的形势说，朝廷之中也有形势五音之争。

朱熹还有几次堪舆活动，其一是为其长子朱塾卜葬地，"亡子卜葬已得地，但阴阳家说须明年夏乃可窆（biǎn，下葬）"，"然囊中才有数百千，工役未十一二，已扫而空矣。将来更须做债方可了办，甚悔始谋之率尔也"。（《朱文公文集》续集）其二是视察彦集所选择的葬地，"视彦集所开地，冈峦形势目前无大亏缺，而水泉涌溢殊不可晓，问之邑人，亦无一人能言其所以为病者，但谓间圹太深使然"。用形势论的"冈峦形势"评定为可用之地，但是对出水则推断为圹井过深，建议彦集"更呼术人别卜它处"（《朱文公文集》别集）。其三是为自己卜葬，"某家中自先人以来，不用浮屠法，今谨用。但卜地未能免俗，然亦只求一平稳处"（《朱文公文集》别集）。当地佛教倡导火葬，但他却只求土葬，择地大林谷九峰山唐石里，夫人刘氏随之。但这葬地却是听从弟子蔡元定之语，叶适序《阴阳精义》曰："朱公元晦听蔡季通预卜藏穴。"

同朝国师张子微著《玉髓真经》，他却力图撇清与之关系，他说"吾之所论者理也，(张)子微之所论者术也"（玉髓真经 [M]. 明嘉靖本 .）。其徒蔡文定以朱熹理学气论为基础，写出了理学的堪舆著作《发微论》，朱熹却高度评价："其字画壮伟，意气间暇，又能无怛於始终之变如此，是岂可以勉强而伪为哉？"其"志识之高远，固已非世人所及"（《朱文公集》），且为之作跋。史家评是书"大旨主於地道，一刚一柔以明动静，观聚散，审向背，观雌雄，辨强弱，分顺，逆识生死，察微著，究分合，别浮沉，定浅深，正饶减，详趋避"。其中的《原感应》为最重要的一篇，"盖术家惟论其数，元定则推究以儒理，故其说能不悖於道，如云水本动欲其静，山本静欲其动，聚散言乎其大势，面背言乎其性情，知山川之大势，默定於数理之外，而后能推顺逆於咫尺微茫之间。善观者以有形察无形，不善观者以无形蔽有形，皆能抉摘精奥"。此"非方技之士，支离诞谩之比也"。该书认为是蔡氏就风水堪舆之术而推究儒理之作，颇有辩证思维，非世俗术士地师所能相比（四库全书总目 [Z]. 北京：中华书局，1965）。

蔡元定还把晋代郭璞《葬书》的二十多篇删定为八篇。宋濂说：《葬书》虽是"相地之宗"，但"后世葬巫竟起而芜秽之"，蔡元定"深觉其妄增，删去十二篇而存其八"，删去者无疑是地师谬妄之言之术。元代大儒吴澄赞同却不满意，"又病蔡氏未尽蕴奥"，再做整理，将《葬书》分成内、外、杂三篇。吴澄说：《葬书》二十篇，多后人增加谬妄之说，故蔡元定删十二存八，此"为最善"，但"其所存犹不无颠倒混淆之失"，仍须整理。采用"篇分内外，盖有微意"，希望把谬妄杂秽之说仅保留在杂篇。"杂篇二，俗本散在正书篇中，或术家秘啬故乱之也，此别为篇伦类精矣"（郑谧 . 刘江东家藏善本葬书 [Z]. 琳琅秘室丛书本《自序》）。如宋濂所言："至精至纯者为内篇，精粗纯驳相半者为外篇，粗驳当去而姑存者为杂篇。"三篇内容安排泾渭分明，"诚可谓无遗憾矣"（熊伯龙 . 无何集 [M]. 北京：中华书局，1979.）。吴澄此举为儒者解读风水堪舆术提供了基本文本。

以吴澄的分内外杂篇重新刊定本为文本，元儒郑谧以儒家原理再注为《葬书注》，宋濂序认为郑氏把堪舆术纳入儒家伦理轨道，罕言与生人吉凶祸福的关系，对"葬者乘生气"从理气一元论视角作形而上的解读。"生气者即一元运化之气也，在天则周流六虚，在地则发生万物，天无此则气无以资，地无此则无以载"，故"生气藏於地中，人不可见，唯循地之理以求之，然后能知其所在"，知生气所在，则可"使枯骨得以乘之，则地理之能事毕矣"。时人也称此书乃"窃生化机要合诸心本诸理"之作（《跋》），是"自地理之宗失其传，人惑於祸福之说"，忘记"人之所以诒厥孙谋者在乎德"古训的情况下撰写的，目的是"祛世之惑"，"是推本理义而为之注, 以积德为谋地之本"，倡导积德为本，是"本之理而妙乎术"的"相地之良法"，非江湖地师"一委之术而不求之理"。因此，它乃是"儒家者流而精相地之法"者（郑谧．刘江东家藏善本葬书 [Z]．琳琅秘室丛书本）。清乾隆儒者吴元音《葬经笺注》亦以蔡、吴本为基础进行儒解，主张地术是格物致知的一支，应注以孔子之道，"地理之是非与四子五经及其周程张朱性理语类诸书本无二理"，也是一本万殊之一理。儒家若漠然无视，"谓地理之与儒理判然两途"，则"不得不授其任於庸庸碌碌鬼鬼怪怪之术"也（吴元音．葬经笺注 [M]．丛书集成本）。

此外，朱熹及门弟子曹彦约著有《舆地纲目》，元儒吴澄著《地理真诠》《地理类学》《地理书》，赵汸著《葬书问对》等，都是理气兼俱的堪舆之作。（肖美丰，朱熹风水堪舆说初探，齐鲁学刊，2010 年第 4 期）

3. 王廷相种子气论

王廷相（1474—1544 年）是明代中期官员、诗人、哲学家，官至督察院左都御史。字子衡，号浚川，时人称王浚川、浚川先生、浚川公，明朝开封府仪封县（今河南省兰考县仪封乡）人，祖籍潞州（今山西省长治市）。他的气论是上承张载，下导王夫之，是从对程朱理学的批判中建构的。

王廷相继承张载元气论，"愚谓天地未生，只有元气。元气具，则造化人物之道理即此而在，故元气之上无物、无道、无理"。[《雅述》（上）]"人与天地、鬼神、万物，一气也。"(《慎言·作圣》)世界虽然统一于元气，但是，为何有千差万别，汉代王充曾用"气量说"解释，王廷相提出元气种子论："有太虚之气，则有阴阳；有阴阳，则万物之种一本皆具。随气之美恶大小而受化，虽天之所得亦然也。阴阳之精，一化而为水火，再化而为土，万物莫不藉以生之，而其种则本于元气之固有，非水火土所得而专也。"(《慎言·道体》)"愚尝谓天地、水火、万物皆从元气而化，盖由元气本体具有此种，故能化出天地、水火、万物。"(《内台集·答何柏斋造化论》)提出"物种有定论"："万物巨细刚柔各异其才，声色臭味各殊其性，阅千古而不变者，气种之有定也。"(《慎言·道体》)同时，他把返祖现象也归于种子原因："人不肖其父，则肖其母；数世之后，必有与祖同其体貌者，气种之复其本也。"(《慎言·道体》)种子论恰恰与现代遗传论有惊人的相似。

王廷相用元气构成宇宙图式。他继承张载的"气—天—十端"气化说，在气与天之间加上阴阳二气，认为是太虚真阳之气和真阴之气化生了天。他说："盖天自是一物，包罗乎地。地是天内结聚者，且浮在水上。"(《王氏家藏集·答孟望之论慎言》)

他用"气化"解释自然现象。"星之陨也，光气之溢也，本质未始穷也，陨而即灭也。"(《慎言·地形训》)"雪之始，雨也，下遇寒气乃结。"(《慎言·地形训》)"阴遏乎阳，畜之极，转而为风。"(《慎言·地形训》)"雹之始，雨也，感于阴气之列。故旋转凝结以渐而大尔。"(《慎言·地形训》)元气内部阴阳二气之聚散和推移产生了宇宙万物,"不越乎气机聚仅而已"。(《慎言·地形训》)但他认为雷电"乃龙之类所为",有图腾论的延续。[《雅述》(下)]

王廷相发展了庄子《人间世》的"神气"论:"精也者,质盛而凝气,与力同科也;质衰则疏驰,而精力减矣。神也者,气盛而摄质,与识同科也,气衰则虚弱,而神识困矣。"(《慎言·道体》)"愚以为元气未分之时,形、气、神冲然皆具。"(《内台集·答何柏斋造化论》)"气,物之原也;理,气之具也;器,气之成也。《易》曰:'形而上者为道,形而下者为器',然谓之形,以气言之矣。故曰神与性乃气所固有者,此也。"(《慎言·道体》)他认为精神、意识亦为气本,是"冲然皆具的",故他否定"神先气后""神能御气":"愚则谓神必待形气而有,如母能生子,子能为母主耳。至于天地之间,二气交感,百灵杂出,风霆流行,山川冥漠,气之变化,何物不有?欲离气而为神,恐不可得。"(《内台集·答何柏斋造化论》)这显然是受儒家礼制影响。

在人性上,他继承张载的人性源于"天地之性",天地之性本质为"气性"。王廷相说:"神与性皆气所固有。"(《王氏家藏集·横渠理气辩》)"故离气言性,则仕无处所,与虚同归;离性论气,则气非生动,与死同途,是性之与气可以相有而不可相离之道。是故天下之性莫不于气焉载之。"(《王氏家藏集·性辩》)"性生于气,万物皆然。"[《雅述》（上）] 关于善恶，他说："天之气有善有恶，观四时风雨、霾雾、霜雹之会，与夫寒暑、毒疠、瘴疫之偏，可睹矣。"[《雅述》（上）] 圣人禀之"清明淳粹"之气，故"纯善而无恶"；愚人禀驳浊之气，故纯恶不善；中人禀"清浊粹驳"之气，故有"善恶之杂"气。气禀之不同，人性不同。

在魂魄论上，他亦继承张氏气之聚散论，在《慎言》《雅述》等文中，对鬼、魂、魄等概念予以界定："气之灵"为魂，（《慎言·道体》）"质之灵"为魄（《慎言·道体》)，鬼是"归也，散灭之义也。"（《慎言·道体》）人体由魂气和魄气合成，精神为魂气，肉体为魄气。魄气亡死化土，魂气可离体可独存。王廷相的"五行之气""四时之气""心气""风气""惠气""疫气"和"浩然之气"等皆从张氏气说。

在元气特性上，他继承张氏无形象之说，认为元气是无形无象和可直观经验的。"太古鸿蒙，道化未形，元气浑涵，茫昧无朕。不可以象求，故曰大虚。"（《王氏家藏集·答天问》）大虚就是张载的太虚。王廷相多次用太虚解释宇宙结构，气本原之"湛然清虚"状态，元气又是"无偏无待"的，"无偏"是指元气没有具体的规定性，"无待"是指元气之上无待他物。他的元气又是直观的："气虽无气可见，却是实有之物，口可以吸而入，手可以摇而得，非虚寂空冥无所索取者。"（《内台集·答何柏斋造化论》）在中："大抵阴阳，论至极精处，气虽无形，而氤氲烝蒿之象即阴，其动荡飞扬之妙即阳，如火之附物然，无物则火不见示是也。"（《答

何粹夫》）

他认为元气的第二个特征是无生无灭和无始无终的。"元气之上无物，故曰太极，言推究于至极不可得而知，故论道体必以元气为始。故曰有虚即有气，虚不离气，气不离虚，无所始无所终之妙也。"（《内台集·答何柏斋造化论》）他否定列子的气有始的观点："是气也者，乃太虚固有之物，无所有而来，无所从而去者。今日'未见气'，是太虚有无气之时矣。又曰'气之始'，是气复有所自出矣。其然，岂其然乎？元气之上无物，不可知其所自，故曰太极；不可以象名状，故曰太虚耳。"[《雅述》（上）] 这相当于否定"第一推动力"。"气至而滋息，伸乎合一之妙也；气返而游散，归乎太虚之体也。是故气有聚散，无灭息。"（《慎言·道体》）此论与质量守恒和转化理论相近。

元气的第三个特征是运动。张载的"一物两体"和阴阳二气聚散论在王廷相那里得到继承，他说："子在川上，见水之逝，昼夜不息，乃发为叹，意岂独在水哉？天道、人事、物理，往而不返，流而不息，皆在其中，不过因水以发端耳。"他用"气常"说明元气本原的永恒性，用"气变"说明元气运动的变动性，"天地之间，一气生生，而常、而变，万有不齐，故气一则理一，气万则理万"（《雅述》）"造化自有入无，自无为有，此气常在，未尝澌灭"（《太极辩》）他又用"气化"把张载的"为静为动"发展为"动静互涵"，最后被王夫之发展为"动静皆动"。"静而无动则滞，动而

无静则扰，皆不可久，此道筌也，知此而后谓之见道。"(《慎言·见闻》)

元气的第四个特征是泛生命性。他继承张载的气神之论，"且夫天地之间，何虚非气？何气不化？何化非神？安可谓无灵？又安可谓无知？"(《内台集·答何柏斋造化论》)后又发展万物有灵的泛心论，"气所郁积，靡不含灵"。[《雅述》(下)]："愚以元气未分之时，形、气、神冲然皆具。"(《内台集·答何柏斋造化论》)意思是，元气是全息混沌的"种子"，精神、知觉、道德、品性无非是元气的属性，是元气"冲然皆具"的。"精神魂魄，气也，人之生也；仁义礼智，性也，生之理也；知觉运动，灵也，性之才也。三物者，一贯之道也。"(《王氏家藏集·横渠理气辩》)气、性、灵成为一体。

元气的第五个特征是泛道德性。先秦到张载的气论伦理性，被王廷相继承，他认为，"气有清浊粹驳，则性安得无善恶之杂"？(《王氏家藏集·答薛君采论性书》)"天之气有善有恶，观四时风雨、霾雾、霜雹之会，与夫寒暑、毒疠、瘴疫之偏，可者见矣。况人之生本于父母精血之籁，与天地之气又隔一层。世儒曰人禀天气，故有善而无恶，近于不知本始。"[《雅述》(上)]这种宇宙本体是在"泛心论"上建立的，人性的起源当然也就得从本体论高度去阐述。(曾振宇，王廷相气论哲学新探——兼论中国古典气论哲学的一般性质，烟台大学学报，2001年1月，第14卷第1期)

王廷相虽是气论学者，对于风水却极力反对，痛斥朱熹。他说，"唐吕才、宋程子、司马公、张南轩皆以为谬而不信，独朱子酷以为然"，"朱子称张南轩不惑於阴阳、卜筮，奉其亲以葬，苟有地焉，无适而不可也。天下之决者何以过之"。（肖美丰，朱熹风水堪舆说初探，齐鲁学刊，2010-4）

4. 王夫之气论

王夫之（1619—1692）是与顾炎武、黄宗羲并称明清之际的三大思想家之一，字而农，号姜斋、又号夕堂，湖广衡州府衡阳县（今湖南衡阳）人。其著有《周易外传》《黄书》《尚书引义》《永历实录》《春秋世论》《噩梦》《读通鉴论》《宋论》等书。自幼随父兄读书，青年时期反清起义，晚年隐居于石船山，著书立传，自署船山病叟、南岳遗民，学者遂称之为船山先生。理气关系是王夫之哲学的基本问题，他继承张载王廷相的气论，强调理气合一的理学模式。

北宋程朱理学本就理气关系有分歧，形成唯理、唯心和唯气三派。入明之后气论渐兴，朱子的"理先气后""理本气末"和"理气决是二物"的二元倾向被修正。明初薛瑄提出"理在气中"，明中叶罗钦顺提出"理气为一物""理只是气之理"，到明末，王夫之发展为"理气一体"论。王夫之认为气是宇宙的唯一实体，理只是气之理，气外无理，其《张子正蒙注》道："阴阳二气充满太虚，此外更无他物，亦无间隙，天之象，地之形，皆其所范围也。"其《读四书大全说》道："理即是气之理，气当得如此便是理，理不先而气不后。""理不是一物，与气为两"，天人之蕴，只是一气而已。理气一体，改变了朱子二分论，也否定了佛老"空""无"本体论。《读四书大全说》又道："理只在气上见"，指出"理本非一成可执之物，不可得而见；气之条绪节文，乃理之可见者也。故其始之有理，即于气上见理；迨已得理，则自然成势，又只在势之必然处见理"，认为"唯化现理"，言心言性，言天言理，皆基于气上。

朱子认为"理一分殊"，罗钦顺认为"理气为一物"，反对"认气为理"，主张"就气认理"。王夫子《张子正蒙注》道："天惟健顺之理充足于太虚而气无妄动，无妄动，故寒暑化育无不给足，而何有于爽忒。""气化有序而亘古不息，惟其实有此理也。"天地变化无常却具有条理，原因是气本身的健顺之理，在《读四书大全说》中说："气原是有理底，尽天地之间无不是气，即无不是理也。"而理则是气之"一阴一阳、多少分合，主持调剂者"。于是，他在推论出："理者，天所昭著之秩序也。"（《张子正蒙注》）

他说："凡言理者有二：一则天地万物已然之条理，一则健顺五常、天以命人而人受为性之至理。二者皆全乎天之事。"（《读四书大全说》）"健顺"是阴阳之气具有的"良能"，即"乾健坤顺"，"良能"是人的德行，五常是指仁义礼智信。他指出告子之误不在"认气为性"，而在"但知气之用，未知气之体""言气即离理不得。所以君子顺受其正,亦但据理,终不据气。""理与气互相为体,而气外无理,理外亦不能成其气,善言理气者必不判然离析之。"(《读四书大全说》)。理气是体用关系,理为气之体,气为理之用。王夫之把"一体二分"称为"两端而一致"(王夫之,《老子衍》)。

体用关系应用于阴阳,"道以阴阳为体,阴阳以道为体,交与为体,终无有虚悬孤致之道"。(王夫之,《周易外传》)"天以其阴阳五行之气生人,理即寓焉而凝之为性。故有声色臭味以厚其生,有仁义礼智以正其德,莫非理之所宜。声色臭味,顺其道则与仁义礼智不相悖害,合两者而互为体也。"(《张子正蒙注》)又有"形色与道,互相为体,而未有离矣。""是故性情相需者也,始终相成者也,体用相涵者也。性以发情,情以充性。始以肇终,终以集始。体以致用,用以备体。"(王夫之,《周易外传》)

在理气关系和阴阳关系上,王夫之提出"太和""至和""保和""和合"之法,他在《张子正蒙注》中说:"太和,和之至也。……阴阳异撰,而其絪缊于太虚之中,合同而不相悖害,浑沦无间,和之至矣。未有形器之先,本无不和,既有形器之后,其和不失,故曰太和。""太和之中,有气有神。神者非他,二气清通之理也。不可象者,即在象中。阴与阳和,气与神和,是谓太和。"太和是"未有形器之先,本无不和,既有形器之后,其和不失"。形器的分途使万物失和,只有处于"和合"共同体才能"其和不失",

"保合太和"，与太虚（天）同体，"停凝浑合得住那一重合理之气，便是'万物资始，各正性命，保合太和'底物事"（《读四书大全说》）。"保合太和"，天地万物方得生生不息、各正性命，社会才能长治久安。紫禁城三大殿太和殿、中和殿和保和殿就源自于此。(本文根据徐荣米二人之文改写。徐荣梅，米文科，王夫之气论哲学的逻辑结构与定位，兰州学刊，2011，9)

对于堪舆之说，王夫之持反对态度，说"自宋以来，闽中无稽之游士，始创此说以为人营葬。伯靖父子习染其术，而朱子惑之，亦大儒之疵也"。(思问录 [M]. 北京：中华书局，1983.) (肖美丰，朱熹风水堪舆说初探，齐鲁学刊，2010-4)

第4节　堪舆气论

中国气论的泛化，使得气堪舆术对相地的考量，有了哲学的基础，即道的层面，而堪舆术则广泛地应用气论于操作层面。王玉德先生的《堪舆气说十题》是最为全面的阐述。

1. 元气说

"元气"，指产生和构成天地万物的原始物质，始见于先秦哲学著作《鹖冠子·泰录》："天地成于元气，万物成于天地。"元，通"原"，"始也"(《说文》)，指天地万物之本原。元气说是人们认识自然的世界观，其产生可追溯至老子之"道"，基本形成于战国时期宋钘、尹文的"心气说"(即"气一元论")，班固等撰的《白虎通义·天地》:"天地者，元气之所生，万物之祖也。"东汉末年王充的"元气自然论"，其《论衡》"元气未分，浑沌为一"，"万物之生，皆禀元气"，北宋张载的"元气本体论"，明代王廷相称"天地未判，元气混沌，清虚无间，造化六元机也"，均为对先秦元气说的继承与发展。元气学说以元气作为构成世界的基本物质，以元气的运动变化来解释宇宙万物的生成、发展、变化、消亡等现象。

元气说具有朴素的唯物主义哲学思想，在中国古代哲学史上占有极其重要的地位，并对自然科学的发展产生了深刻的影响。元气学说作为一种自然观，是对整个物质世界的总体认识。因为人的生命活动是物质运动的一种特殊形态，故元气学说在对人地万物的生成和各种自然现象作唯物主义解释的同时，还对人类生命的起源以及有关生理现象提出了朴素的见解。基于元气学说的对人类生命的认识，即是"元气论"。元气论对中医学、气功学理论体系的形成和发展，都产生了极大的促进作用。

元气有六义，第一，指天地未分前的混沌之气。第二，泛指宇宙自然之气。第三指人的精神，即精气。第四，指国家或社会团体得以生存发展的物质力量和精神力量。第五，作为中医学名词。第六，作为中国哲学术语，指构成万物的原始物质。

2. 精气说

精气，生命的本源。《易·系辞上》:"精气为物，游魂为变，是故知鬼神之情状。"孔颖达疏:"云精气为物者，谓阴阳精灵之气，氤氲积聚而为万物也。"《管子·内业》认为"精气"(有时亦单称"精")"下生五谷，上为列星"，是世界的本原。后来的思想家大多都把精气看作一种构成人生命和精神的东西。东汉王充说:"人之所以生者，精气也。"(《论衡·论死》)清戴震说:"知觉者，其精气之秀也。"(《原善·绪言下》)。

精也称精气，是构成人体的基本物质，也是人体生长发育及各种功能活动的物质基础。故《素问·金匮真言论》中说:"夫精者，生之本也。"肾藏精，是肾的主要生理功能。包括"先天之精"和"后天之精"两部分。先天之精即是人体的基本物质。

"先天之精"，即先天而有，与生俱来，是禀受父母的生殖之精。它是构成胚胎发育的原始物质，具有生殖、繁衍后代的基本功能，并决定着每个人的体质、生理、发育，在一定程度上还决定着寿命的长短。在出生离开母体后，这精就藏于肾，成为肾精的一部分，它是代代相传、繁殖、生育的物质基础。

第一，指生殖之精。《素问·上古天真论》："二八，肾气盛，天癸至，精气溢泄，阴阳和，故能有子。"《素问·上古天真论》："此虽有子，男不过尽八八，女不过尽七七，而天地之精气皆竭矣。"

第二，精气是构成生命和维持生命的基本物质和功能体现。《素问·生气通天论》："阴平阳秘，精神乃治，阴阳离绝，精气乃绝。"

第三，精气是水谷之精微。《素问·奇病论》："夫五味入口，藏于胃，脾为之行其精气。"《素问·经脉别论》："饮入于胃，游溢精气，上输于脾。"

第四，精气指五脏之气。《素问·宣明五气篇》："五精所并，精气并于心则喜，并于肺则悲。"

第五，精气是精和气的合称。《素问·调经论》："人有精气津液，四支九窍，五脏十六部，三百六十五节，乃生百病。"《东周列国志》第一回："太史奏道：'神人下降，必主帧祥，王何不请其釐而藏之？釐乃龙之精气，藏之必主获福。'"

第六，精气指日月星辰。《素问·五运行大论》："虚者，所以列应天之精气也。"

第七，精气指精阳之气。《素问·奇病论》："其母有所大惊，气上而不下，精气并居，故令子发为颠疾也。"王冰注："精气，谓精阳之气也。"

第八，精气指正气。《素问·通评虚实论》："邪气盛则实，精气夺则虚。"《素问·调经论》："按摩勿释，出针视之，曰我将深之，适人必革，精气自伏，邪气散乱。"

第九，精气又指精神。《素问·五藏别论篇》："所谓五藏者，藏精气而不泻也。"林亿等《新校正》云："按全元起本及《甲乙经》、《太素》'精气'作'精神'。"时贤胡天雄《素问补识》云："其实古代精、气、神三字是通用的，精气、精神可以互用。'精神内守'即'精气内守'，'精神乃治'即'精气乃治'。《三十六难》'谓精神之所舍'即'谓精气之所舍'。《史·扁鹊传》'精神不能止邪气'即'精气不能止邪气。'"《素问·上古天真论》："精神内守，病安从来。"王冰次注："精气内持，故其气从，邪不能为害。"《素问补识》："天雄按：王注精神为精气，与邪气为对待，与《史记·扁鹊传》'精神不能止邪气'，精邪对举同。《内经》中凡精神即精气。"

3. 真气说

真元之气，由先天之气和后天之气结合而成，道教谓为"性命双修"所得之气，其相辅相成可修炼成气功。依中医理论，真气是维持人体生命活动最基本的物质，人之有生，全赖此气。

真气有多义。

第一，指人体的元气，生命活动的原动力，先天之精为生命之气。由先天之气和后天之气结合而成，道教谓为"性命双修"所得之气，其相辅相成可修炼成气功。《素问·上古天真论》："恬惔虚无，真气从之；精神内守，病安从来？"《素问·离合真邪论》："真气者，经气也。"又："候邪不审，大气已过，泻之则真气脱，脱则不复。"唐王维《贺元元皇帝见真容表》："臣闻仙祖行化，真气临关；圣人降生，祥光满室。"宋苏轼《上神宗皇帝书》："不善养生者，薄节慎之功，迟吐纳之效，厌上药而用下品，伐真气而助强阳，根本已危，僵仆无日。"明陈汝元《金莲记·郊遇》："三昧上真气已全，百炼中凡心俱净。"

真气有时作为正气，与"邪气"相对而言《灵枢·邪客》："如是者，邪气得去，真气坚固，这是谓因天之序。"真气在中医上又作为肾气，《素问·评热病论》："真气上逆，故口苦舌干，卧不得正偃，正偃则咳出清水也。"

第二，指刚正之气。清蒋士铨《临川梦·送尉》："英雄欺世，久之毕竟难瞒，胸中既无真气蟠，笔下焉能力量完！"侯方域《祭吴次尾文》附清徐作肃评："缠绵呜咽，全是一团真气。此等文正以不必剪裁为佳。"

第三，特指帝王的气象。唐杜甫《送重表侄王砅评事使南海》诗："秦王时在座，真气动户牖。"

4. 阴气和阳气

阴阳哲理自身具有三个特点：统一、对立和互化。在思维上它是算筹（算数）和占卜（逻辑）不可分割的玄节点。

自然界中生物的基因，人工智能中的二进制都充分彰显了阴阳的生命力。阴阳是中国古代文明中对蕴藏在自然规律背后的、推动自然规律发展变化的根本因素的描述，是各种事物孕育、发展、成熟、衰退直至消亡的原动力，是奠定中华文明逻辑思维基础的核心要素。概括而言，按照易学思维理解，其所描述的是宇宙间的最基本要素及其作用，是伏羲易的基础概念之一。阴阳有四对关系：阴阳互体，阴阳化育，阴阳对立，阴阳同根。传统观念认为，阴阳，代表一切事物的最基本对立关系。它是自然界的客观规律，是万物运动变化的本源，是人类认识事物的基本法则。阴阳的概念源自古代中国人民的自然观，古人观察到自然界中各种对立又相联的大自然现象，如天地、日月、昼夜、寒暑、男女、上下等，便以哲学的思想方式归纳出"阴阳"这概念。

把阴阳当成气源于周朝，《国语·周语》载，周幽王二年（前 780 年）地震，大夫伯阳父认为是"夫天地之气，不失其序，若过其序，民乱之也。阳伏而不能出，阴迫而不能蒸，于是有地震"。《老子》道："万物负阴而抱阳，冲气以为和。"阴阳二气互感而和，再生万物。

《易·系辞上》："阴阳不测之谓神。"阴气和阳气的运行是不可测，但是堪舆也称卜筑，是为了测阴阳，即找出阴阳交感发生的规律。《诗·大雅·公刘》："相其阴阳，观其流泉。"记载的是周朝先祖公刘测阴阳的择址活动。《楚辞·九歌·大司命》："乘清气兮御阴阳。"王逸注："阴主杀，阳主生。言司命常乘天清明之气，御持万民死生之命也。"御阴阳则超越了测阴阳和相阴阳，而到了运用阴阳的阶段。《管子·形势解》道："春者，阳气始上，故万物生。夏者，阳气毕上，故万物长。秋者，阴气始下，故万物收。冬者，阴气毕下，故万物藏。"阴阳二气造成季节变化，季节变化造成万物的变化。三国时地师管辂在《管氏地理指蒙》中道："一气积而两仪分，一生三而五行具。吉凶悔吝有机可测，盛衰消长有度而不渝。""气著而神，神著而形。"

堪舆师被称为阴阳师就是因为他擅长调整阴阳关系。阴阳师充分利用自然的阴阳道理从事人居和灵居的构建活动。阴阳被作如下规定：明为阳，暗为阴；天为阳，地为阴；南为阳，北为阴；山为阳，水为阴；住宅为阳，葬地为阴；动为阳，静为阴；刚为阳，柔为阴；生为阳，死为阴。《黄帝宅经》道："凡阳宅，即有阳气抱阴，阴宅即有阴气抱阳。阴阳之宅者，即龙也。"文中阳宅指向阳之宅，阴宅指背阴之宅。住宅应阴阳相济，阳宅应有阴处，阴宅应有阳处。

在易经中太极生两仪，两仪就是阴和阳。太极是气，那阴阳也就是气了。阴阳是世上万物的两个方面。《易传》说："一阴一阳为之道。"清代地师李德鸿在《珠神真经》中道："有变化而后谓之龙，有阴有阳而后能变化。盖地为道，大小高低，屈伸阖辟相荡而成形；刚柔险夷强弱老少相资以为用，总之皆阴阳也。阴阳变而为五行，五行变而为七曜九星，分合互乘，正变杂出，动静相生，隐显不一。"阴阳互根，阴阳渐变，阴阳转化，阴阳平衡，是阴阳对立的四个方面，此为气说的精髓，成为堪天舆地的哲学基础。《园冶》中的定厅堂为先，且"妙在朝南"，就是厅堂朝阳。

每一个地方的阴阳应该平衡，不管是阴气多了还是阳气过了，都成为害，阳盛称亢阳，阴盛称：身体不好，有缺阴阳二者，有阴阳不调者。故阴阳二气和谐最为重要，所以老子说："万物负阴抱阳，冲气以为和。"负阴抱阳成为堪舆阴阳论的体现。这里的阳气指是太阳的阳，庭院明堂也是指受太阳照射的区域，建筑明堂也是指受太阳照射的区域。反之，暗堂则指阴影之下的区域。在景观设计中，庭院以居住会客为主的房间为主，故房内阴气较重，庭院就应成为纳阳气之所，不应多种大树，以小灌木花卉为主。像江南地区，很多天井之下，一树不种，以纳天气、阳气。但是，广场设计中，很多未种一树，则四季阳光普照，阳气过盛。冬天风过无阴，夏天阳照无篷，非常不利。故在中国传统中，是没有现代所谓的广场，广场是西方在现代才传进中国的一种园林类型，从阴阳上讲，是一种不调的场所。从阴阳与人的性格关系上看，受阳气多者易阳光快乐，受阴气多者，易阴郁不乐。因此，一个园林户外场地与建筑户内场地应有一定比例，即使是户外场地，也应有纳阳之气的场地和遮阳纳晾之所。

5. 五行之气

阴阳、五行、八卦三个理论形成于不同时间，由不同的人发明。阴阳理论是最早发现的理论，是五行和八卦理论的基础。五行指古人把宇宙万物划分为五种性质的事物：木、火、土、金、水。最早见于《尚书·洪范》："五行：一曰水，二曰火，三曰木，四曰金，五曰土。水曰润下，火曰炎上，木曰曲直（弯曲，舒张），金曰从革（成分致密，善分割），土爰稼穑（意指播种收获）。润下作咸，炎上作苦，曲直作酸，从革作辛，稼穑作甘。"《尚书》是中国最早的散文总集或公文总集。可见，宇宙万物分五行的理论早于此书的形成。五类事物的性质与特征在此第一次被界定。

后人又创造了五行之间相生相克的理论。相生，是指两类属性不同的事物之间存在相互帮助、相互促进的关系，具体是：木生火，火生土，土生金，金生水，水生木。相克，则与相生相反，是指两类不同五行属性事物之间的关系是相互克制的，具体是：木克土，土克水，水克火、火克金、金克木。

若生克制化关系失常，则事物的协调性便遭到了破坏，从而出现反常的变化现象，在自然界则表现为自然灾害，在人体则表现为疾病。五行间反常现象分亢乘和反侮。亢乘，物盛极为亢太过。凡事物亢极则乘。乘，乘虚侵袭，强而欺弱，相克太过。反侮，五行中并不只存在着顺克，有时也会出现逆克，如旺克衰，强克弱的现象。如：土旺木衰，木受土克；木旺金衰，金受木克；水衰火旺，水受火克；土衰水旺，土受水克；金旺火衰，火受金克，这种逆克，叫反克也称反侮。反侮，反过来欺侮。

五行与气相结合，表明两大哲学体系的有机结合。《管子·侈靡》论五行之气，"天地之气有五，不必为沮，其亟而反，其重陔动毁之进退，即此数之难得者也"。即五行之气属于天地之气，分五类，并没有说是五行，可能暗指。宋代王安石在《洪范传》中阐述了五行之气产生于阴阳二仪，"道立于两，成于三，变于五"，显然是老子思想的注解。既然阳阳有气，则五行也有气。他认为是阴气、阳气和冲气三者构成五行之气。阳气初动而散风生木，动之极则发热生火；阳气凝止，阴气初止而气燥生金，止之极则天寒生水。宋张君房《元笈七签·元气论》道："一含五气，软气为水，水数一也；温气为火，火数二也；柔气为木，火数三也；刚气为金，金数四也；风气为土，土数五也。"张氏五气又是对五行性质的延伸，水属软气，火属温气，木属柔气，金属刚气，土属风气。

道家把气称为炁（qì），按颜色、方位、四时和帝君进行了规定，明确了统属关系：

东方天，木炁所主，色青，属青龙位，司春，由青帝所管。

南方天，火炁所主，色赤，属朱雀位，司夏，由炎帝所管。

西方天，金炁所主，色白，属白虎位，司秋，由金帝所管。

北方天，水炁所主，色黑紫，属玄武位，司冬，由黑帝所管。

中央天，土炁所主，色黄，司四季，由黄帝所管。

五行还与气、味、脏、德、窍、志、养、欲、音、声、液、元、物、牲、星、数对应，构架起事物完整五分系统（表18-1）。

表18-1　五行配属表 *

五行	金	木	水	火	土
五色	白	青	黑	赤	黄
五位	西	东	北	南	中
五时	秋	春	冬	夏	长夏
五神	白虎	青龙	玄武	朱雀	太极穴
五帝	金帝	青帝	黑帝	炎帝	黄帝
五气	燥	风	寒	热	湿
五味	辛	酸	咸	苦	甘
五脏	肺	胆	肾	心	脾
五贼	怒	喜	哀	乐	欲
五德	义	仁	智	礼	信
五窍	鼻	目	耳	舌	口
五志	魄	魂	志	神	意
五养	臭	色	声	味	饮食
五欲	欲臭	欲色	欲声	欲味	欲饮食
五音	商	角	羽	徵	宫

* 根据百度百科资料整理。

续表

五声	哭	呼	呻	笑	歌
五液	涕	泪	唾	汗	涎
五元	元情	元性	元精	元神	元信
五物	鬼魄	游魂	浊精	识神	妄意
五牲	犬	鸡	豕	羊	牛
五星	太白	岁星	辰星	荧惑	镇星
河图五数	四九	三八	一六	二七	五十

堪舆学对万事和万物关系依据的最终判定有两条：阴阳平衡和五行生克。《管氏地理指蒙》的"五行祥诊篇"载："布于天为五星，分于地为五方，行于四时为五德，布于律吕为五声，发于文章为五色，总其精气为五行，人灵于万物禀秀气而生。《易》曰：天数五，地数五，天地之数五十有五，故万物皆感五气而生。"该书的"三吉五凶篇"以五行分山水之凶形，"瀑、潦、浊、濑、滩五节也；疾厄伤痕、生离死别、刑辟患难、夭折鳏寡、暴败猖狂五凶也；伏噲二黑、游魂四绿、绝体三碧、五鬼五黄、绝命七赤五凶也；堆沙罅石、深谷穷源、高峭险通（另有逼）、低陷卑寒、脱露凋零五凶也；山高水倾、山短水直、山逼（另有通）水割、山乱水分、山露水反五凶也；池沼无源、田陆短促、坑壕潦涸、滩激喧嘈、洲移渚易五凶也；阳发阴行、阴来阳往、阳钳阴流、阴流阳坼、阳坼阴没五凶也；水山流坤、火山流艮、木山流乾、金山流巽、土山流壬五凶也"。虽然属于

机械分类，但可以看出，先人对于有害环境的总结，既有哲学基础，也有操作方法，给地师们择址和业主造景带来极大的便利。

6. 营气与卫气

生命起源于天地，《素问·阴阳离合论》："天复地载，万物方生。"人不过是万物之一，生命灵长。《素问·宝命全形论》："人以天地之气生，四时之法成。"人是天地之气的产物，从此人与气有了关系。

中医发现，人的生命维持能源之一就是空气，称天气，之二是食物，称地气。把呼吸称为"呼吸天气"，把饮食称为"水谷地气"。《素问·六节藏象论》道："天食（同饲，笔者注，下同）人以五气，地食人以五味"，呼吸以纳天气，饮食以纳地气。《素问·宝命全形论》道："天地合气，命之曰人。"天地之气在人体内化生成可直接利用的营卫之气，从而实现了天地之气向人气的转化。

从气的来源可知，营卫之气是天地合气的产物，故营气和卫气既含水谷的地气又含呼吸的天气。中医把两气合称为宗气。宗气指胸气、大气、胸中大气。宗气积于胸中，是以肺从自然界吸入的清气和脾胃从饮食中运化而生成的水谷精气为其主要组成部分，相互结合而成。宗气的生成直接关系到一身之气的盛衰。宗气在胸中积聚之处，《灵枢·五味》称为"气海"，又名为膻中。《灵枢·邪客》说："宗气积于胸中，出于喉咙，以贯心脉，而行呼吸。"宗气一方面上出于肺，循喉咙而走息道，推动呼吸；一方面贯注心脉，推动血行。三焦为诸气运行的通道，宗气还可沿三焦向下运行于脐下丹田，以资先天元气。此外，《灵枢·刺节真邪》中还指出宗气可由气海向下注入气街（足阳明经脉的腹股沟部位），再下行于足。

《灵枢·营卫生会》道："人受气于谷，谷入于胃，以传于肺，五脏六腑皆以受气，其清者为营，浊者为卫。"营卫之气跟宗气一样都是在肺中形成的，《素问·阴阳应象大论》："天气通于肺"。宗气能"贯心脉"；营气却能"行脉中"，营气为宗气之使，又是最富有营养成分的气，而天气（氧气）也是不可或缺的营养成分之一，故营气中含有天气。

《灵枢·营卫生会》道，卫气与营气虽然是"营在脉中，卫在脉外"，但却"阴阳相贯"，内外相通。天气不仅在血脉之内，而且出于血脉之外，故卫气中也含有天气，熊笏在《中风论》中道："卫气，乃合呼吸天气与饮食地气所生。"何梦瑶在《医碥》中道："气一耳，以其行于脉外，则曰卫气；行于脉中，则曰营气；聚于胸中，则曰宗气。名虽有三，气本无二。"

营卫之气有升化为宗气的可能。如《简明中医词典》便把宗气解释为"总合水谷精微化生的营卫之气与吸入之大气而成"；莫文泉在《研经言》中也说："二气合行于心肺之间，则积而为宗气。""元气的组成，以肾中所藏的精气为主，依赖于肾中精气所化生。肾中精气以受之于父母的先天之精为基础，又赖后天水谷精气的培育"，但水谷"浊"气不能直入肾，须化营卫"清"气间接入肾。故培补肾中精气的物质实为营卫之气。杜国平认为，心肺的营卫之气可以在君火的作用下与肺吸入的天气再结合升化成宗气；双肾中的营卫之气又可以在相火的作用下与肾中所藏的先天精气再结合升化成元气。故人体内的宗元营卫四气实际上无一例外地都是天地合气的产物。

《灵枢·岁露》道："人与天地相参，与日月相应。"人体也是小宇宙，有天（上命门）生天气（宗气），天气有使（营气）行其事；有地（下命门）生地气（元气），地气也有使（卫气）行其事；有万物（脏腑经络），万物也有生生不息之气（生气）。

《素问》道："天复地载，万物方生。"人体的宗气在上如天气，率营血运于血脉，对滋养腑经络，提供物质保障；元气在下如地气，激发卫气护卫于血脉之外，温煦推动脏腑经络，提供动力保障。只有宗元之气充沛，营卫之气运行正常，才有脏腑经络等组织器官的勃勃生机（生气）。中医教科书道："所谓'脏腑之气'和'经络之气'，实际上都是元气所派生的，是元气分布于某一脏腑或某一经络，即成为某一脏腑或某一经络之气，它属于元气的一部分，是构成各脏腑、经络的最基本的物质，又是推动和维持各脏腑、经络进行生理活动的物质基础。"杜国平指出，"元气"

应改成"真气"（即宗元两气），更能全面和更准确地反映"真气"与"生气"的密切关系。

各脏腑经络的功能活动反过来是以阴阳的对立统一、五行的生克制化以及气机的升降出入等方式密切配合，使营卫之气得以生成、输布，宗元之气得以储存、释放，实现了人体内部诸气的联系。营卫之气与宗元之气在一定条件下又可互相转换，当营卫之气不足时（如空腹状态），宗元之气可转换为营卫之气以补充之；当营卫之气有余时（如饱食状态），营卫之气又可在上下命门之君相真火的作用下转换成宗元之气储存于上下气海以为后备。人体内外诸气就是这样周而复始地无限循环，以维持人体的生命活动。循环一旦脱节或终止，生命则无以维系。（杜国平，全息气论——谈谈人体内外诸气的联系规律，井冈山医专学报，2001.3）

中医学"天地人合一"的整体源于道家三态一体和三态转化。天地之气与人气的密切关系决定了人与自然的全息性；真气与生气的密切关系决定了人体自身的全息性。

中医强调的是元气在人体内如何运行，于是，从源、运上衍生出了宗气、营气和卫气的理论，又通过真气、生气与堪舆达到统一。堪舆要回答生死和如何生得久两个问题。要回答这两个问题，必须运用气论。《庄子·知北游》道："人之生，气之聚也。聚则为生，散则为死。"庄子把气的聚散作为生死的判别依据。晋代葛洪在《抱朴子·至理》

中道:"夫人在气中,气在人中,自天地至于万物,无不须气以生者也。"王充把人的五行之气与五常对应,试图建构气的伦理观,《论衡·物势篇》道:"一人之身,含五行之气,故一人之行,有五常之操。"人的禀气决定了德行。

堪舆学认为,人本于五气之融结,骨肉是五气之清浊,魂魄是五气之变化,生死是五气之运动。埋葬入土是返本归原,人土关系是气的关系。一方水土养一方人,山气多男,泽气多女,障气多暗,风气多聋,林气多癃,木气多伛,岸下气多肿,石气多力,险阻气多瘿,暑气多夭,寒气多寿,谷气多痹,邱气多狂,衍气多仁,陵气多贪。[王玉德,堪舆气说十题,华中师范大学学报(哲社版)1995-1]

人有先天之气和后天之气。气作为人体腑脏和机体功能的能源,阴阳之间、五行之气的质和量的变化都会影响身体健康,故堪舆与中医在气上,常借中医的名词,如气虚、气滞、气逆、毒气、虐气、恶气、淫气、邪气,来形容环境气的弊端。

7. 生气与死气

生气具有多种意思,一是指活力,生命力,生机;二是指发怒,因不合心意而不愉快。气论中将生气简称为气,亦名内气、五气、阴阳之气。生气具有多个出处,其中以下五种都被堪舆所借用。第一,使万物生长发育之气。《礼记·月令》:"〔季春之月〕是月也,生气方盛，阳气发泄，句者毕出，萌者尽达，不可以内。"《韩诗外传》卷一："故不肖者精化始具，而生气感动，触情纵欲，反施乱化，是以年寿亟夭而性不长也。"《新唐书·王綝传》："方春木王，而举金以害盛德，逆生气。"明谢肇淛《五杂俎·人部二》："葬地大约以生气为主，故谓之龙经。"

第二，指活力；生命力。唐司空图《二十四诗品·精神》："生气远出，不著死灰。"清龚自珍《己亥杂诗》之一二五："九州生气恃风雷，万马齐喑（yīn）究可哀。"

第三，指气概昂扬。《国语·晋语四》："未报楚惠而抗宋，我曲楚直，其众莫不生气，不可谓老。"清刘道开《岳庙》诗："才过张韩天若忌，心同龙比主难孚。金戈铁马公生气，绿水青山宋旧都。"

第四，指活人的气息、精气。《后汉书·陈龟传》："孤儿寡妇，号哭空城，野无青草，室如悬磬，虽含生气，实同枯朽。"唐曹邺《过白起墓》诗："夷陵火焰灭，长平生气低。"《七国春秋平话》卷下："傲等正拜告间，蓦闻哮吼一声，向傍洞里，两只白头大虫，闻有生气，大虫出。"清纪昀《阅微草堂笔记·姑妄听之四》："男鬼不能摄人精，则杀人而吸其生气，均犹狐之采补耳。"

第五，用以指生灵。《陈书·世祖纪》："梁室多故，祸乱相寻，兵甲纷纭，十年不解，不逞之徒虐流生气，无赖之属暴及徂魂。"

第六，犹元气。《难经·八难》："寸口脉平而死者，生气独绝於内也。"

说出生气意义的是清代李德涪的《珠神真经》："生气者，生生不息之谓也。譬之人身，充体皆气，惟鼻之气呼吸不息而后能生人。盖鼻之气统诸气之会以施其出入，而地之气犹是矣。然地之气呼吸无以见，必以脉以星而见也。夫地脉以吸之，星以吸之，有脉而吸之，可知有星而呼也，可知有呼吸而生生不息也。"呼吸之气作为生气之源，统驭诸气。而地也可以呼吸，即地气。生气是生生不息的象征。

而传统地理生气之意源于郭璞《葬书》，尽管它不是第一个提出生气者。《葬书》开篇就道："葬者，藏也，乘生气也。"葬的目的是为了乘生气。乘是借用了坐车理念。乘车与驾车的区别在于目的和主体的差异。乘车是为了到达目的地，而驾车是为了送车上的人或物。乘表明了生气非自有，为天地所有，利用葬而乘机得到。《葬书》又说："夫阴阳之气，噫而为风，升而为云，降而为雨，行乎地中，谓之生气。生气行乎地中，发而生乎万物。"第一说明了生气的来源是阴阳二气。第二说明了生气是在阴阳二气的运动产生。第三说明了生气是最后从"地"中出来。第四说明了生气可生万物。《葬书》又说："盖生者气之聚，凝结者成骨，死而独留。故葬者，反气纳骨，以荫所生之道也。经曰：气感而应，鬼福及人。"第一，说明人死气留。第二，葬以荫生。第三，气感可及人。

《葬书》又说："木华于春，粟芽于室，气行乎地中。

其行也，因地之势。其聚也，因势之止。古人聚之使不散，行之使有止，故谓之风水。"说明"行乎地中"的气可"因地之势"而行走，而停止，而会聚。故风水之法是为了使气聚而不散，行而有止。

《葬书》道："土者，气之母，有土斯有气。气者，水之母，有气斯有水。故藏于涸燥者，宜深。故于坦夷者，宜浅。经曰：土形气行，物因以生。"此段阐述了气、土、水、形、物之间的关系。土是气之母，气是水之母。气在燥地深，在平地浅，说明土的形影响了气的位置，万物可以因气而从土中生长。

《葬书》道："支之所起，气随而始，支之所终，气随而终。观支之法，隐隐隆隆，微妙玄通，吉在其中。经曰：地有吉气，土随而起，支有止气，水随而比。势顺形动，回复始终，法葬其中，永吉无凶。"择地时观形而知气。气随山龙而行走，支龙从主龙发脉，气即分始，支脉停止，气即终止。故看支脉起止，方能得知吉气的行踪。

《葬书》道："故葬者原其所始，乘其所止。""乘金相水，穴土印木，外藏八风，内秘五行，天光下临，地德上载，阴阳冲和，五土四备。""玄通阴阳，功夺造化。"乘生气就是乘支龙所停止的地方。从五行来说，是"乘金相水，穴土印木"。穴地必须围合，以避"八风"，以运"五行"。如此之地，方是"阴阳冲和"的平衡之地。郭氏认为三吉地首推"阴阳冲和"，其实就是阴气与阳气和谐相感。

《葬书》又提出五不葬之处，本质上也是气不得生："山之不可葬者五：气以生和而童山不可葬也；气因势来而断山不可葬也；气因土行而石山不可葬也；气以势止而过山不可葬也；气以龙会而独山不可葬也。童断石过独，生新凶，消已福。"童山因气不得生，断山因气不得来，石山因无土可行（交通工具），过山因气不得止，独山因气不得会。

《葬书》的形势观指出："千尺之势，宛委顿息，外无以聚内，气散于地中。"穴地纵有千尺之势，若无内聚，气会因场地过大而"散于地中"，故不可择址也。《葬书》败椁篇指出："盖噫气为能散生气，龙虎所以卫区穴。叠叠中阜，左空右缺，前旷后折，生气散于飘风。经曰：腾漏之穴，败椁之藏也。"败椁原因是生气飘散，该类穴称为腾漏之穴。

《葬书》朱雀篇道："以水为朱雀者，衰旺系乎形应，忌乎湍激。谓之悲泣。朱雀源于生气，派于未盛，朝于大旺，泽于将衰，.流于囚谢。法每一折，潴而后泄，洋洋悠悠，顾我欲留，其来无源，其去无流。"朱雀即水，故家居或墓地称朱雀池。水是气所生，水源就是生气。源、派、朝、泽、流是气的生、长（未盛）、旺、衰、谢（死）的五种状态。设计水系的原则是曲折来去，积蓄为池，先停后离，离去曲折，回顾穴场，来无影，去无踪。郭氏水法实是气法，对家居和墓地的水景设计持续近两千余年。

园林五要素：山、水、石、屋、木，木就是树，是生命系统的重要组成部分，是生物链的底层。在江南园林中，把明堂的庭院植物当成生气的重要因素，是因为植物本身就是生命。它的生机勃勃是生气的直观反映。曲阜孔子家族世代种树，在 200 公顷的地方种十万株树，就是植树生气论。江南园林的另一个特征是把水当成明堂的重要因素，水明堂成为常态，如网师园、拙政园、狮子林、绮园等都在园林主体建筑之南做朱雀池，认为水是生气转化而来，水的积聚就是生气的聚集。动物也是自然环境中生命系统的标志物。若动物多，说明生态系统平衡，无论阴宅阳宅都是宜用之地。《禹贡》《山海经》《管子》《吕氏春秋》等提出不砍树木，不捕飞禽走兽，都是种生气、留生气的重要举措。《园冶》"立基篇"道："凡园圃立基，定厅堂为主。先乎取景，妙在朝南，倘有乔木数株，仅就中庭一二。"说明厅堂前的中庭有乔木一二，与植物生气论不谋而合。

堪舆生气论是气论的泛化用于择址和营造，为了强调气泛化的效果，附会了很多禁忌，是一气元论的绝对化表现。唐吕才奉御批删《葬书》时提出："朝市迁变，不得预测于将来；泉石交侵，不可先知于地下。"（《旧唐书·吕才传》）说的是人之祸福不是由安葬决定，祸福不可传递。

生气是有时空逻辑的。《黄帝宅》道：正月生气在子癸方，二月在丑艮方，三月在寅甲方，四月在卯乙方，五月在辰巽方，六月在乙丙方，七月在午丁方，八月在未坤方，九月在申庚方，十月在酉辛方，十一月在戌朝方，十二月在亥壬方。四季太阳出没位置不同，生气位置不同，说明生气方位本质是太阳的阳气。《素问·诊要经终论》道:"正月二月,天气始方,地气始发,人气在肝。三月四月,天气正方,地气定发,人气在脾。五月六月,天气盛,地气高,人气在头。七月八月,阳气始杀,人气在肺。九月十月,阴气治冰,地气始闭,人气在心。十一月十二月,冰复地气合,人气在肾。"春气通肝,夏气通心,秋气通肺,冬气通肾。春夏养阳气,秋冬养阴气。人气所在肝、脾、头、肝、心、肾六位分别对应四时中两个月,强调适时的定位治疗,原理是天气和地气的盛衰,即阳气的盛衰。六位实是关键部位,若失调则易造成各种疾病。

中医又道:东方生风,风生木,木生酸,酸生肝,肝生筋,筋生心;南方生热,热生火,火生苦,苦生心,心生血,血生脾;西方生燥,燥生金,金生辛,辛生肺,肺生皮毛,皮毛生肾;北方生寒,寒生水,水生咸,咸生肾,肾生髓,髓生肝;中央为本,为黄为土,生胃和三焦。病与方位的理念,对于堪舆上认识空间与健康具有重大意义。从业主疾病进行空间环境要素的调整,成为堪舆化煞的一个依据。

生气法也用于理气派大游年法中。大游年法也称为九星飞宫法,是一种不涉及人的情况,单指天地相配,"地气纳天光"的规划涉及方法。《阳宅十书》曰:"天上九星为地上九宫,司人间祸福,其应如响。"大游年法是一种"地气纳天光"的天人感应择位法。

按照后天八卦的方位把建筑分为九宫，将宅的主居室（堂）或门定为"伏位"即气口，然后顺时针旋转将其余的七宫与北斗七星相配，得到生气、天医、延年、绝命、五鬼、六煞和祸害等方位。九宫之间为五行生克的关系。除了辅弼二星以外的七星，与宅门"伏位"的其他宫卦对位，得出了八种宅形。根据伏位的宫卦和其他七个宫卦的阴阳五行的生克关系，来确定各宫的吉凶。一般来说，吉位建高大壮实的房屋，如主门、厅堂和居室，在凶位建造如仓、厨、侧和杂院等小建筑。

从后天八卦论，坐北朝南的房屋即坎宅，东南方为巽位，相应风水歌诀有："坎宅巽门，不用问人""坎宅巽门子孙荣，皆因木水两相生。荣甲富贵多贤孝，世世科第见文明""坎宅离门库满仓盈，出入震巽百子千孙"等。

以理气派八宅法大游年法理论解释，例如坐北向南的坎宅：大吉（生气方）在东南方，次吉（延年方）在正南方，中吉（天医方）在正东方，小吉（伏位方）在正北方；大凶（绝命方）在西南方，次凶（五鬼方）在东北方，中凶（六煞方）在西北方，小凶（祸害方）在正北方。以此来判断住宅各部位的吉凶位。

清代的何光廷《地学指正》中写到："平阳原不畏风，然有阴阳之别，向东、向南所受着温风和暖风，称为阳风。向西、向北所受着凉风和寒风，称为阴风，宜有近案遮拦，否则风吹骨寒，主家道衰，人丁带飞舞。"

《地理五诀》的三合派的四大局理论，认为气是有产生发展和消亡的过程，称为生、旺、墓，因为这三个阶段无法分出吉凶，于是，又细分为十二宫：长生、沐浴、冠带、临官、帝旺、衰、病、死、墓、绝、胎、养。按照五代徐子平在《渊海子平》中解释：长生，言物在于发生而处；沐浴，言物乃生之初，如人生出在沐浴盆中；冠带，言物之长成，堪能运用，如人之顶冠，束带以任其用；临官，言物之茂盛，即如人之长大成人，用谋为而卓立也；帝旺，言物有操持可立，精神康泰得其所以；衰，言物之将老，如人之精血耗散而身体衰弱也；病，言物之体弱多病，而不能用事也；死，言物之受病而后至死，无生命也；墓，言物死而后埋葬入墓；绝，言物入墓而后绝，绝后而生矣；胎，言物伏于内而为萌，潜伏聚结；养，言物养育待发。简言之，其便是按照十二地支的顺序，按照生命成长的规律设置的循环系统。其吉凶从字面意义即可判断，胎、养、长生、冠带、临官、帝旺六秀为吉，其中长生、临官、帝旺最好，为"三长生"，相当于生气的方位。沐浴、衰中等，不吉不凶，其他均为凶。三合的风水术，便以此十二长生宫来作为立向判定吉凶的标尺。三合是指龙、水、向三合。在地形上，高一寸为山，即龙，不一定为真山；低一寸为水，不一定真有水。水[1]分为火、金、木、水四局，各局有

---

[1] 水指来水口和出水口，有的门派看来水口，有的门派看出水口，故图式不同。

生旺方，即生气来的方向。当然，山龙的来向方位也有吉凶，即十二宫，选择六秀为吉向。

8. 天气与地气

天气在哲学篇中多有论述，唯地气少述。地气是玄学的一般概念，却是堪舆的重要概念。一指地中之气。《礼记·月令》："〔孟春之月〕天气下降，地气上腾，天地和同，草木萌动。"北魏贾思勰《齐民要术·漆》："（漆器）若不揩拭者，地气蒸热，偏上生衣，厚润彻胶，便皱。"宋沈括《梦溪笔谈》："此地气之不同也。"二指土地山川所赋的灵气。明蒋一葵《长安客话·北平》："胡主起自沙漠，立国在燕，及是百年，地气已尽。"这里地气与王气或帝气同义。清李渔《风筝误·遣试》："毕竟是伊家地气灵，产出惊人宝。"三指饮食和五谷之气。《素问·阴阳应象大论》："天气通于肺，地气通于嗌。"张景岳注："地气，浊气也，谓饮食之气。"四指阴气。《素问·水热穴论》："地气上者属于肾，而生水液。"杨上善注："地气，阴气也。"五指运气术语，指在泉之气。《素问·五常政大论》："地气制已胜，天气制胜已。"高士宗注："地气，在泉之气。"六指主气。《素问·六微旨大论》："天气始于甲，地气始于子。"

作为堪舆术，地气的意义在于无论家居还是墓地，都是建在地上，承接地中生气是手段，以求物产丰茂，人丁兴旺，子孙绵延，和谐稳定，健康长寿等才是目的。物产丰茂的地气说明生产力强，土地生产力强，指的主要是土壤肥沃。物产丰茂，则家庭富有，多子多孙才有物质保障。当然，土地的微量元素适中，没有放射性有害物质，才能健康和长寿。

但是，地分南北东西、内陆沿海、高山低谷、荒漠隰原，尤以南北差异最大。天气的不同使地气也呈现出不同的特色。南方地气暖和，没有冻土，北方地气寒冷，越往北冻土越深。地气因地域不同而显出自然现象不同，生气表达和兴衰起止时间不同。

地气指山水草木之气，指泛生命化的生气，非唯指生命系统，山脉的伸展被认为是生气使然，水绕山原亦被赋予生气。山川因自然的运动和变化成为堪舆术的地气。山是骨架，水是血脉，山以气凝，气因山著。山水有正气、游气、贯气、熔气、主气。龙主形而穴主气，无星无脉则气不真，无轮无晕则气不凄，无敛无收则气不止，无势无力则气不旺，无钟无蓄则气不积，无堂无局则气不聚，无朝无应则气不凝。气因山水形势而变化。形有开合屈伸，气有聚散浮沉，形有肥瘦精粗则气有清浊厚薄。龙脉轻微则无祖气，龙脉粗蛮则无束气，宗山低小则无分气，星不卓拔则无振气，过峡真断无续气，火木不间无化气。气非星不著，星愈成而气愈纯。星指星峰，即玄武山、靠山。气非脉不束，脉愈细而气愈清。气非形不化，形愈调而气愈和。气非势不壮，势愈雄而气愈旺。

地气阴阳表现在星峰（指突起如星的山）的形和脉的形上。《珠神真经》道："盖气之行也，必有阴有阳。脉者，气之静而吸也，阴也。星者，气之动而嘘也，阳也。故星不离脉，脉不离星，一嘘一吸，龙法乃成。若有星无脉则气不吸而为纯阳不生；有脉无星则气不嘘而纯阴不育。然嘘处常少者，则浮阳之气胜也。"星峰突起是气之动，属阳，常称星起；脉是山脉伏行而静，属阴，常称落脉。嘘即吹，属阳，与吸相对。把山的起伏与呼吸相对应，把山当成气球，吹则起，吸则缩。基于这种认识，堪舆术认为山的起伏是气使然。

龙、砂、穴、水四科皆关气。四势不会气必孤，成形不界气欲离，势降不连气断绝，童山无土无生机，左右芒刃气受射，水城不绕气枯竭，明堂不净气郁结，茫茫无应气散尽，潺潺而隘气受迫，前水反弓气背脱。所有形与势关气的原因有不围合而散气，不关闭而漏气，无沃土而不生气，郁塞而障气，峡近而气急走，反弓而离气。

地气本无优劣，只是因有人有生存和发展的需求才有优劣。对人有利者地气吉，对人不利者地气凶。《园冶》专辟"相地"篇，提出相地与基地方向没有关系，哪里都可成为园林之地。于是，园林地被计成分为：山林地、城市地、村庄地、郊野地、傍宅地、江湖地六种。按他的原则，"地势自有高低"，只要"涉门成趣，得景随形"。开门以趣为原则，得景以随形为原则。"长弯而环壁，似偏阔以铺云"，

"高方欲就亭台，低凹而可开池沼"。只是说"卜筑须从水面，立基先究源头"，"疏源之去由，察水之来历"，对有无水和来去重视，并无关气的问题。全文有用气六处："紫气青霞"，"清气觉来几上"，"斋较堂，惟气藏而致敛，有使人肃然斋敬之义"，"有一种扁朴或成云气者，悬之室中为磬，《书》所谓'泗滨浮磬'是也"，"堂开淑气侵人"，"水面鳞鳞，爽气觉来欹枕"。这六处紫气和清气为道家之气，"气藏"与堪舆之藏风聚气有关，至于灵璧石的一种可生云气者，为自然云气。借景篇的"淑气"与"清气"或"吉气"近义，非生气也。而"爽气"则指情绪之气了。相地篇虽也提到"收春无尽"似有收春气，"聚石叠围墙，居山可拟"似有拟围砂，但让树筑屋明确是"荫槐挺玉成难"，不是为了树之生气。故"相地合宜，构园得体"，无关堪舆理。

9. 吉气与凶气

吉气与煞气

吉气与煞气是风水气论的一对基本范畴。它是指对人体有利、对家庭和谐有利、对社会稳定有利的气，如有利于形成生命体的生气、洁气、元气、和气、正气、吉气。煞气则相反，是指对人体有害、破坏家庭和谐、制造社会动荡的气，如秽气、乱气、冲气、锐气、戾气。晋葛洪《抱朴子·至理》："接煞气则雕瘁於凝霜，值阳和则郁蔼而条秀。"

紫色云气被称为是吉气和贵气。古代以为祥瑞之气。附会为帝王、圣贤等出现的预兆。《史记·老子韩非列传》"莫知其所终"司马贞索隐引汉刘向《列仙传》："老子西游，关令尹喜望见有紫气浮关，而老子果乘青牛而过也。"《南史·后妃传下·梁武帝丁贵嫔》："贵嫔生於樊城，初产有神光之异，紫气满室。"明梁辰鱼《浣纱记·治定》："烟霞高捧，看郁郁稽山紫气浓。喜逢一统，车书尽同。"明王时敏《题自画关使君袁环中（袁可立子)》："关门紫气幻云烟，大石寒山列两边。"后遂以"紫气东来"表示祥瑞。"紫气东来"乃"老子出关"时的一大胜境，流传千古，代代传诵。认为紫色与当官有关。紫气东来主要用于书香门第大门口上的牌匾，颐和园万寿山东侧城关匾额就是如此。

福气与祸气

《尚书》解释是"一曰寿，二曰富，三曰康宁，四曰攸好德，五曰考终命"。方海权《日行一善》认为：长寿、福贵、无病、子孙满堂、善终。要得一福且不容易，更何况五福，故称幸福。得福为有福气。福祸是中国人命运观的判词。既是对现在也是对未来的命运好坏的评价标准。福与祸相对，也是可以转化的。《老子》道：祸兮福所倚，福兮祸所伏。

堪舆学认为，天人可以感应，祸福可以传递。这种感应和传递不仅在人活着时可以实现，在死后也可以实现。

良好的阴宅和阳宅设计可以产生福气，这种福气可以使居者受荫，并随子嗣传承。虽然这是一种迷信观点，但是，很多人深信不疑，并以此为目的，在自然山水中寻求吉地，并大兴土木，一旦有灾祸之事，则以改造阴宅和阳宅的方式，改变居所门向门尺或内外的气流，更甚者，迁移拆改或修饰祖坟，呈现出过度迷信的现象。这种改造，大部分以规划选址、建筑改造、环境整饬为主要手段。

近代山西大院中，使用最多的字和图案就是福，福字影壁无处不在。五蝠（福）捧寿成为民居中最常用的组合图案。在恭王府花园中，福成为全园的主题，装饰上，所有门窗木雕用蝙蝠，山花图案用蝙蝠，堆山（滴翠岩）平面用蝙蝠，就连水池也是做成福字形。在狮子林的燕誉堂正脊，用的是福、禄、寿三星。

旺气与衰气

衰旺是命理学关于三元八运的理论：一元六十年，一运二十年，一共一百八十年。当运者旺，将来者生，已过者衰，外过者死。这是典型的宿命论。玄空飞星派认为玄就是天，就是时间，空就是地，就是空间。认为一定时间出生的人，就已经定下了元运。根据元运来定适于元运的方位，才能产生旺气。然而，从现代科学分析，地相之旺衰之气，主要是因为本身地之所处的自然环境之气、水、土、生四者造成的。如果单纯从命理学的方位观，即向，难以解决日常生活所需的各种功能，应把气、水、土、生、向五者结合，通过合理的设计，方能得到真气，藏元保吉。

正气和邪气

中医上指元气、真气为正气，与邪气相对。《素问·刺法论》："正气存内，邪不可干。"故代的感冒称为风邪，即受了不正的气。《易纬通·卦验》中说："震，东方也，主春分，日出青气，出直震，此正气也。气出右，万物半死；气出左，蛟龙出"。"离，南方也。主夏，日中赤气出，直离，此正气。出右，万物半死；气出左，赤地千里。"即东方、春分的震卦和主南方夏至的离卦，可产生不偏的正气。汉代董仲舒也说："朔旦夏至冬至，其正气。"即夏至和冬至因纯阳和纯阴之气而名正气。

在人格上引申为刚正不阿的气节和光明正大的风气，常言浩然正气，与歪风邪气相对。《楚辞·远游》："内惟省以端操兮，求正气之所由。"晋孙绰《太傅褚褒碑》："公资清刚之正气，挺纯粹之茂质。"宋文天祥《正气歌》："天地有正气，杂然赋流形，下则为河岳，上则为日星，于人曰浩然，沛乎塞苍冥。"《文子·符言》："君子行正气，小人行邪气。内便於性，外合於义，循理而动，不系於物者，正气也；推於滋味，淫於声色，发於喜怒，不顾后患者，邪气也。"宋罗大经《鹤林玉露》卷二："欧公非特事事合体，且是和平深厚，得文章正气。"毛泽东《关于正确处理人民内部矛盾的问题》二："总结经验，发扬正气，打击歪风。"

在中国传统礼制建筑设计中，明门正道与歪门邪道成为一正一邪的设计理念。明门，即负阴抱阳之门，四季出入皆可得尽光明；歪门则一日之中，一年之内，尽在阴影和半在阴影里，难以采得阳光。正道，东西正向为道，南北正向为路，如果东西和南北不正，一不与北斗相合，二不与阳光相应，所谓，星阳不合，难以辨方正位，迷失自己。故在道路设计中，一定要确立南北和东西为干道，方能使支路和建筑以及建筑内的人，都得到最正的方向，采集最多的阳气。

门可纳气泄气，道可引气行气，门与道的正确关系是垂直关系，错误的关系是迎送关系。如天安门正对的就是长安街，就是上吉，而许多丁字路口建楼设门，就是大凶。是故，设计学的门道就成为方法论手段的代名词。在风水上，关于道、门设计，一直是传统风水的重中之重。民间风水师有一个门派，专门为人看门道，改大门。

五志之气：喜气、怒气、思气、忧气、恐气

中医认为，喜、怒、思、忧、恐为五志，加悲和惊为七情。情和志表现在外面，都是一种气。五志与五脏相连，怒气伤肝，喜气伤心，思伤脾，忧伤肺，恐伤肾。作为有利于身体健康的养生之道，应是心平气和，就是追求和气。五气中，任何一气都不能有（表18-2）。

表18-2 五志之气与人体官能对照表

五情	怒	喜	思	悲	恐
五脏	肝	心	脾	肺	肾
功能	肝主藏血	心主神明	统血运化	肺部主气	肾气藏精
表里	胆	小肠	胃	大肠	膀胱
开窍	目	舌	口	鼻	耳
所主	筋	脉	肌肉	皮	骨
所在	爪	面	唇	毛	发
五色	青	赤	黄	白	黑
五声	呼	笑	歌	哭	呻
五季	春	夏	长夏	秋	冬
五气	风	火	湿	燥	寒
五味	酸	苦	甘	辛	咸
五化	生	长	化	收	藏
五位	东	南	中	西	北
职能	将军	君主	仓禀	丞相	作强

为了营造喜气洋洋的气氛，可以大量用草本花卉，通过色彩来构图，在构图上用中心放射或曲线自由构图。为了宣染哀默气氛，可以大量用松柏等常绿植物，在构图上用序列递进的轴线构图法。为了适于静思，可运用枯山水，让人从砂、石中感悟人生。为了营造和寂清静的气氛，可以用茶庭的手段，通过入口、飞石、待合、雪隐、洗手钵、蔺口、茶室、茶道等方法来营造。为制造恐恢场景，山东

聊斋园就用各种地狱场景来营造气氛。为了激怒或泄劲、泄忿，常在活动区设置各种运动器具、射击器具，或者设置大型活动场地，通过器械运动、广场舞、射击对手等方法达到泄劲泄忿效果。为了制造情侣交流场所，常形成小的静谧空间，设置双人园椅。

园艺疗法，也称景观疗法，就是通过园艺活动和园林花卉来调节五志的一种疗法。随着国家的发达程度提高，老龄化和少子化，使人情淡薄，价值观丧失，青少年犯罪增加，社会与家庭问题突出。园艺疗法成为最能缓和与解决个人、家庭和社会问题的方法之一。

从我国历代隐士的居住场所看，都是在偏远的山区、乡村、湖海，当时的这些以自然风景和田园风光为主的园林，前者有优美的山水和动植物系统，后者有喜人的田园禽畜系统，两者都可调适身心，消解科举不第、壮志未酬、罢黜委曲、解甲归田、婚姻失败等各种心理疾病。

10. 理气

和气与斗气

和气一是指阴阳二气相合，在家是男女脾气相合和左右邻里之气相合，在外则上下关系相合和左右关系相合。这是合人气，还有合地气和天气。与气候和环境相融合。否则叫不接地气，不顺天气。顺天气而衣食无忧，接地气而住行无忧。和气生财表明生意的根本是处理人际关系，只有和气才能处理好人际关系。

斗气是与和气相反的气。在外关系中可以成为与其他个体相争的气势，是一种情绪临界点的表现。在个体内部表现为人超过自身极限的情绪波动才会引导出的一种气。斗气表现为与人个体的不和谐，是斗争的状态。而霸气和盛气则表现为个体气场的充足、外泄和无形控制。霸气是一种经过长久经历积累和修行磨炼所得的一种气质，能锻造出霸气的人，自身也有一定的这方面的资质。它由内而发，无言之中，却可以通过无形的气场去影响他人的情绪和心理，能够震慑住场面，对付一般的没有什么心理抵抗力的人，要是受到霸气的冲击，会感到有压迫感，思维会变得紊乱，失去主见，所以霸气是影响人情绪和心理的一种气场，也可以说是能力。在处理许多事情的时候，一个人有霸气，可以轻而易举地将事情解决，只要用三言两语就可以了结一件事，而不用动手和谋划什么，也就是言行和气质上给别人的一种压力。

盛气是气势旺盛的表现，也非真正进入斗气状态，是以气胜敌的状态。《礼记·玉藻》："盛气颠实扬休。"郑玄注："盛声中之气，使之阗满，其息若阳气之体物也。"唐元稹《献荥阳公》诗："盛气河包济，贞姿岳柱天。"当然，盛气有时也指豪气或怒气，豪气可干天，盛气可凌人。故从战术方式看，盛气和霸气是以气胜人的一种方式。

望气、理气

望气是根据山体的形态而判断气的吉凶类型，以决定利用的方式。《葬经翼·望气》道："山冈体魄也，气色神理也。故知山川为两仪之巨迹，气质之根蒂，世界依之而建立，万物所出入者也。"堪舆术认为，凡山的形势崩伤，其气散绝，谓之死，死者不可复生。凡形势虽具，生气未舒，谓之枯，枯者时而有润。凡山紫气如盖，苍烟若浮，云蒸霭霭，四时弥留，皮无崩蚀，色泽油油，草木繁茂，流泉甘冽，土香而腻，石润而明，如是者，气方钟而未休。反之，凡云气不腾，色泽暗淡，崩摧破裂，石枯土燥，草木零落，水泉干涸，如是者，非山冈继绝于掘凿则生气行乎他方。这些描述根本不是什么望气，而是现场勘察的看地貌，与气没有一点关系，可见望气是从生态角度评价地形地貌与人类关系，还是有一定的科学性。

地理方位和季节的差异也会影响望气效果，《隋书·天文志》作为天文现象来描述："凡海傍蜃气象楼台，广野成宫阙，北夷之气如牛羊群穹间，南夷之气类舟船幡旗。自华以南，气下黑上赤。嵩高三河之郊，气正赤。恒山之北，气青。勃碣海岱之间，气皆正黑。江湖之间，气皆白。东夷气如园簦。附汉、河山，气如引布。江、汉气劲如杼。济水气如黑。滑水气如狼白尾。淮南气如帛。少室气如白兔青尾，恒山气如黑牛青尾。"地气因地而别于象形，如楼台、宫阙、羊群、船幡、园篁、引布、杼、狼白尾、帛、白兔青尾、黑牛青尾，别于颜色，如黑、赤、青、白。又道："凡候气之法，气初出时，若云非云，若雾非雾，仿佛若可见。初出森森然，在桑榆上，高五六尺者，是千五百里外。平视则千里，举目望则五百里。仰瞻中天，则天里内。"从气初出时与上到桑榆上感觉不同，从平视、举目到仰视三者也不同。这些直观性的望气描述，具有很强的可操作性。

当气也被帝王附会了龙气和帝气时，望气成为一项专门的行业，具有了迷信色彩。《管氏地理指蒙》专设"望气寻龙篇"，道："望气之法，眩目萦心，上自天子，下及庶人，有权有变，有仪有伦，错晨晦暝，雾霭氛氲，有庆有景，有妖有屯，平视桑榆，初出森森，若烟非烟，若云非云，名为喜气，太平之因。"管辂之说与隋书之说基本一致，有一半是引用，因管辂的地理书在前，故它是源头。又道："天子之气，内赤外黄，或恒或杀，发于四方，葱葱而起，郁郁而冲，如城门之廓雾下，如华盖之起云中，如青衣而无手象，龙马之有容，名为旺气，此地兴王。宰相之气，赤光闪起。如星月而弯趋，如长虹而斜倚，如内白而外黄，或前青而后紫，或郁郁而光照穹庐。"产生天子和产生宰相的地气也不同，其别在于形和色，前者像华盖，内赤外黄，后者像星月，内白外黄，体现了当于礼制，如色彩上黄、紫、白、青由贵而贱，仪仗上由华盖高于星月。

理气与望气相近。传说伏羲擅长观天文，察地理，开理气之先河。《周礼》载肌禓氏也擅长理气。由此可见理气历史久远。堪舆术所理之气在于地气。《青囊海角经·头陀纳子论》道，凡地理，先明其理气。理气宜观阴阳，山水之静为阴，山水之动为阳。动静之道，山水而已。宋代理学与堪舆结合，以卦入气，改伏羲观察地气的方法，倡导卦气结合。先天八卦配合阴阳，后天八卦推排爻象，以内四卦为天地日月、六十卦为阴阳气候，各卦之下本分六十花甲子，并纳五行，取旺相，以合卦气，推测万物。只要乘生出煞，消纳控制，精辨入神，就可达到择旺气方位，走向神秘和抽象。理气流派发展成为八宅、天星、玄空等门派。以气定吉凶受到历代反风水斗士的质疑，清代哲学家熊伯克在《无何集》道："俗称不祥之气谓之凶神，立五猖庙以祀之。曰五猖者，五方恶气也。余尝入庙，窥其神位，乃中央黄帝、东方青帝、南方赤帝、西方白帝、北方黑帝。余笑曰：五猖审气，气如云烟，青赤黄白安得有神。"

纳气、化气

纳气指阳宅收纳地气和门气。地气主要指住宅庭院或园林的地气，包括山气、水气、林气和鸟兽之气，而门气指从门外吹入空气。无论地气还是门气，都以洁净和清新，有益于人体健康。宅院之气，也不可能如前述的有各种象形和色彩，真正有色彩的反而是污染的空气了。若从空气清新和对身体有益来说，则主要还是指氧气和负氧离子。

当然，气是流体，过速的气流被称为煞气，故用门窗大小、影壁、天井和曲径来控制。以建筑为主体的穴位和明堂结构是风水吉局的普遍规律，清代姚廷銮在《阳宅集成·丹经口诀》中论宅气："阳宅须教择地形，背山面水称人心。山有来龙昂秀发，水须围抱作环形。明堂宽大斯为福，水口收藏积万金。关煞二方无障碍，光明正大旺门庭。"

化气指的融和与转化。融和就是同化。《国语·郑语》道："夫和实生物，同则不继，以他平他谓之和，故能丰长而物归之。若以同裨同，尽乃弃矣。故先王以土为金木水火杂，以成百物。"《礼记·乐记》道："和，故百物皆化。"转化就是化冲为和，化险为夷，化凶为吉，起死回生。气有阴阳、动静、刚柔，各执一端，各有尺度，仅用一气，任其张扬，则不利人体和社会，故堪舆术讲究以平衡为原则，以和美清净为境界，讲究制衡、转化、调和。王玉德提出化气分为四种形式：

一为意化。子未离腹，含生遇其初气，其化微兼体之所成。如金星杂软，水星录硬，木星寻燧，火星寻坠，土星寻圆，子虽无五行之形而有五行之意。

二为形化。子已脱怀，方生分其中气，带体之所成。如金星得转水穴，木星得萌芽穴，火星得土脚穴，水星得直节穴，土星得流金穴，子虽无五行之星而有五行之形。

三为气化。子在膝下，泄其终气。如高金而得水裙，立木而得火曜，坐土而得抛珠，曲水而得眠木，燥火而得低土，子既得五行之形，又得五行之气。

四为神化。子已成其生，如金星而得水案，水朝土星而行金案，子母有相生之义。

化气四法本质上是阴阳调剂法和五行调剂法。阴阳二气的你强我弱的变化过程，易经单卦和复卦反映于阴阳两爻的消长。五行调济法主要是利用五行的生克理论进行化解。堪舆术还认为，天地之气，化而不止。龙脉以穴为子，子穴可以化龙脉之气。火龙以土星为穴，金龙以水星为穴，母气可以汇于子，化其刚顽。《青囊海角经》道："金须火液，雪待日溶，化气之妙，术家所谓改神功而夺天命也，龙有龙之化气，穴有穴之化气，龙无化气无论矣。穴无化气，术家有作用之法以化之。故气顽者因情以化其气；神寂者，因位以化其神。"化气阴阳有科学性，而五行本以性转化亦有一定的科学性，但是，以外形而论，失之科学。

藏风聚气是风气论的操作方法，风当气煞来看待，即煞气，故需要藏。藏的方法有通过择址的方法，用山、墙、树等阻挡煞气的方向。聚气的气是吉气，故需要聚。吉气主要有地气、门气和天气。根据看的来源而设庭院、建筑以纳地气，通过开门开窗以纳门气，通过天井以纳天气。聚气一方面是指从三个气源纳吉气，另一方面指界和止，即通过水系环绕令吉气徘徊，通过水池让吉气停留。（王玉德，堪舆气说十题，华中师范大学学报，1995-1）

第 *19* 章　四象与四神

形势理论最直觉的判定是四神体系，左青龙、右白虎、前朱雀、后玄武。但是它的形成不是一蹴而就的，而是经过汉以前二千多年的演化才定型的。朱天伟全面梳理了四灵与四象结合演变的过程，可知四象（或称四神）名称、功能与方位体系的确定是祥瑞崇拜、以南为尊方位观、阴阳五行思想和天文、神话等因素相互融合的结果。（牛天伟，汉代"四神"画像论析，南阳理工学院学报，2013.3，5-2）

第 1 节　四神演变

1. 基于饮食分类法的四灵

四灵起源于动物分类。《周礼·大司徒》《吕氏春秋》《礼记·月令》《淮南子·时则训》四书按形态把动物分为五类：毛、鳞、羽、介、倮。东汉高诱注《吕氏春秋》道：鳞虫，鱼属也，龙为之长。羽虫，凤为之长。毛虫之属，虎为之长。倮虫，麒麟为之长。介就是甲类，甲虫，龟为之长。

四种动物称为灵的原因是饮食。《礼记》明确说："四灵以为畜，故饮食有由也。"陈澔注云："六畜，人家所豢养。四灵本非可以豢养致者。今皆为圣世而出，如驯畜然。皆圣人道化所感耳。饮食有由者，由，用也。谓四灵为鸟兽鱼鳖之长，长至则其属皆至，有可用之以供庖厨者也。"（礼记 [M]. 上海：上海古籍出版社，1987：128.）

四灵是最早出现于《礼记》中的组合体系，指麟凤龟龙，《礼记·礼运》道："何谓四灵？麟凤龟龙，为之四灵。"

2. 基于五行的五兽和五灵

实际上外形只有四类：毛、鳞、羽、介（甲），倮归于毛。四类变五类完全是五行所致，毛类细分长毛和短毛。《吕氏春秋》不仅把动物分为五种，而且与五方帝（太昊、炎帝、黄帝、少昊、颛顼）、五佐神（句芒、祝融、后土、蓐收、玄冥）、五音（角、徵、宫、商、羽）相配。西汉末的《礼纬·稽命征》甚至将龙、凤、麟、虎、龟合称为"五灵"。

在西汉初期就出现了"五星配五兽"之说。《淮南子·天文训》："何谓五星？东方木也，其帝太皞，其佐句芒，执规而治春，其神为岁星，其兽苍龙。……南方火也，其帝炎帝，其佐朱明，执衡而治夏，其神为荧惑，其兽朱鸟……中央土也，其妻其帝黄帝，其佐后土，执绳而治四方，其神镇星，其兽黄龙……西方金也，其帝少皞，其佐蓐收，执矩而治秋，其神为太白，其兽白虎，……北方水也，其帝颛顼，其佐元冥，执权而治冬，其神为辰星，其兽元武。"

3. 基于天文的四宫、四象

二十八宿天文体系的日趋完善，五兽难配四宫星宿，《史记·天官书》云："中宫天极星，其一明者，太一常居也；……东宫苍龙，……南宫朱鸟，……西宫咸池，……北宫玄武，……。"二十八宿天文体系的中宫是天极星和北斗星，《淮南子》体系的中宫黄龙被挤出，且东宫苍龙与中宫黄龙重复。于是，"五星配五兽"说渐被淘汰，在西汉中后期让位于四象（四宫）说，所以说，"四灵产生的最终决定因素是古天文学"。[吴增德．"四灵"浅论 [J]. 郑州大学学报：哲学社会科学版，1981（4）：91-99.]

4. 基于军事的方位四灵

《礼记·曲礼》又载："行，前朱鸟而后玄武，左青龙而右白虎，招摇在上，急缮其怒。"陈澔注道："行，军旅之出也。朱鸟，玄武，青龙，白虎，四方宿名也，以为旗章。……招摇，北斗七星也。居四方宿之中，军行法之，作此举之于上，以指正四方，使戎阵整肃也。"《礼记》四灵没有方位，而陈澔注解是有方位的，且把原因归为军事布阵。《三辅黄图》沿用方位观，道："苍龙、白虎、朱雀、玄武，天之四灵，以正四方。"

5. 异兽观与天文观之辨

对于上述的记载，黄佩贤在《汉代四灵图像的构图分析》中认为是两种版本，袁珂在《中国神话传说词典》中明确为龙凤龟麟为异兽观，苍龙、白虎、朱雀、玄武为星名观。正因为是异兽，故有祥瑞之意。星名观来源于二十八星宿天文体系的四象（四宫），四灵被称为天之四灵，具备方位。前后名同户外不同。

汉代把四灵改造为四神，即龙变成青龙或苍龙，凤变朱雀，龟加蛇成玄武，麒麟成白虎。也有人称之四象或四灵兽，但不普遍。四灵变四神经历春秋战国至西汉初。原因是二十四星宿理论的形成在汉代。目前发现最早的完整四神图是汉武帝时西安国棉五厂六号汉墓铜温酒炉四壁青龙、白虎、朱雀、玄武图。该玄武为龟。而龟蛇交体玄武图发现于茂陵汉画像砖。

四神合图的考证有四说。倪润安认为《考工记》第一次把龙、鸟、龟、蛇并列。[倪润安，论西汉四灵的源流 [J]. 中原文物，1999（1）：83-91.] 贾庆超认为句芒、祝融、蓐收、元（玄）冥（禺疆）是四神前身，因为半人半神的形态（贾庆超，武氏祠汉画石刻考评 [M]. 济南：山东大学出版社，1993：62.）。刘桂珍认为四神是殷商的图腾动物（刘桂珍 . 汉画像石"四灵"考略 [G]// 两汉文化研究：第 2 辑 . 北京：文化艺术出版社，1999：343-346.），王志杰认为是黄帝时候形成的 [王志杰 . 论西汉"四神"的源流 [J]. 文博，1996（6）：43.] 牛天伟认为，龙虎鸟龟在原始社会充当图腾，在商周出现在青铜纹饰，但不作为完整体系和具有相对稳定的方位认识。他赞同黄佩贤观点，认为河南濮阳西水坡 45 号墓蚌塑龙虎与四神青龙和白虎缺乏证据链。（黄佩贤 . 汉代流行的四灵图像始见于新石器时代 [G]// 朱青生 . 中国汉画学会第九届年会论文集：上册 . 北京：中国社会出版社，2004：56-77.）战国曾侯乙墓的漆箱盖龙虎因有二十八星宿名，中央又绘斗字，是四神图，但缺朱雀玄武，故未完整。故天文学二十八星宿体系最迟在战国已确立，四神（四象、四宫）的出现也应同时，汉代只是定型。

四象观的确立是因为天文学的发展，但是，四灵与四象的配对，是先有四灵后配四象，成为四神观，即神配对。四象是在动物四灵崇拜和方位观念（甲骨文有东方"析"、南方"因"、西方"夷"、北方"伏"的四方神名）的基础上，经过阴阳五行思想改造和规范，最终与天文体系相融合的产物。

汉人确定四神动物的原则有二：一为属性合阴阳和五行，二为外形尽可能与二十八星宿的四宫星辰连线图有相似性。这种相似性就被称为天人感应。

西汉以前的四神动物指代不明，最有争议的是北方玄武。龟、龟衔蛇、龟蛇交体为三种。西安茂陵四神玉铺着的玄武为龟口含蛇，黄佩贤认为是早期形象（黄佩贤 . 汉代四灵图像的构图分析 [G]// 陈江风 . 汉文化研究 . 开封：河南大学出版社，2004.）。西汉都城遗址瓦当和茂陵附近四神画像砖，都代表官方四神图案。

东汉仍以龟为北方神，如在南阳汉墓（西汉中后期至东汉早期）出土的陶仓、鼎、敦等器盖上的"四神"雕塑中，有玄武龟形，南阳麒麟岗画像石墓四神玄武是口衔仙草的龟，四川汉代石棺有一龟，榜题是"兹（玄）武"。东汉张衡《灵宪》也道："苍龙连卷于左，白虎猛据于右，朱雀奋翼于前，灵龟卷首于后，黄神轩辕于中。"（高文 . 中国画像石全集 · 7 · 四川汉画像石 [M]. 郑州：河南美术出版社，2000：100.）说明到东汉，北方玄武仍未统一。

最初玄武也不一定是龟或蛇，因为北宫之像是麒麟。虢国墓出土的四象铜镜，北方神为鹿，冯时认为，鹿为麒麟的原型，后来出现玄武，麒麟转配中央，故玄武可能是在西汉初年或稍早完成的（冯时 . 中国天文考古学 [M]. 北京：社会科学文献出版社，2001.）贺西林从西汉前期壁画和帛画研究，认为玄武出现前，北方神不固定，曾有麟、蛇、鱼妇等神（贺西林 . 古墓丹青——汉代墓室壁画的发现与研究 [M]. 西安：陕西人民美术出版社，2001：16.）河北满城西汉武帝兄弟中山靖王刘胜夫妇墓的铜博山炉身透雕四神的北方神为骆驼。故黄佩贤认为，此案例具有北方沙漠的地域指代（黄佩贤 . 汉代的北方动物神形象 [G]//

中国汉画学会第九届年会论文集 . 北京: 中国社会出版社,
2004: 68.) 张从军认为, 龙虎雀龟组合是麟凤龙龟向青龙
白虎朱雀玄武组合的过渡形, 是祥瑞四灵向辟邪四神的过
渡形式, (张从军 . 东安汉里石椁时代辨析 [J]. 南都学坛,
2005 (增刊): 35-37.) 四神出现的时间, 上限为春秋, 下
限为汉初。(吴增德 . "四灵" 浅论 [J]. 郑州大学学报: 哲
学社会科学版, 1981 (4): 91-99.)

　　北方神由龟变龟蛇交体的玄武原因, 有人认为是源于
春秋战国时代的军事理论, 后军由单一的后勤转为攻守兼
备的职能。因蛇善攻, 龟善守。汉人认为玄武为龟蛇交体
的原因是北征匈奴的需要。(倪润安 . 论西汉四灵的源流 [J].
中原文物, 1999 (1): 83-91.)

　　古人认为, 两栖类龟蛇的阴阳较为特殊。许慎《说文》:
"龟无雄, 以它 (蛇) 为雄。" 龟是阴性, 蛇是阳性, 蛇缠
龟体为雌雄交配状。张衡《思玄赋》: "玄武宿于壳中兮,
腾蛇蜿而自纠。"

　　北方神的星宿与动物合绘的案例是西安交通大学壁画
墓天象图, 玄武位是虚、危二宿连成的一龟一蛇, 这正合《史
记·天官书》: "北宫玄武, 虚、危。" 古人将虚危二宿相连
组成的图案想象成龟的形象, 后来又将虚危以北天区的腾
蛇星移用到北宫, 并与龟共同组成了龟蛇交体的玄武形象。
(冯时 . 中国天文考古学 [M]. 北京: 社会科学文献出版社,
2001.)

从上面，我们可以整理出一条四神发展线：图腾崇拜期：黄帝、殷商动物崇拜——周代饮食目的的四类四灵：龙鸟龟蛇（《周礼·考工记》）——周代军事四灵：前朱鸟而后玄武，左青龙而右白虎（《周礼·曲礼》）——战国天文二象配二灵（曾侯乙墓漆盒盖龙虎）——西汉五行配五兽：东木岁星苍龙太皞治春、南火荧惑星朱鸟炎帝治夏、中土镇星黄龙黄帝治四方、西金太白星白虎少皞治秋、北水辰星元武颛顼治冬。（《淮南子·天文训》）——天文四象配四灵，成为四神：中天极、东宫苍龙、西宫咸池、南宫朱鸟、北宫玄武（《史记·天官书》）

6. 道教对四象到四神的影响

道教在东汉创立时就吸收了四象和四灵思想。《抱朴子内篇·杂应》中四灵是太上老君的附庸："左有十二青龙，右有二十六白虎，前有二十四朱雀，后有七十二玄武。"[3] 众多四神前呼后拥，正是为了体现太上老君的地位。《北帝七元紫庭延生秘诀》载："左青龙名孟章，右有白虎明监兵，前有朱雀名陵光，后有玄武名执明，建节持幢，负背钟鼓，在吾前后左右，周匝数千万重。"

玄武的发展，直至两晋时，谶纬"北方黑帝，体为玄武"的说法才被道教吸收，上升为道教大神。唐宋时北方外侵严重，为保平安，"玄武"化为"真武大帝""真武灵应真君"等，被人格化为北方的最高神 [丁常云．道教与四灵

崇拜 [J]. 中国道教，1994（4）：30.]，成为"黑衣、仗剑、踏龟蛇"的形象，龟和蛇进入祭礼的配饰（周晓薇 . 释"玄武"[J]. 中国典籍与文化，2004（4）：32.）。元代帝王本身是北方民族，故"真武玄帝"被独尊，《续文献通考》载："元大德七年十二月，加封真武为"元圣仁威元天上帝"，"真武玄帝"庙在民间大量出现，并出真武神话。明初，成祖朱棣因在幽燕之地（北方）起事成功，于是把"真武"认为功臣又加尊崇，朱棣居然派军队修道教圣地武当山，明帝在紫禁城设道场，道教被尊宠于养生和护国，于是出现《玄天上帝启圣录》《太上玄天真武无上将军箓》《玄天上帝百字圣号》等众多真武的道教典籍，"真武"成为与"三清"地位相当的道教大神。（徐昭峰、杨弃，"玄武"析论，辽宁师范大学学报（社会科学版），2014 年 1 月第 37 卷第 1 期）

第 2 节　四神方位

　　饮食学的四方四灵配位、军事学的四方四灵配位、五行学的五方五星配位、天文学的四象四神配位存在重叠也存在错位，特别是几个出土于战国到汉代的早期遗址文物的案例，引起了学术界的长期争论。

1. 反例出现

　　河南唐河县针织厂汉墓北主室盖顶石，六块中有一块为四神石。以观者为基点，其四神方位是：上朱雀，下玄武，左青龙，右白虎。但是，墓向坐西朝东，朱雀玄武合南北位，以南为上，但东白虎和西青龙却不合位。陈江风依庞朴《"火历"续探》认为，龙虎方位"东西逆反"现象是天文学史上"二逆难题"之一，即"天图"与"地图"的差异。春秋战国时代绘制的二十八宿天象图完全可与实际星空相对应，被称为"天图"，而秦汉以后绘制的二十八宿图是按照"地图"上的方向来排列的，方向与"天图"逆反。

1987年南阳麒麟岗汉墓，坐东朝西，前室为横长方，墓顶石九块组成巨型天象图，中央为人形天神（太一或黄帝），在墓内面朝墓门仰视：天神前后左右分别是朱雀、玄武（龟）、青龙、白虎，朱雀、玄武分置墓东西方向上，而龙虎在墓葬的南北方向上，四神所代表的方位与墓葬的方向完全不对应。

重庆巫山汉墓出土的四神铜牌饰品，其中方形铜牌上是左虎右龙，柿蒂形铜牌上为左龙右虎，（重庆巫山县文管所，中科院考古研究所三峡工作队．重庆巫山县东汉鎏金铜牌饰的发现与研究 [J]．考古，1998（12）：77-86.）

陕北汉墓门扉上龙虎左右位置相反。又如四川汉画常见西王母龙虎座画像，龙虎左右不固定。而全国四神图中，朱雀与玄武上下位置十分稳定。刘弘曾认为四川一带的规律是："上朱雀、下玄武、左白虎、右青龙。"

陈亮《汉代墓葬门区符箓与阴阳别气观念研究》认为

"按照汉代人的观念，天左旋，地右转。"对应于郑玄所谓的"阳气左行，阴气右行"，左旋如果用四神的方位表示就是上朱雀下玄武，左白虎右青龙，即逆时针方向转。同理，地右旋，若用四神的方位表示，将变成左青龙右白虎。但是，还是无法解释所有的龙虎逆反的现象。

　　冯时在著作《中国天文考古学》282 页中说，汉代的地图与天文图所使用的定向标准完全是一致的，即上南下北，左东右西。但天文图存在投影图和仰视图两种情况，投影图与地图完全一样，仰视图则东西易位。施杰在《意义、解释与再解释——谶纬语境与汉画形相》（施杰.意义、解释与再解释——谶纬语境与汉画形相 [M]// 中国汉画研究：第二卷.桂林：广西师范大学出版社，2006.）文中也从冯时的观点，认为古人对星象的描述往往杂糅了两种模式，一种是实际的观测现象，一种是投影到星图上之后得出的现象。

　　牛天伟否定了天图地图说、投影仰视说、阴阳气行说，提出了四宫转四神的天人说，合理地解释了阴阳宅问题和观照点问题，也解释了"面南"为尊的原理。四宫图就是按天象实际方位的天象图，即东苍龙、西白虎、南朱雀、北玄武；而四神图和四灵图是按人的前后左右方位来绘制的图，即左青龙、右白虎、前朱雀、后玄武。前者如内蒙古和林格尔、西安交通大学和洛阳等地的汉代壁画墓。四宫图是绝对方位的东西南北，四神图是相对方位的前后左右。在汉画中，二十八星宿有星有象，星象互相参照，有时用象不用星。四宫图根据需要发展为四神图。唐河针织厂汉墓四宫天象石用象不用星的四神图，它应称为四灵图或四神图。

牛天伟认为，四宫图转化为四神图的原因是北斗星的人文化。"斗为帝车，运于中央。"连星为车，想象车主为天帝，居中而坐，于是，以人为中心的前后左右方位观代替了实际的绝对天星方位观。古人"观象授时"，在春分前后的黄昏时观测天象，此时，人若居中，朱雀七宿在南中天，左边苍龙七宿，右边白虎七宿，背后玄武七宿（北京天文馆.中国古代天文学成就[M].北京：北京科学技术出版社，1987：50.）。把人换成天帝，则居中乘斗车面南而坐，受四方二十八星宿的朝拜时，前朱雀、后玄武、左青龙、右白虎。古文献的四神布局多用此局，如张衡《灵宪》："苍龙连卷于左，白虎猛居于右，朱雀奋翼于前，灵龟卷首于后，黄神轩辕于中。"黄神就是黄帝。南阳麒麟岗汉墓前室盖顶石中央正面端坐的人神即黄帝，座下玄武，头顶朱雀，左青龙，右白虎。

同样属于四神体系的《礼记·曲礼》："行，前朱鸟而后玄武，左青龙而右白虎，招摇在上。"《淮南子·兵略训》："所谓天数也，左青龙，右白虎，前朱雀，后玄武。"贾谊《惜誓》："苍龙蚴虬于左骖兮，白虎骋而右騑。"《汉书·佞幸传》：董贤死后，"以沙（朱砂）画馆，四时之色，左苍龙，右白虎，上著金银日月，玉衣珠璧以棺，至尊无以加。"马王堆帛书《刑德》丙篇："此用斗之大方也，故曰左青龙而右白虎，前丹虫（朱雀）而后玄武，招摇在上，□□在下。乘龙戴斗，战必胜而功（攻）必取，善者从事下。"《吴子·治必》："必左青龙，右白虎，前朱雀，后玄武，招摇在上，从事在下。"《春秋汉含孳》云："天一之帝居，左青龙，右白虎。"江陵张家山出土汉简《盖庐》中有"左青龙右白虎"。陕北神木大保当汉墓石门扉上的青龙胯下墨书有"青龙在左"字样，与之相对的白虎胯下是"白虎在右"。汉代铜镜上更常见"左龙右虎辟不羊（祥）"的铭文，如伏羲的"先天八卦"、《周易》的"后天八卦""河图洛书"。

面南为尊和面南绘图是古代四宫图和四神图的原则。冯时认为面南为尊最早源于古人对太阳的周日视运动和南中星的观测，并且一度成为天文图与地图普遍采用的方位形式。《说文·十部》："十，数之具也。'一'为东西，'丨'为南北，则四方中央备矣。"可知十字是古人测四方的作业图。但敝人认为，以太阳为尊是太阳能源论的生命观和生存观，与后来地气能源论的生命观和生存观。前者为太阳崇拜，后者为山脉崇拜。当从太阳为尊，则面南以纳阳气，于是：南朱雀、北玄武、左青龙、右白虎，当从山脉为尊，则背靠山脉以纳地气，于是：前朱雀、后玄武、左青龙、右白虎。

牛天伟认为，当在平面上绘图时，左右以绘者为参照点，前转化为上，后转化为下，左右发生互逆，故出现参与者（观测者）与旁观者（画工或石匠）角色和位置左右互逆而上下不逆的情形。汉画像石的互逆就是源于此。古代天文学的鲜明人文色彩，使天文四宫被赋予辟邪护佑的四方神灵，故不论文献还是汉画像，四神多具有功利性。在此背景下的天帝降格为墓主，四宫天星降格为四方保护神。龙虎左右非画工、石匠的观者左右，而是以墓主为视点的前后左右。部分左右龙虎易位是雕刻者对左龙右虎的误解而形成的变种，四川重庆汉画西王母龙虎座，龙虎左右不定现象亦是如此。而这种误解正是西方人的方位观，表明东西方方位文化的差异。以观者为中心的左右观并非始于近现代，早在汉代就已经存在以被观察者和观察者两种"读图方法"或"绘图方法"。

2. 神性功能

关于四方神灵功能和配属，"天之四灵，以正四方"。黄道和赤道附近二十八星宿（恒星）主要用于观测天象和制定历法。二十八星宿划分四方，东方苍帝，南方赤帝，北方黑帝，西方白帝。四方分别配以宫殿即四宫。因为在古人世界观中，天生万物，故无论天星还是由天星衍化的天象，都被赋予了守护神的功能，于是成为四灵或四神，南阳麒麟岗、重庆巫山汉墓出土四神铜牌皆是如此。四神作为天文星座，在观象授时的时代，有指导农事、辨别方位、镇守墓主的作用。棺椁饰的葬俗在文献中也有记载，如《后汉书・礼仪志》："东园匠，考工令奏东园秘器（棺椁），……画日、月、鸟、龟、龙、虎、连璧、偃月、牙栓梓宫如故事。"这里所谓的"鸟龟龙虎"即朱雀、玄武、青龙、白虎。

黄佩贤认为，江苏扬州汉墓出土西汉木质方盒状漆面罩，面罩内壁绘四灵和云彩图案，使人联想到"漆面罩的内部已被转化成天空宇宙的缩影，而四灵的作用是从四方保护死者的身体和灵魂"。（黄佩贤．汉代四灵图像的构图分析 [G]// 陈江风．汉文化研究．开封：河南大学出版社，2004.）再准确一点说，应该是保护死者的头部或大脑。

牛天伟认为，四神和四灵分属天象体系和祥瑞体系，两者存在传承关系，但在神性和功能上更多的是一致性。四神方阵镇守四方功能明显，且分两组。汉墓铜镜常见"左龙右虎辟不羊（祥），朱爵（雀）玄武顺（制）阴阳"铭文，明确了龙虎是以威猛形象震摄妖魔鬼怪，起守护和辟邪的作用，朱雀玄武以主客形象顺承在天太阳之气和在地太阴之气，起调和阴阳作用。

龙虎的护卫功能在仰绍文化濮阳西水坡蚌壳堆塑有龙虎二像就明确体现。于是，《论衡・解除篇》云："宅中主神有十二焉，青龙白虎列十二位，龙虎猛神，天之正鬼。飞尸流凶，不敢妄集，犹主人猛勇，奸客不敢窥也。"后来一直用于阴宅。墓门和阙门常雕刻其形象。（黄佩贤．汉代四灵图像的构图分析 [G]// 陈江风．汉文化研究．开封：河南大学出版社，2004.）南阳铜镜"天公出行乐未央，左龙右虎居四方"铭文，扩展了龙虎的守护范围，由东、西两方到四方。四方为平面二维体系，而阴阳为纵向三维体系。

龙虎同样具有阴阳属性。汉画中"龙虎交体"或"龙虎相戏"时，龙为阳，虎为阴;"二龙相交"时，一龙为阴，一龙为阳。汉人以为虎能食鬼，鬼是阴物，虎为阳物。由此可见，龙虎阴阳也是相对的，要看语境。龙虎在天象中其阴阳属性淡化，辟邪功能增强，以至在《焦氏易林》说:"驾龙骑虎，周遍天下，为人所使，西见王母"，成为西王母的坐驾。

朱雀玄武的神性功能被定位于"通上下"和"顺阴阳"后，其天象的南北二宫之象转化为前后或上下之神，守护神，司职协调阴阳。四川画像砖:一侧女娲举月，其下朱雀;伏羲举日，其下玄武（龟）。朱雀对应月，玄武对应日，可见朱雀玄武起协调阴阳作用。河南南阳画像砖石的伏羲女娲蛇尾与龟相交，也是阴阳交合的职能。太阳在南，朱雀则在南，故在朱雀玄武体系中，朱雀是阳，玄武为阴。在龟蛇体系中，龟为阴，蛇为阳，故玄武阴阳同体的神性是通过龟蛇体现的。

两组神性动物，青龙与白虎结伴相对固定和稳定，而朱雀玄武的结伴则相对松散，二者经常不同时出现。四神是由四灵演变而来，故四神首先是祥瑞动物。河南永城柿园梁王墓顶的龙虎朱雀和鱼妇（龙鱼）图，强调的是祥瑞功能而非方位意义（王良田．西汉梁国 [M]．北京：中国广播电视出版社, 2003: 308.)。

玄武的神性功能首在天文, 其次在守卫。王子林认为, 玄武起源于立杆测影。此法既可确定空间方位, 亦可确定季节, 故《周易》说"承三而时运", 即顺从天意, 按时运行, 运行就是行事。古人认为北方是太阳被埋葬的地方, 是太阳的"墓地", 称为暮谷、昧谷、蒙谷, 《汉书》张晏注:"日没于西, 古文墓。墓, 蒙谷也。"北方见不到太阳, 如黑夜, 故《尚书》称北方为幽都, 《博物志》称幽都在昆仑山北, 北方与"阴"发生关系。白方的观日测影与夜晚的观北斗结合。斗柄指向代表季节, 北斗星绕天一圈, 恰是太阳运行一年。北斗星回归子位, 正值冬至日, 即旧年之终和新年之始, 好像太阳落入北方, 故北极星所在为黑暗之处和生命终点。《周易》复卦和《礼记》招魂称"复"都是北斗回归之意。北方之神称为玄武或玄冥。余健《堪舆考源》道, 玄就是镟的初文, 即北斗的璇玑。黾读为冥, 意为龟背表夜空。玄字像弦索系箭矢之形, 玄冥是绳字的合文, 故玄冥之义是以弦索探测夜空星象。玄冥又称为玄武, 甲骨文中武同舞, 即巫师跳舞的舞步, 以像北斗绕天的周游之象, 故玄武即璇舞。故玄武是北方地狱之神, 《礼记》载招魂者要举死者衣服面北招魂。殷人灼龟腹甲, 观裂纹以定吉凶, 龟版如大地, 故它与太阳投影于大地一样可以示民天语天命。东汉《白虎通》称:"灵龟者神龟也, 黑色之精, 五色鲜明, 知存亡吉凶。"于是, 汉代, 龟成为北方的形象, 《河

图》称"北方黑帝，神名叶光纪，精为玄武"，又曰"北方
黑帝，体为玄武，其人夹面兑头，深目厚耳"，玄冥为人面
龟身。屈原《九怀章句》有"玄武步兮水母"，东汉王逸马
玄武解释为天龟水神。而龟蛇合体的玄武形象起源于东汉，
魏伯阳《周易参同契》曰："玄武龟蛇，盘虬相扶。"张衡
《思玄赋》曰："玄武宿于壳中兮，腾蛇蜿蜒而自纠。"唐人
李善注为："龟与蛇交曰玄武。"《后汉书·王梁传》道："王
梁主卫作玄武"，唐人李贤注："玄武，北方之神，龟蛇合
体。"为何龟蛇合体？唐人孔颖达注《礼记·曲礼上》的玄
武为军事行旅，"玄武，龟也，龟有甲，能御侮用也。"唐
人段成式《酉阳杂俎》载："朱道士者，太和傲年，常游庐
山，憩于涧石，忽见蟠蛇如堆缯绵，俄变为巨龟。访之山
叟，云是玄武。"宋人洪兴祖《楚辞补注》道："玄武谓龟蛇，
位在北方故曰玄，身有鳞甲故曰武。"南宋朱熹《楚辞集注》
道："玄武，北方七宿，谓龟蛇也。位在北方故曰玄，身有
鳞甲故曰武。"因为龟和蛇的武义，故南宋赵彦卫《云麓漫
钞》描绘为"披发黑衣，仗剑踏龟蛇"，成为全新形象。四
神中唯玄武演变为手持宝剑身穿金甲的武将，是因为北方
少数民族一直是以武将入侵为常态。而汉人对之又爱又恨，
封之为神以守家园国土。御花园主体建筑钦安殿的真武帝
位于宫殿之北，起镇守作用。

朱雀与凤凰亦为瑞鸟。前者属天文学，后者属五行学，
虽有重合之处，本质不同。（施杰.意义、解释与再解释—

谶纬语境与汉画形相 [M]// 中国汉画研究：第二卷 . 桂林：广西师范大学出版社，2006.）朱天伟认为，是先有五行的凤凰，后置于天文而更名朱雀。凤凰是通称，朱雀是专指。凤凰与朱雀同形，其他三灵没有稳定联系也没有方位属性。而朱雀与其他三灵同处天星方阵。朱雀与凤凰同具祥瑞功能，两者也曾在和林格尔汉墓壁画中并列，在徐州汉画像石中朱鸟、麒麟、福德羊并列。两者皆为祥鸟而成为升仙先导或坐骑。贾谊《惜誓》的"飞朱鸟（即朱雀）使先驱兮，驾太一之象舆"，朱雀是升仙先导；洛阳卜千秋壁画墓女墓主乘凤升仙，凤凰是升仙坐骑。同样，仙人驾龙、骑虎、乘龟也显示三者的祥瑞功能。

上海博物馆藏四神玉牌饰件，从观者的角度来看，四神的布局是左青龙右白虎上朱雀下玄武，除方位和守护意义外，其铭文"延寿万年长宜子孙"，（出处同上）蕴含着祥瑞功能。学者黄雅峰陈长山认为汉墓中雕刻四神画像具有"天地安泰，人道顺和、四时吉祥、神灵冥护"之意（黄雅峰，陈长山 . 南阳麒麟岗汉画像石墓 [M]. 西安：三秦出版社，2008.）。

（注：本部分主要参考牛天伟论文：汉代"四神"画像论析，南阳理工学院学报，2013 年 3 月第 5 卷第 2 期）

第 *20* 章　堪舆著作中的四象

1.《管氏地理指蒙》的四象

该书被认为是三国时地理书，是当今最早的堪舆书籍。书中虽未用四象和四神之词，但引入了天文四象内容。"东方青龙七宿，当亢氏房心尾箕斗，南方七宿当鬼柳星张翼轸角，西方七宿当数胃昴毕觜参井，北方七宿当牛女虚危室壁奎，此正朔之明辨也。"在"四镇七座"中详细论述龙的形态，以及山脉作为龙脉和住宅关系。而关于二十八星宿的东青龙、西白虎、南朱雀、后玄武，体系未建构，也未应用于实践。可见，堪舆四象起源并不太早，应在三国之后。

2.《葬书》的四象

《葬书》是东晋的地理书。四象已经建构，但称为四势，专辟成篇："地有四势，气从八方。故砂以左为青龙，右为白虎，前为朱雀，后为玄武。玄武垂头，朱雀翔舞，青龙蜿蜒，白虎顺俯。"明确了四势指的是砂，即山。又明确了四方砂的形态：玄武要垂头，朱雀要翔舞，青龙要蜿蜒，白虎要顺俯。又提出，一旦与四势相反，则会受灾："形势反此，法当破死。故虎蹲谓之衔尸，龙踞谓之嫉主，玄武不垂者拒尸，朱雀不舞者腾去。"

四势篇中还说，龙砂和虎砂是龙脉发展延伸的结果，"以支为龙虎者，来止迹乎冈阜，要如肘臂，谓之环抱"。最佳龙砂虎砂关系是形如左右两肘臂，向前环抱。

在四势中，对朱雀尤为重视，专辟朱雀篇。明确朱雀的水性，"以水为朱雀者，衰旺系乎形应，忌乎湍激。谓之悲泣"。其形状关系家道衰旺，最忌湍激，以之为哭象，这也是为何中国私家园林以静水为主的根本原因。

虽然朱雀的区位只是在南方，但明确它是生气产生的。对于朱雀水，从产生、发展、旺盛、衰弱、消亡都有自己的形态，"朱雀源于生气，派于未盛，朝于大旺，泽于将衰，流于囚谢"，从而建构了"源—生气、派—未盛、朝—旺、泽—衰、流—谢"的阶段形状图。又说"法每一折，潴而后泄，洋洋悠悠，顾我欲留"，说明水以"曲折"为法则，停蓄后方可流走，纵要流走，也是"顾我欲留"。最后一句"其来无源，其去无流"，可以理解为来无影，去无踪。这更像是苏州园林水法。

3. 龙经论四象

《撼龙经》十二处提到龙虎，却未提朱雀玄武。"有穴必定龙虎巧，丑陋穴形龙不住。""真龙身上有正峰，时作星峰拜祖宗。但看护送似龙盘，又有迎送如虎踞。随龙山水皆朝揖，狐疑来此失踪迹。""真龙直去向前行，四向漫成龙虎穴。""弼星作鬼如围屏，或从龙虎后横生。横生瓜瓠抱穴后，金斗玉印盘龙形。""官不回头鬼不就，只是虚抛无落首。龙虎背后有衣裙，此是关拦拜舞袖。""明堂也有如锅底，横号金船龙虎里。直号天心曲御街，焉蹄直兮有曲势。""子孙三代垂鱼袋，右上三鱼虎身外。三代子孙袋赐金，三重横盘龙外寻。"

《疑龙经》没有提到朱雀玄武，只提龙虎，也是成对出现。"龙虎背后有衣裙，此是关拦拜舞袖。虽然有袖穴不见，官不离乡任何受。""钩钤健闭不漏泄，内气无容外气残。外阳朝海拱辰入，内气端然龙虎安。""龙形若有云雷案，人善享年也长远。蛇虎若遇蛤与狸，虽出威权势易衰。"

4.《地理人子须知》评四象

明代地理书中，此书关于四象最为全面，各家四象之说汇编于此。书中大量引用前人的堪舆案例，也附有大量徐善继徐善述两兄弟自己实践，对四象应用的操作方法细致深入。在历代书中，四象之说，无出其右。

《地理人子须知》的四象，一指易经的太阴、太阳、少阴、少阳，二是指穴的窝、钳、乳、突；三指天阴、天阳、地柔、地刚。四神才指朱元龙虎。记载了南宋傅少华伯通上表临安虽有"四神具足，八景宽容"，但"只宜为一方之巨镇，不宜作百祀之京畿。驻跸暂足偏安，建都难奄九有"。在"论枝龙"中说："海门三山渺如拳。四神八将、三阳六秀皆相拱照。葬后出南宇公仪，登进士，入翰林，官至内阁大学士。今富贵未艾。"吴公《指南》说平洋龙难辨，"其做穴处，四神八将，自然应副，堂局水城，自然回抱"。"乍看似无好处，细玩却有妙理。故平洋地所以难寻而又难识也。"评台州府南紫纱岙金侍郎祖："两畔耸起尖峰，天乙、太乙、四神、八将、三吉皆相拱照。青龙本身一臂包外，双塔挺然，应山远在云霄。"

南昌梓溪刘季直请《地理人子须知》作者徐氏去白湖岭看葬地，徐说："钳曰：湖峰美地穴难扦，左畔仙宫汝占先。二十四神皆揖拱，三十八将尽朝元。捣药杵声犹未息，此龙杖住老龙眠。丑山未向坤申水，子息金阶玉殿宣。先出文林并奉议，南乡北保置庄田。税钱三万七千贯，金玉盈箱不计年。三代神童如及第，生成铁树亦生烟。若问人丁多少数？芝麻一石数当添。"

评泉州晋江乌石山："本身二水合襟绕抱，内堂交会，外洋宽平，前峰端耸如顿笏，当面海水九曲来朝，左右诸峰罗列，四神八将应位，三奇六秀咸集，真美地也。葬后六十年，出榜眼仪庭公凤翔。"

"论罗城垣局"引赖氏语："四神八将应位起。"评乐平十六都江家桥的许学士祖地："前朝后护，左回右抱，天乙大乙，直符真武，三阳六建，四神八将，计一十六龙朝拜，主二百年大旺，登科及第，文经武纬，世代义门，朱紫不绝。"董德彰著有《四神秘诀》。

"亥龙之穴"引《催官诗》评："催官第一天辅（壬）穴，天皇（亥）气从右耳接。穴宜挨左微加干，天皇贯穴气无泄，四神八将俱朝迎，紫绶金章在前列。"

在"吉砂类"中"四神全"指："乾坤艮巽曰四神，皆有峰峦高嶂，主贵。缺一亦减福力，故曰四神全。""八将备"指："艮丙巽辛兑丁震庚曰八将，亦曰八贵，皆有峰峦齐起相应，主贵。"引赖氏语说明："四神八将应位起，龙真穴的齐卢崔。""四维列"指："四维即四神，有峰高秀，主贵；低而重迭，主富。"又引赖氏语："催官之砂维四方，云霄屹立官爵强。四维低峰迭迭起，千仓万箱耀州里。""四神剥"指："乾坤艮巽之砂有石点剥，主凶。"引赖氏语："四神乌石生点剥，家道终须见消索。"

玄武："论南龙所结帝都垣局""而钟山峙其东，大江回抱，秦淮、玄武湖左右映带，两淮诸山合沓内向，若委玉帛而朝焉。""论龙父母胎息孕育"道："而洪悟斋又拘于节数，谓自玄武顶一节为父母，二节为少祖，三节为曾祖，四节为高祖，亦太泥耳。""自此少祖山下，或起或伏，或大或小，或直或曲，但以玄武顶后一节之星名父母。父母之下落脉处为胎，如禀受父母之血脉为胎也。其下束气处为息。如母之怀胎养息也。再起星面玄武顶为孕，如胎之男女有头面形体也。""论龙行止"道:"若乃龙之真止者,则玄武顶自然尊重不动。"评吾邑暖川香潭岭祝解元祖地:"内局团聚,外阳暗拱,水绕青龙而缠玄武,门户交固。后乐龙楼宝殿,势贴青霄,真美地也。左臂龙势尽处,后串来龙。"评"横水局"道:"又要下关山逆土拦水有力,及水缠玄武,水口紧密为吉。此局极平稳。"评永康县徐侍郎祖地:"殊不知十里田源暗朝,绕过明堂而缠玄武,大溪水交会,真龙尽气钟之吉也。"被凿毁龙脉之地不可作主山,"故子微乃以掘凿乱理者,谓之死玄武,不可复用。"引《玉峰宝传》评沙地不可葬,因为没有生气,"子微又有玄武憔悴,玄武涸燥之说"。

"骑刑穴"是指"穴在龙脊上,故曰骑刑,要立穴处平坦为真。亦曰玄武吐舌"。"与压杀穴同。"引《吴公穴法》语:"玄武嘴长高处点,高处寻平坦。"杨公谓之地劫。又引《经》语:"地劫穴下原有嘴,玄武扛尸正谓此。退田笔动土牛走,其實玄武长而已。虽长山水若横阑,地劫翻然增福祉。"

引《地理集解》说三停点穴法就是依山坡地的高低而分天、地、人三才点穴法,若高则应为天穴,"又玄武觜长,反点人穴、地穴,俱为悞也。如点人穴,则左右山,应、案山欺压过眼,主子孙顽钝,福禄不旺。若点地穴,则左右山,应、案山压倒穴场,主子孙衰绝,祸患频并,久则人丁绝,财产败尽。若左右山,应、案山不高不低,则当就财禄而点人穴为当,不可怕玄武长水跌而点地穴。""垂头穴"引用诗曰："垂头玄武有真龙，此穴天然不易逢。急来缓受宜离杖，百口儿孙禄万钟。""入式十二例杂论"道："三曰流：流走不顾，随水而去。或左右山不收，或玄武、朱雀尖窜。""刘白头十般无脉绝"有一绝是"马眼绝"："来龙急而玄武高昂，不受穴，孤露受风吹，水必不聚堂，一无可取，何必泥亥龙艮龙哉！""洪梧斋二十四杀穴"之"长颈"穴，是指："玄武垂下，颈长如绳，而且纤细。头上成星，而入首不昂，两边杀水又劫，全无生气，不吉而凶。""吐舌"穴是指："玄武吐舌，若龙真而左右有情，亦有截法，所谓"玄武嘴长高处截"是也。""玄武壁立"穴："玄武不垂头者，谓之拒尸。故但凡穴前，必须要平坦，否则不纳穴，皆是拒尸。""玄武壁立，不纳也；虎逼堂，捶胸拭泪也。"

有古歌评骑龙穴："无龙无虎无明堂，水去迢迢数里长。玄武虽端气还过，庸师安敢忘评章？""左右护龙并护水，回环交锁正龙居。"评泉州府八尺岭尚书祖地："左右弯回，内堂平聚。""但主星卓峻冲霄，虽明堂中仰望后顶，高入天际，不见垂落之脉，似乎玄武拒尸。且火星刚燥，亦不融结。不知连迭平坡，则是生土。火以生土，急中有缓，矧两肩垂落，重重绕抱有情，风气藏聚，龙旺穴尊，朝端从美，真吉地也。"

《地理人子须知》把龙虎砂分为自身龙虎、外山龙虎和凑合龙虎。自身龙虎指主山发脉形成左右龙虎。外山龙虎指外重的辅弼山成龙虎。凑合龙虎指左右砂缺一，则以水代替，尚可称善。把龙虎吉类分十格：龙虎降伏、龙虎比和、龙虎逊让、龙虎排衙、龙虎牙刀、龙虎带印、龙虎带笏印、龙虎带剑、龙虎交会、龙虎开睁。龙虎凶格分十类：龙虎相斗、龙虎相争、龙虎相射、龙虎飞走、龙虎推车、龙虎折臂、龙虎反背、龙虎短缩、龙虎顺水、龙虎交路。

《地理人子须知》专门"论前应后照"："穴前案外之山，谓之前应；穴后玄武顶背之山，谓之后照。亦曰前照后盖，即前朝后坐之山也。谢氏谓之前亲后倚；陈氏谓之在后者为宝殿，在前者为龙楼；卜氏谓前帐后屏；刘氏谓特秀在前，屏幛在后；郑氏谓群峰独秀矗矗于其前，迭帐献奇层层于其后。""皆指此也。周东楼谓前应即第二重案山，及三重五重皆是。要尖如笔，卓如笏，方如诰轴，重高一重，如衬锦然，皆端正美好者是也。后照即福储峰，乃祖山在结顶之后，或两臂之外，尊贵高大，矗矗然托护于玄武，如宝座，如御屏，如帏帐、帘幕者是也。若回龙、脱龙、横龙之穴，不得祖宗为照山，亦须外山之尊贵高大者在后托护之，使玄武枕以为照，而不陷于空亡可也。有等怪穴，翻身逆势，坐空以当朝水者，又有坐后有深潭融注，或水缠绕合襟者，皆不以此拘也。其前应之山，若得有近案山可关内堂，则外虽无应山，不害其为吉地。卜氏云"外耸千重，不若眠弓一案"是也。杨公以向前空阔无朝应为人劫。若当面有水阳朝，或有低近之砂横抱，则不忌。故曰："人劫当从向上求，面前空阔要远朝（如无远朝，是犯人劫）。有水特来砂横抱，信知人劫小为妖。"大抵前应后照山俱全而重迭者，尤为上吉。二者较之，后照尤紧。万物负阴而抱阳，故穴后不可以无屏障以蔽背风。其坐后高山，亦谓之天柱峰。卜氏云："天柱高而寿彭祖。"亦谓之福储峰。赵缘督云："后座重重高照，百福攸集。"故有此山，则主福寿双全，康宁百顺，人丁蕃衍，富贵攸久。如承天曾司空始祖地在彭泽者，其前应后照重叠齐整，故司空乔梓，高寿厚福，夫妇齐眉。诸孙蕃衍，四世同堂，满门朱紫，百福咸集，是其格也。又徐国公始祖地在丰城者，亦以后枕帝座，盖照有力，前应齐全而吉。

评彭泽九都桥亭曾尚书文庄公祖地："外洋诸峰，如挂榜，如天马、文笔、席帽，种种罗列，前应后照齐全。水口狮象捍门，流神绕青龙，缠玄武，诸吉咸备，真美地也。"评泰和县蜀口欧阳尚书祖地："穴当逆朝大局，罗城垣聚，远秀拱揖，赣河特朝，与小源合会，绕青龙，缠玄武。而河中巨石、禽曜关锁水口，以为贵证。左手一穴，俗呼水推罗磨形，亦美地。"

"拱背水"是"拱背者，乃水缠穴后，即水绕玄武。《赋》云'发福悠长，定是水缠玄武'是也。主富贵绵远。盖水能聚龙之气，水缠尤胜山缠，故尔。"

"洛书图说"引丘公云："按《易》曰：'洛出书，圣人则之。'《书》曰：'天乃锡禹洪范九畴，彝伦攸叙。'在昔夏后氏遇神龟载书出洛，其数始于一而终于九，夏禹因之平定水土，分别九川。箕子因之以作九畴。盖以先天八卦相为表里。地法因之，以明九宫八卦、门户内外。故南朱雀，北玄武，东青龙，西白虎，四正之方始定。是以圣人南面而立，向明而治，法乎此也。"

"水法定论"道："有六神水法，以青龙、白虎、朱雀、玄武、勾陈、腾蛇论水者，取青龙配木，白虎配金之类。"

龙虎之说如下：

在"论枝龙"中道："须要成星体，合龙格，有起伏，有夹送，而龙虎、应案、堂气、水城、下关、门户皆合法度，穴情十分明白，始为真结，亦主富贵。"

评承天府大洪山曾尚书祖地："张子微谓之天鼻穴。左右龙虎回抱，内外明堂环聚。"杨筠松《龙经》评支龙："只来山下觅龙虎，又要乳头始云吉。"杨公《画筴图》评"平地之脉"："又曰：高山行龙，势落平地，无踪无迹无龙虎，形如铺毡展席，散如碧玉之纹、浪花滚月、雪里飘梅，如灰中之拽线，如草里之寻蛇，详加目力，细辨阴阳。切要诸水聚堂，朝对尊严，球檐下合分明，气脉自然融结，沙水来去得位，门户重重关闭，坐下宾主有情；又要明堂如锅底，四围不倾泻，水口不通舟，可谓吉地矣。"《寻龙歌》云："平洋大地无龙虎，杳杳渺渺寻何处？东西只把水为龙，下后出三公。"《入式歌》云："茫茫四畔无龙虎，君欲寻龙向何处？地师只把水为龙，交流便是龙归路。"

"论龙入首"："若少祖至近穴节内并无吉星，不合诸格，或懒缓怯弱，死硬臃肿，粗恶直长无枝脚，或枝脚拖泄，散乱尖利而成鬼劫，任是龙虎、明堂、朝案件件皆美，奈何坐下无龙，真气不钟，诸般美利，种种成空。"

"论龙剥换"："纵有形穴、龙虎、案对、明堂诸般合法，奈何龙无脱卸，无变剥，气不全，脉不真，徒有杀气凶恶，乃花假之地。故凡寻龙，见无过峡剥变，决无融结造化，不必追寻矣。"

"论龙枝脚桡棹"："左龙全身活动摆折，如生蛇出洞、仙带飘空，即芦鞭袤、之玄龙、九天飞帛等格也。此等龙不论枝脚，但要缠从周密，又必起顶结穴，有本身龙虎，不藉外山而穴自暖，乃为真结。此格最贵。若出自台屏帐盖之下者，主神童状元，才名冠世。"

"论龙真假"："入首之际，亦有下手，亦有明堂，亦有龙虎，亦有朝对，奇峰罗列，逞异献秀，登局快目。昧者不察而葬之，往往求福得祸。""虽然有龙虎，或反走无情，或曲腰折臂。虽有朝山，头或尖圆而可爱，脚则走撺而可嫌。盖大本已失，龙既不真，则融结花假，自然件件不美。所谓一事假，其余皆假，纵使龙虎、对案、堂局、砂水一一合法，文笔插天，秀水特朝，亦无甚益，况背戾者哉！"

"论龙奴从"认为龙山主穴是有诸山四绕，跟从护卫，所谓"云从龙，风从虎，众星拱极，自然之应也"。廖氏云："迎龙先在穴前揖，送龙穴后立。缠龙缠过龙虎前，托龙居后边。"杨公云："送龙之山短在后，托山不抱左右手。缠龙缠过龙虎前，三重五重福延绵。"《汇天机》认为龙虎砂山起保卫作用，"卫是护龙左右随，不令曲风吹。侍在穴前分两边，端拱默无言"。"夹卫辅从两边生，后送更前迎。"《宝鉴》云"真龙之行，群山朝揖，有随有从，有迎有送，有关有护"是也。"然从龙之山不曰从砂，而曰从龙，必其亦有星峰磊落，奔走栖闪，逶迤活弄，顿跌起伏，桡棹摆布，亦能眩惑人目。昧者多误以从龙认作正龙。"故从龙之砂主要指左右龙虎砂。

评乐平县岩前的北宋洪皓的曾祖母葬地，吴景鸾弟子洪士良道："但穴前逼迫，既无龙虎，又无明堂。其穴后之山又连起四峰，成星体，而去甚远。"德兴县新营水南五里的乌石源，宋参知政事忠定公焘祖地，是倒骑龙穴，赵缘督翁云"十个骑龙九个假"，作者徐氏兄弟评："且近案既不端尊，远朝又不秀异，又无龙虎，又无明堂，又不见水"，国师吴景鸾却择此地，因为前三峰，后七星，后一门出一宰执、二候、进士五十余人。

"初落龙"是刚从祖山剥落发下距离不远的龙穴主山，"朝山耸前，托山列后，或祖山作乐作障，而龙虎护卫，明堂融聚，下手重重，水口周密，四山团拥，骨肉一家，亦为真结"。"逆龙"是与主山相反的祖山格局，"盖其龙自离祖以来，高下不伦，忘前忽后，行度处桡棹不随，入穴处龙虎不卫"，是凶山凶地。

"旁受穴"，"旁受者，多是正龙旺盛，或于过峡处，或于枝脚桡棹间，于缠送护托从龙之上，或龙虎余气、官鬼之所，带有小穴"。所谓旁城借势，别立门户。

评建阳麻沙母鸡岭，"尽处虽有明堂、龙虎、秀峰可观，而真气不到，不结穴"。但有外砂秀峰，地师评为"螺蛳吐肉穴居肉，九世九贤出"。评德兴暖川香潭岭的祝解元祖地："至将尽未尽之际，闪落一脉结穴，不见大局。左右曜气飞扬。对面观之，俨若龙虎不包。顾及登穴，则拱卫有情。"

说地理龙穴是自然形成，天造地设，"故凡龙穴既皆生成，则砂水莫不应副，而龙虎、明堂、水城、对案、罗城、水口，自然件件合法"。砂水"如云之从龙，风之从虎，各以其类应耳"。证穴指确定落穴选址，有多种方法，其一曰穴证，"则兼取夫前后左右、龙虎明堂之诸应"。德兴南门外余氏祖地，是赖布衣所择之地，"朱国本问曰：余氏此地，分干大龙开帐，穿心中落结美穴，明堂、龙虎、朝对、水城、水口，无一不贵。"徐氏评泰宁洪港口杨氏墓，"兼以僻在万山中，局甚逼窄，无龙虎明堂，不见外洋，不入俗眼"。

穴分几类，钳穴是其一，指左右龙虎砂山紧夹，"凡直钳、长钳，皆紧夹贴身，入穴抱掬有情。不似龙虎推车，长直无情之比，方为真格"。

丰城县龙门黄大参祖地："穴下虽峻，而贴身龙虎弯抱交固。左右御屏夹耳，外重龙虎迭交，水绕之玄，狮象龟蛇镇塞水口，取作将军大座形，阴囊穴。"

乳穴为穴局之一，"论闪乳之格"道："龙势到此起顶，偏下作穴，而中出之乳粗硬斜曲，无穴可下，正气闪在一边，乃以中乳为龙虎护卫之沙，此穴极为难认。"婺源大白巡司东倪氏祖地，历经三扦，"是地也，先葬中乳总会，又葬中乳尽头。要知皆缘贪砂水、明堂、龙虎为惧。复扦闪乳之上，始得其真"。永康县徐侍郎祖地，"有突而不葬于突，不串龙势，不对明堂、龙虎，俗眼即为死气之处"。

穴证卷首语道："求之于左右，则龙虎有情，缠护俱夹。"在"朝山证穴"中举例乐平县军山刘汉祖地，"龙虎有情，明堂融聚"。在明堂证穴中道："中明堂是龙虎里，立穴要使相交会，否则失消纳。"龙虎证穴亦是重要的证穴法则，全文如下：

董德彰《秘诀》云："观龙虎住处，定穴之虚实；观龙虎先后，定穴之左右。龙有力则倚左，虎有力则倚右。龙虎低则避风，就明堂扦地穴；龙虎高则避压，舍明堂寻天穴。"范越凤云："龙强从龙，虎强从虎。"皆龙虎定穴之大法也。诚以龙虎为卫区亲切，穴场取以为证，亦至当不易之理。是故龙山逆水则穴依龙，虎山逆水则穴依虎。左单提则穴挨左，右单提则穴挨右。龙虎山高则穴亦高，龙虎山低则穴亦低。龙山有情穴在左，虎有情穴在右。龙虎山皆有情，不高不低，则穴居中。此皆龙虎证穴之要诀也。复有龙山欺穴，宜避其龙而依虎，虎山压塚，须避其虎而依龙。龙山先到则收龙，虎山先到则收虎，皆莫不以龙虎二山而取则焉。其有无龙虎者，则卜氏有云"无龙要水绕"。

左宫无虎要水绕右畔，此不易之论也。穴依其有，不依其无。

诸法证穴，不可拘泥，"盖地固有无朝应、明堂、鬼乐、龙虎、缠护、夹照而有结作者，岂可尽泥于此乎？"

在"凹缺"中说，忌左空右缺，即龙虎不齐，"亦有似凹缺而非凹缺者，本身龙虎或低或陷，而外山辏集补障，则无所忌"。蔡西山所谓"久缺不齐，天地之奇"。在"幽冷"地中说，地此有利保存骨骸，子微云"四向山高形穴壮，古木万仞开高枝。龙虎交牙内深邃，山无正穴勉强为"是也。在"巉岩"中引进贤县渐岭为例，道齐、徐、李、王、樊五姓皆葬此地，"其首结者，为齐氏祖地，托长老下，俗称百子千孙地，自御屏中落，垂乳结穴，龙虎弯抱有情，穴前余气长，故人丁旺"。

在"以太极定穴"中说："前要对案山，下要就明堂，左右要分龙虎，十道无偏方可。"在"以三势（立、坐、眠）定穴"中道："天穴者，山势如立，星头如俯，出脉、结穴、生晕皆高，朝对、龙虎、四势相等，明堂、水城件件应副，穴前又有平地，此皆山水结聚于上，移下则散。""地穴者，山势如卧，星头如仰，出脉、结穴、生晕皆低，朝应、龙虎四势相等，明堂、水城件件应副。""人穴者，山势如坐，星头不俯不仰，出脉、结穴、生晕皆不高不低，朝应、龙虎、四势相等，明堂、水城件件应副。"天穴则杨公说："高山不论水"，张紫琼真人《穴法诗》云："上停之穴家豪强，宾主达特龙虎昂。高山不必问流水，时师休要泥明堂。"

在"以四杀定穴"中说，"四杀者，藏杀、压杀、闪杀、脱杀也"。坚立直硬为杀。"一是穴星及左右龙虎山带杀，皆当以此四杀法定穴。""其穴星左右两脚下，及近穴两边龙虎山皆圆净，并无尖直，谓之神杀藏伏，穴宜居中，则下藏杀穴。穴星左右或脚下尖直，及两边龙虎之山有尖直，谓之神杀出现，穴宜高处。董氏云："高则群凶降伏，宜下压杀穴，谓之骑刑破杀。穴星及龙虎山，或左或右有尖直，谓之神杀偏露，穴直挨圆净一边，谓之趋吉避凶，当下闪杀穴，闪恶脉以就吉气，脱凶而葬。"又说忌交剑水，用土培补可用，"此穴星与龙虎带杀，而以四杀法定穴也"。

在"以饶减定穴"，"饶减者，消长阴阳之义，收左右沙水顾穴也。大抵以先到者为主，而以逆水下关为是，多在龙虎二山消息之"。龙砂虎砂谁先到穴则减谁，"故龙山先到则减龙而饶虎，其穴必居左；虎山先到则减虎而饶龙，其穴必居右"。

在"以向背定品味股"中引蔡牧堂云："向背者，山川之情性也。"把地理与人情相比拟，"夫地理之与人事不远。人之情性不一，而向背之道可见。其向我者，必有周旋相与之意；其背我者，必有弃厌不顾之状。故审穴之法，凡宾主相对有情，龙虎抱卫，无他顾外往之态，水城抱身无斜走，堂气归聚无倾泻，毡褥铺展无陡峻，此皆气之融结，而山水之情相向也"。引吴公《口诀》云："但登正穴试一观，呼吸四维无不至。"徐氏兄弟说："其不曾下得真穴者，必细审无情。虽共山共水共明堂，共龙虎案对，只咫尺间，或高或下，或偏左，或偏右，便非正穴，自然山水不相照应。"顾盼有情主要指砂与明堂关系，所谓来朝为贵，狮子林所有建筑皆有美石相对。历代画论中亦推崇此说。

"以近诸取身定穴"主要模仿人体穴位定穴，如脐轮穴用诗曰："降势端圆气脉雄，两边龙虎却平胸。直须透取脐轮穴，高点低扦总是空。"丹田穴作诗曰："龙虎盘旋开股肱，丹田之穴要分明。高犯天罡低犯绝，股肱登对穴相停。"膀胱穴作诗曰："降势雄高龙虎低，两边垂下又坑溪。只宜堑取膀胱穴，若高一穴便凶危。"脚胻穴作诗曰："山水堂堂列面前，胻头一穴自天然。虽然此地无龙虎，水绕山环气脉全。"肩井穴作诗曰："山如人坐作人形，龙虎腾腾作气迎。肩井窠中钟正气，高低取应要分明。"《指南》云凡地起顶垂乳，又有两臂作龙虎者，便以人形取之，下咽喉、肩井等穴。若无两臂，但作小坡钳之类，即以手诀取之，下大指根，及点盐指根，并虎口中等法，所谓"有臂盘环只像人，无臂手中分"者是也。这种拟人之法，是堪舆常用之法，在建筑、规划和园林设计中十分常见。

"以远取诸物定穴"，引双湖谢氏云："喝形本欲教初学，而初学懵于五星、顶脉、龙虎、分合之理，决不能因形知穴。明于风水者，则自能知穴，又不待求之物象之粗。"

"以八卦定穴"，引观物翁曰："察来山之形势，水神之曲直。若龙虎有情，宾主相应，件件合法，然后察脉点穴。

点穴既定，然后定向。方向既定，然后证之以天星法度。"

在穴忌中论气，引洪氏语："气因势而止，穴因形而结。若其势竟去不住，曰过龙。两边插桡棹，似龙虎，昧者误下。又有腰结及斩关穴不同者。"廖金精六戒，第六就是"偏憎龙虎飞，人口主分离"。青乌仙十不相，第一就是不相粗顽丑石。顽石粗丑，形类凶恶者不可相也。"亦有龙身及穴星，左右龙虎皆粗石，而穴间不见，且穴星纯土者，则吉。如沐国公地，来龙纯石，拔笔入云。近而视之，巉岩峻峭可惊。及临穴，左右皆石，只是当穴纯土，光彩明白，所以吉也。"福建兴、泉诸名地，多有石。四不相单独龙头。"单山独垄，孤寒无倚，不可相也。""亦有大龙独行，而至结穴处，开窝钳，有龙虎者不忌。"十不相龙虎尖头。尖头相斗乃凶相。但是若尖而不射不斗，多是曜星发露，则作为贵地之证。杨公云："或斗或射尖如针，两边相指穴前寻。非为子息多清贵，更须积玉与堆金。"

"入式十二地杂论"说的是十二实体要素的形局，其中，第五是"回"，即"峰峦环合，入来相揖，龙虎宛转回抱，归向不流者是也"。又列刘白头十般无绝脉，第一为山凹绝，"如居山谷，且要藏风。此山凹而龙虎腰缺陷，风吹其穴，主绝。"廖氏云："第一莫下凹风穴，决定人丁绝"。又覆钟绝，"形如覆钟，高耸而直硬峻急，可寻下吐粘穴，要龙虎护卫其覆钟"。

洪梧斋二十四杀穴，"大抵穴星粗顽，破碎、壁峻、丑恶、壅肿、尖利、瘦削、柔弱、脉露、硬直不悠扬，皆谓之杀穴，必来龙不真，故作穴不美，而水城、案对、龙虎纵合矩度，亦为虚花，不可贪砂水而失龙穴之根本也"。反肘指"无情向穴，谓之龙虎反眦，主悖逆争斗，不孝不义，凶莫大焉。"又道："虎逼堂，捶胸拭泪也。"

"怪穴破惑歌"道，巧穴是"天巧山顶分龙虎，峻地平夷有门户"。湖滨穴是"只来山上觅龙虎，又要乳头始云吉。不知山穷落坪去，穴在坪中贵无敌"。长乳穴，指"一乳中出独长，两边龙虎抱卫不过"。地师常弃之，但是，徐氏认为，正脉气力旺盛，"至结穴处，开窝开钳，自有本身龙虎卫穴，外山护脉，虽后来左右为托送之山短缩，缠不过穴，亦不为害"。引杨公云："贪变廉贞梳齿样，长枝有穴无人葬。人言龙虎不归随，谁知葬后生公相。"鹤爪穴指穴形如鹤爪，主山长，龙虎短，杨公引以为异穴，"禄存带禄为异穴，异穴生成鹤爪形。鹤爪之形两边短，一距天然撑正身。此是禄存带禄去，长股之穴为正形。起顶或成衣冠吏，短短低生左右臂。左臂短如插笏形，右臂短如佩鱼势。时师到此多狐疑，却嫌龙虎不缠卫"。左臂即龙砂，右臂即虎砂，左笏右鱼，是为吉相。

歌云："丑穴少一臂，时师容易弃。"徐氏注道："世俗论地，只爱左右均匀。"若有欠缺则不取，此其常耳，但真龙"诡异之穴，多不齐整。或有龙无虎，或有虎无龙"。古歌云："有龙无虎亦为吉，有虎无龙未是凶。只要外山连接应，分明有穴福常丰。"卜氏云："或有龙无虎，或有虎无龙，无龙要水绕左边，无虎要水缠右畔。"范越凤云："水来自左，无左亦可；水自右来，无右亦裁。"张子微云："又有如钗长短股，无乳无穴何处取？此名龙缩缩处寻，短股头间气脉聚。或左或右穴皆然，定有外山作龙虎。"杨公云："也有左长右枝短，也有左短右枝长，世俗庸师多不取，岂知异穴生贤良。"蔡氏云："欠缺不齐，天地之奇。"此异穴，可用饶减之法定穴即可。

歌云："怪穴如鬪斧，须要鬼乐守。"徐氏注道："鬪 [dòu，古同斗] 斧之穴，如穿针对线，横来直受，直来横受。"杨公云"亦有异穴如鬪斧，不拘左右生龙虎。横龙却向直中扦，直山却向横中处"。鬼砂和乐砂为主穴后面和侧面的砂。有鬼乐砂即可证穴。廖氏云："横龙结穴必要鬼，乐山宜后峙。"蔡氏云："此等之穴，先看有鬼无鬼，次看前山朝水。二者相应，再看托乐，便可下手扦之。若无鬼乐，从有前面山水，不可下也。"

歌云："怪穴无龙虎，何人将眼睹？"徐氏注道："世俗看地，惟求龙虎二山弓抱而已，此外无复知识。"引杨公语："只来山上觅龙虎，又要圆头始云吉。"徐氏又说："殊不知龙穴真结，不必有龙有虎。若龙穴不真，纵是有龙有虎，反为花假之地。"引《经》云："君如识穴不识怪，只爱左右包者是。此与俗人无以异，多是葬在虚花里。虚花左右似有情，仔细辨来非正形。虚化作穴更是巧，仔细看来无甚好。"

论怪穴中道：引《黑囊经》"穴要有包裹，包里穴无破"为正论，并认为"怪穴有扦于无龙虎之法"。

"巧拙万金歌"云："开枝依旧有遮拦，过形只是无针线。"徐氏道："此乘上假穴多有乳中垂，左右亦有龙虎遮拦，只是后龙不真，全无度峡，来脉不明。"所谓针线指的就是龙脉。无来脉有龙虎则非吉地。又歌云："龙真穴丑，造化之微机也。"徐氏举例道："又有徐州一穴地，朝秀堂宽龙虎卫，人争插葬有五坟，发迹政功总不闻。""假穴明堂宽大，朝对秀丽，龙虎抱卫，而坐下无龙，葬者败绝，顾何益哉！"附南安傅氏祖地，称之为金盘献花形，"来龙甚远，地结平冈，周环皆石，盘也。盘中小石旋转，穴安中央，以小石为坐为朝为龙虎，乃石巧穴"。永康王都谏祖地图是泥水怪穴，"二水交会处，忽起小小石山远抱，以作龙虎及近案为证"。绩溪张氏祖地是阴骘地，"穴结山巅。其后大帐两角皆环抱过前，以为龙虎交结"。

在拨砂篇首，徐氏道："夫砂者，合前朝、后乐、左右龙虎、罗城、侍卫、水口诸山，与夫官、鬼、禽、曜，皆谓之砂也。"《地理人子须知》有专论龙虎的"论青龙白虎"篇，引用如下：

《葬书》曰："葬以左为青龙，右为白虎。"《心经》云："地理家以左为青龙，右为白虎。"夫所谓青龙、白虎者，穴左右二臂之异名也。《曲礼注》云："朱雀、玄武、青龙、白虎，四方宿名也。"然则地理以前山为朱雀，后山为玄武，左山为青龙，右山为白虎，亦假借四方之宿以别四方之山，非谓山之形皆欲如其物也。俗乃谓左山欲象龙，右山欲象虎，谬矣！夫龙虎以卫穴得名，固不可无，然亦不可深泥。盖地亦有无龙虎而吉者，亦有龙虎俱全而凶者。要之，龙真穴的，初不拘此。苟龙不真，穴不的，纵有极美之龙虎，终属虚花。然又有说焉。《经》曰："噫气为能散生气，龙虎所以卫区穴。"盖以葬者乘生气也，而气乘风则散，必有龙虎二山以卫之，则穴场周密，生气融聚。但其山有自本身左右发出两臂为龙虎者；有本身独出，而两傍之山生来抱我为龙虎者；又有一畔就本身发出，一畔是外山生来凑成龙虎者。以本身发出者为上，而他山假合者次之。皆须裹抱穴场，勿令孤露受风为美。其形则初无定规，但要护穴有情。《囊金》云："最宜回抱，与穴有情。"《葬书》云"青龙欲其蜿蜒，白虎欲其驯俯"是也。又须左右揖让，高低相称方吉。切忌两相斗竞，及尖射、破碎、反逆、走窜、斜飞、直长、高压、低陷、瘦弱、露筋、断腰、折臂、昂头、摆面、粗恶、短缩、迫狭、强硬、插落、顺水、飞走、如刀、如枪、如退田笔，或生巉岩之石而成凶恶之状，或东西窜射，或虎衔尸而嫉主，或龙虎齐到而雄昂相斗，或左右凹空而风射穴场，皆为不吉，不可不察。又看水从左来，虎山宜长；水从右来，龙山宜长。又要下手一臂逆关兜贮上手，方为有力。廖氏云："龙虎古称卫区穴，祸福最亲切。"

卜氏云"龙虎尤要详明"，岂可忽乎？故须有真龙正穴，而左右龙虎二山或有不足，亦未可为全吉。又须检点，恐结作未真，或点穴不当。如其结作真，点穴当，而龙虎不足者，乃天地无全功，造化有亏缺不齐处，也须扦葬，但公位不均，付之福缘，君子勿泥也。

青龙管长房，四七十房同占；白虎管幼房，三六九房同占。此泛语耳。若断祸福，须分管各房，年代吉凶亦然。举二图式，可以类推。中房论明堂案对，亦有远近，分管二五八房之异。大抵君子择地，求安吾亲，公位置之勿问可也。分管者，如长房以第一重青龙论之，四房以第二重青龙论之。若第一重好而第二重不好，则第一房吉，第四房不吉。他仿此推。其说亦多不验，君子勿泥。

上龙虎吉格，不能尽述，姑举十者以为式。彼龙虎之降伏者，低降俯伏，弯抱有情也。比和者，左右均匀，不强不弱也。逊让者，或前或后，而不相斗竞也。吴公云："龙降虎伏，义门和睦，子孝妻贤，身膺五福。"范越凤云："龙虎两纯和，才子定登科。"卜氏云："虎让龙，龙逊虎，只要比和。"杨公云："饶龙让虎君臣足，下了令人增福禄。堂上资财似涌泉，积谷堆金无数目。"故此三格皆主一门和义，富贵平康，兄爱弟恭，妻贤子孝也。第四格龙虎排牙者，两畔重迭，如官贵升堂，而役卒执杖排衙也。范氏云："龙虎两排衙，富贵播京华。"亦须交互而不使元辰水直去为吉。第五格龙虎带印者，左右皆有墩埠也。吴国师云："左右双垂金弹子，七岁神童通经史。不但文章四海传，更有威权振人主。"第六格龙虎带牙刀者，两畔拖尖利也。范氏云："龙畔牙刀出，身着绯袍笏；虎带牙刀形，为将统千兵。"第七格龙虎带印笏者，一畔圆墩，一畔直埠也。董氏云："印笏如生龙虎身，才子英雄压万人。"第八格龙虎仗剑者，直而尖也。吴国师云："龙虎仗剑剑头尖，自由斩砍掌兵权。"徐国公祖地合此格，详见砂法卷图。自排衙至此五格，皆主贵有威权，能文能武也。此五格有似带曜，但曜则联属不断，此则断而复续为异耳。第九格龙虎交会者，左右绕抱过宫也。吴公云："龙虎相交抱过宫，赀财易发永丰隆。"故此格主易发财禄，而富贵悠久也。第十格龙虎开睁者，两畔开展落肩，然后抱搠弯曲也。睁即肱也。《礼》曰："并坐不横肱，恐防左右。"相地亦似相人，今开睁，亦如人之横肱，祇见其轩昂骄傲耳，故此格主贵而立威，傲物轻人，有昂昂之态也。

在"总论朝案二山"中说，"即无近案，亦要左右龙虎砂相交固，关聚内气，此则如同有案"。

建阳翠岚山蔡西山自卜葬地，"以俗眼论，龙虎、明堂、朝对，若无一可取，反似穷源僻坞。不知大龙奔行数十里，于此融结。而溪水环绕，拦截包转，龙将焉往？穴结拥从之中，极其周密，所谓藏风聚气者也。虽不见外洋，不害其贵也"。兰溪县范氏祖地，"龙虎均匀奇巧，近案逆水弯抱有情"。丰城桐槽徐中山王祖地，"到头丑怪，穴似散漫，龙虎带剑，似乎分飞不顾，俗见无不惊骇"。引旧记："帝座后殿，贵人前席。日月捍门，龙虎持戟。有人葬着，王侯两国。"徐氏评："龙虎俱带贵曜，兄弟皆掌兵权。"丰城长安之蟹坑孙溥解元祖地，"且左右龙虎均匀，当面天马双峰正案，田源潮水聚堂，下关水口交固，真可称贵地"。广信新潭丁知府祖地，"龙虎护穴，如牛角弯抱。肘外则直长无情，元辰长。而外山上首高出，下手空旷为异耳。盖元辰虽长，前有湖水聚注；龙虎山内弯外直，却穴间不见飞走。且肘外直长，乃曜气也。上山高大，乃青龙起库。下虽空旷，乃系逆局，大河水绕。卜氏云'水缠便是山缠'也。"德兴县港口笪氏祖地，"龙旺穴尊，龙虎降伏，明堂平坦，而左畔一山顺水拖下，乃是顺关门"。

在"官鬼总论"中说："在前者曰官星，在后者曰鬼星，在龙虎外左右者曰曜星，在明堂左右及水口间曰禽星，亦曰明曜，皆为富贵龙穴之证也。"傅文懿公立《四灵歌》云："禽曜星与官鬼，都是好龙生秀气。穴前穴后龙虎旁，有此定为公相地。""问君何者谓之曜，龙虎肘后石尖生。""官星者，龙虎横抱，穴外背后有山拖向前去者也。""官星在横山龙虎外，故多不见。"吴香山云："凡论地理，只看来龙入穴，左右龙虎，朱雀前砂，及山水大情交会与不交会，四维八峙缺折与不缺折，鬼置之不论可也。"婺源大田寺汪氏始祖地，"入首平冈，结穴精巧。龙虎弯抱，余气悠衍"。穴后鬼星（砂）显贵。

　　"论曜星一"道："凡龙虎肘外、龙身枝脚、穴前左右之砂、明堂下开水口，及龙身随带之间，但有尖利巨石，皆为曜星。""进田、退田二笔，不可全以在龙虎者为是，只以上水、下水取之为当。若在龙而顺水带杀，亦为退笔；在虎而逆水有情，亦为进笔。"苟龙穴既真，所谓"随水顺飞俱冉冉"者，皆贵曜矣，"何分青龙白虎？"乐平大汾潭的沐国公祖地，"穴下余气则陡峻顽硬，而龙虎两山，头虽高昂，脚却俯伏插落，拱抱有情。""惟是武曜发露，巨石巉岩，青龙顺飞，白虎昂雄。"按曰："白虎昂雄，杀伐权也；青龙顺窜，离乡贵也。"宋国师吴景鸾钳记云："恰如龙虎乱纵横，真个得人惊。"德兴治南桃枝源的张尚书葬地，有内外二穴，外穴虽然"龙虎齐整，明堂宽平，易入俗眼"，但最后选定内穴。

　　在砂图中，玉印文星为贵砂，"圆小山埠或石墩也。要圆平，忌破碎。出正面或龙虎左右是文星，若在水口，便为罗星矣"。"上格富砂·进田笔者，凡龙虎之山，带低小之砂，逆水而上者是。吴公云：'进田之砂无左右，只要坟前有。逆来蘸水不教干，买尽外州田。'""亦有不在本身龙虎山，而在外来逆水，穴上见之有情，不尖射者皆是。"张道陵是张良后裔，择江西龙虎山以为道教基地，是因为"后托紫霞诸山，复去数十里为水口，与朝山尽处交结山石万仞，林立两岸，如龙昂虎踞，狮象龟蛇诸怪状。前朝踞齿侵云大溪环绕，罗城周密。"卜氏云："龙虎山中风不动，仙圃长春。"发展为道教圣地。"世传张道陵乃其八代孙,两汉迄今,号称天师。国朝,封大真人,掌天下道教事,世袭二品,今五十代,亦此地之钟灵,与龙虎山阳基毓秀也。"

"论水到局"说:"盖两水合襟,乃穴前界脉鰕须水耳,自龙虎外则不拘之。"

评浮梁县高园朱尚书祖地,"中出微乳,左右贴身龙虎掬抱有情,以结天然之穴。外龙虎自水星帐两臂环抱交纽,如铺毡揸笏,平伏盘固"。课云:"青龙揸笏,白虎铺毡,二纪年后,当为帝王之师。"

合襟水是指穴前界脉上分下合之水,如胸前衣襟之交合,故名合襟水也。脉来则有分水以导之,脉止则有合水以界之,故有小分合、大分合。"其融结有三分三合。穴前后一分合,起主至龙虎所交二分合,少祖至山水大会三分合也。小合为小明堂,大合为大明堂。合龙虎内为内明堂,合龙虎外为外明堂。"以内界水分合审气脉,定穴之聚散;外界水分合审明堂,定局势之聚散。内界水隐微难见,外界水显明易见。内界水收得紧,合流不散,曰天聚,是自然雌雄会也。内界水出,与外界水关得住,合于明堂,曰人聚,是隐然雌雄会也。"明堂外龙虎包,不见水出,曰地聚,是显然雌雄会也。"三分三合更兼鰕须蟹眼,远而"蝉翼、龙虎、缠护明白,前亲后倚分晓,乃融结真切矣"。

"元辰水者,龙虎之内,穴前合襟处水也,乃我本身亲贴者。"元辰水"譬之龙身元气,一滴不可泄也。必须左右有砂拦截，使之曲折为美"。

论明堂中道引刘氏语："凡山势来缓，平平结穴，龙虎环抱，近案当前，则当论内明堂。""凡山势来急，垂下结穴，龙虎与穴相登，前案远，则当论外明堂。""故凡美穴，必须龙虎内有内堂团聚，收拾元辰。"所谓倾倒明堂，就是"明堂水倾，龙虎顺随而去也"。

评晋江桃花山虚斋先生祖地，"帐身垂下缠护，入穴重重龙虎，作子癸向"。晋江画马的詹氏御史祖地"金水行龙，到头奇巧，无本身龙虎，元辰直流数里"。

在"总论阳基"中道："龙虎山中风不动，仙圃长春"，说明此山谷之藏风特点。在"论平支洋阳基"中引用常月禅师语："藏踪隐迹，绝类离伦，穿田渡水，平地突起，既无龙虎，又无护卫，捉摸不真，其情在水。"

"全局入式歌"道："夹卫护从两旁侍，天以太乙峙。右边武库左文官，队仗贴身安。迎龙先在穴前揖，送龙穴后立。缠龙缠过龙虎前，托龙居背边。"

"落局入式歌"道："龙虎古称卫区穴，祸福最亲切。""官星本是出前山，曜气龙虎间。""卫是护龙左右随，生怕四风吹。本身枝脚为龙虎，皆在卫中数。""就中龙虎事如何，所贵在谐和。"

"安坟入式歌"道："第六偏憎龙虎飞，人口主分离。""明堂气聚左右抱，送从一齐到。"

青龙与白虎是相对概念，但是，龙砂与虎砂并非能兼而有之。评台州府紫纱岙金侍郎祖地:"两畔耸起尖峰,天乙、太乙、四神、八将、三吉皆相拱照。青龙本身一臂包外,双塔挺然,应山远在云霄。"廖金精为德兴下白牛坦地张氏选祖地,"左边虽旷,而青龙兜转,依稀绕抱,穴不受风"。合边窝之格。丰城湖茫栖龙山,因穴促迫,不入俗眼。"外面检点,山水聚会。又且结穴之后,白虎星辰顿跌奔去,而结杨都宪祖地。枝脚虽去,却有回顾。左畔近穴稍空,外边青龙亦远转作正案。"地师认为白虎强而令次房发达,长房不发是"因近穴青龙之旷也"。于是"教之加土筑小青龙,呼为折角蜈蚣形"。

"以向背定穴"中说:"正穴当居中而扦于左右,则案山堂气皆偏,而白虎青龙失位,或撺或急,或下明堂,或压塚,安得有情?"在"以趋吉避凶藏神伏煞定穴"道:"或左水冲射,或左沙凶恶,或左边明堂倾倒,或青龙无情,或青龙带杀,或左沙飞走,或左山丑恶,或左边水杂阴阳,或左有空缺,或左边朝山无情,或左山破碎之类。"

在论青龙白虎中提出龙凶二十四格:低陷、麓大、斜飞、短缩、强直、昂头、断腰、尖射、反走、瘦弱、压穴、狭逼、拢面、破碎、露肋、插落、叠指、拭泪、擎拳、搥胸、嫉主、下堂、钻怀、走窜。并说白虎二十四凶格以此类推,可见左右双砂都不可缺陷。

在论天门地户中道:"盖穴之左右,不问青龙白虎,但水来一边谓之天门,水去一边谓之地户。"引赵缘督云:"不拘青龙白虎，但水来一边要开阔宽畅，山明水秀，水去一边，要高帐紧密，闭塞重迭，不见水去为吉。""世俗有误执白虎不宜高昂，而不察水之来去者，是未获真诀，而以白虎为真虎耳。殊不知青龙白虎，乃术家假借此名，以称左右之砂而已。"董氏德彰谓"下砂收尽源头水，儿孙买尽世间田"，"既曰下手砂，又何可拘青龙白虎？"下砂即水流出处的砂。关于下砂，引吴公《地理件目》云："凡青龙白虎既浑全，美好布法，不问左右，定要下手一山兜乘得上手山过，方是吉地。"如何关锁去水，《地理人子须知》提出逆关为吉，顺关为凶之理，不管是青龙长或白虎长，只要"兜乘得上手山水过，乃是吉地"。评晋江庄氏祖地，"但结穴偏侧，左山太重，右边风扫，青龙顺窜，不入俗眼。不知水缠便是山缠。且水之深处，即山之高处"。郭氏曰"得水为上"，故为吉地。评南昌马鞍溪刘氏祖地，"第青龙直硬窜堂，下关低陷，不入俗眼。不知回龙顾祖，骨肉一家，青龙虽窜，是为明曜"。

朝砂中不论左右，峰尖顺水流去，称为退田笔，"旧说青龙为进田笔，白虎为退田笔者非是"。金城水是吉水，分正金、左金和右金，左金是"水自右来而左去，左畔弯环曰左金，要龙山兜白虎"。右金是"水自左来而右去，右畔弯环曰右金，要虎山兜青龙"。

在论九星之谬中说，蔡氏"以贪为太常六合，巨为朱雀，禄存为贵人，文为小吉，廉为勾陈腾蛇，武为太阴青龙，破为白虎"。在论通书之谬者，在三十六用，"修报火星青龙，则能使在官者转官加禄"就是一谬，"救人丧祸修作白虎"亦是一谬。

评艮龙之穴，"第三宜坐甲向庚穴。艮龙入首右落，穴甲向庚，宜挨青龙加丑一分，取丙寅之气贯右耳"。"第五宜坐卯向酉穴。艮龙入首右落，穴卯向酉，宜挨青龙加丑一分，取丙寅之气贯右耳。"卯龙之穴，"第二宜坐乙向辛穴。卯龙入首右落，穴乙向辛，宜挨青龙加甲半分，取癸卯正气贯右耳"。巽龙之穴，"第一宜坐乙向辛。巽龙入首左落，穴乙向辛，宜挨白虎加巳一分，取辛巳正巽之气贯左耳"。《催官诗》云："催官第四穴宜乙，阳璇（巽）左气冲耳入。天官（乙）借坐加青龙（巳），禁阙宸官颁夜值。""第二宜坐巳向亥穴。巽龙入首右落，穴巳向亥，宜挨青龙加辰半分，取辛巳正巽之气贯右耳"。离龙之穴，"第二宜坐丁向癸穴。离龙入首右落，穴丁向癸，宜挨青龙加丙半分，取丙午正离脉贯右耳"。酉龙之穴，"第一宜坐坤向艮穴。酉龙入首左落，穴坤向艮，宜挨白虎加辛一分，取己酉正兑气贯左耳"。"催官第九兑山艮，左气冲耳无多紊。略加天乙（辛）青龙来，亦主文章典州郡。""第二宜坐干向巽穴。酉龙入首右落，穴干向巽，宜挨青龙加庚一分，取正兑脉贯右耳"。"第三宜坐亥向巳穴。酉龙入首右落，穴亥向巳，宜挨青龙加庚一分，取正己酉脉贯右耳"。辛龙之穴，"第一宜坐干向巽穴。辛龙入首右落，穴干向巽，宜挨青龙微加酉，取丙

戌正辛之气贯右耳。"亥龙之穴，"第一宜坐壬向丙穴。亥
龙入首右落，穴壬向丙，宜挨青龙微加干半分，取辛亥正
气贯右耳"。"第二宜坐干向巽穴。亥龙入首左落，穴干向
巽，宜挨白虎微加壬半分，取癸亥之气贯右耳。""第三宜
坐癸向丁穴。亥龙入首右落，穴癸向丁，宜挨青龙加干一分，
取辛亥正气贯右耳。""第四宜坐酉向卯穴。亥龙入首左落，
穴酉向卯，宜挨白虎，取辛气贯左耳，亦主贵富旺人。""第
五宜坐丑向未穴。亥龙入首右落，左出横脉作穿针斗斧之穴，
宜挨青龙，取辛亥正气贯右腰。"以穿引天地，利害山水为
宗旨。

5.《阳宅十书》评四象

《阳宅十书》把太阴太阳少阳少阴当四象，把"朱元
龙虎"当成四神，是堪舆诸书中全面应用者。提到四次玄武：
"歌曰：玄武插其尾，贼盗年年起。居官失其财，逃亡走奴
婢。女人多不孝，不宜生家计。灾祸时时至，六畜自然死。
解曰：玄武插其尾乃是北房西头接小厦。主贼盗六畜之事，
不吉，拆之吉。""定宅经"中提到四象：青龙拱揖，人有
德而绵长。白虎斜飞，人无情而浅薄。朱雀直冲，官非口
舌临门。玄武拖枪，惯损克家儿女。""杂犯忌科"道："水
绕青龙及玄武，读书必定中高科。""论宅外形第一"道："凡
宅左有流水谓之青龙，右有长道谓之白虎，前有污池谓之
朱雀，后有丘陵谓之元武，为最贵地。""论开门修造门第六"

道："修造安门不宜犯天牢、黑道、天火、独火、九宫、死气、大小耗、天贼、地贼、天瘟、受死、冰消瓦解、阴阳错、天地转杀、四耗、四废、九丑、九土、鬼离窠、四忌、四穷、庚寅日、炙退、三煞、六甲、胎神、红嘴朱雀、九良星、丘公杀、大杀、白虎人中宫、债木星、雷霆、白虎人中宫（按以上吉凶日详见选择部）。"

"修门杂忌"中道："红嘴朱雀人离宫日：庚午、己卯、戊子、丁酉、丙午、乙卯，忌安大门。""阳宅内形吉凶图说"道："歌曰：南房两头接小房，阴人新妇病着床。田蚕失散损小口，官灾贼盗主火光。解曰：南房东头接小房名为朱雀披头，西头接小屋者名曰朱雀插尾，阴人小口灾。拆、镇吉。""歌曰：朱雀垂其翅，家宅多不利。口舌纷纷有，破财及官事。奴婢尽逃亡，父子不相义。中女必定灾，火光频频至。解曰：南房两头垂有小房厦，是主人家不测之灾祸也。""上梁"道："宜甲子、乙丑、丁卯、戊辰、己巳、庚午、辛未、壬申、甲戌、丙子、戊寅、庚辰、壬午、甲申、丙戌、戊子、庚寅、甲午、丙申、丁酉、戊戌、己亥、庚子、辛丑、壬寅、癸卯、乙巳、丁未、己酉、辛亥、癸丑、乙卯、丁巳、己未、辛酉、癸亥黄道，天月二德诸吉星成开日。以上二条忌朱雀黑道、天牢黑道、独火、天火、月火、狼籍、贼火、冰消瓦解、天瘟、天贼、月破、大耗、天罡、河魁、受死、鲁般杀、刀砧杀、刬削、血刃杀、鲁般跌蹼杀、阳错、阴错、伏断、九土鬼、正四废、五行忌、月建转杀、火星、天牢日。"

"宅外形吉凶图说"道:"宅东流水势无穷,宅西大道主亨通。因何富贵一齐至,右有白虎左青龙。""右边白虎北联山,左有青龙绿水潆。若居此地出公相,不入文班入武班。""青龙若有二山随,其家养女被人迷。招郎义子其家破,不出军时有匠贼。"

"黄石公竹节赋"道:"第一若得生气卦,青龙入宅旺田庄。生财万倍兴人口,家家无事保安康。注曰:生气是贪狼星,若宅中大房坐此星,或合卦得此星,谓青龙入宅或宅上有青龙见者,百事吉。"

"内形篇"道:"造得门成要龙虎,龙虎可从门上装。下水青龙要居外,上水青龙要内方。下水白虎要居外,上水白虎内方藏。""宅内形吉凶图说"道:"歌曰:青龙插尾共披头,一年六度长子愁。钱财破散人疾病,时时殃怪至门头。解曰:东房南头接小房名曰青龙披头,北头接小房名曰青龙插尾,损长男房,大凶。将两头小房拆吉。""歌曰:青龙举其头,居家多有愁。男女绝离散,奴婢尽逃流。哭声终不断,五载并三秋。不惟伤人口,又损马共牛。解曰:青龙举其头者。乃是东房南头插小房,主年年虚耗。男女有损,大凶。牛马死伤。急拆镇之则吉。""此屋名为青龙头,必主长房衣食愁。在家孤寡主长败,出去不回空倚楼。"

"五神"道:"甲乙为青龙。丙丁为明喜。戊己为仓库。壬癸为盗贼,主招盗贼及损六畜。庚辛为白虎,主哭泣丧事。""移烟下火纳卦图诀定图"道二十四节气:"谷雨节,青龙神徐州界，去男女瘫风疾病，染患害人。立疆，初室火，猪腑蛇缠，定长女患风火病，不得安宁。""霜降下天辅星，青龙宫，去三年内人口死，官灾加临。"

"宅外形第一"道："凡宅，门前忌有双池，谓之哭字。西头有池为白虎开口，皆忌之。""宅外形吉凶图说"道："两边白虎生灾殃，百事难成有死伤。贼人偷盗钱财破，又兼多讼被官防。""白虎若见二山随，定教妇女被人迷。二姓之家来合活，忤逆人家媳骂姑。""内形篇"道："白虎头上莫开口，白虎口开人口伤。""下水白虎要居外，上水白虎内方藏。""碾磨必须居左腹，右腹搅动白虎肠，主生病疾绞肠南，出入褊窄结肚胀，厨灶必须居左位，不宜安在白虎方。阳宅若还依此法，定须子孙炽吉昌。""古云：门上起高楼，家长遭狱囚。又云：白虎位上耸一楼，注定家长忧。""阳宅内形吉凶图说"："歌曰：白虎披头及畔哭，阴人小口病先殂。重重灾害每相至，耗散钱财物皆无。解目：西房南头插小房名目白虎披头，北头插小房名白虎畔边哭，主阴人小口病。拆、镇吉。""歌曰：白虎畔边哭，妇人多主孤。太岁不合同，钱财耗散无。鬼魅交加有，妻病定难除。男女多寿短，家门日见无。解曰：西房北头垂下厦为白虎畔边哭，女先故，必有死事。""此屋名为白虎头，必主小房衣食悉。幼男孤寡必损败，便见原因在里头。""五神"道："庚辛为白虎，主哭泣丧事。""命前五神定局"："如丑生人五神在午，其年遁得庚午，为白虎，主哭泣丧服。太岁在庚年，五虎遁起戊寅，卯上是己卯。""五虎遁诀"："甲己之年丙作首，乙庚之岁戊为头。丙辛之岁寻庚上，丁壬之位顺行流。戊癸之岁何方起，甲寅之上好推求。"

"巽宅变化歌"："巽变艮卦风山渐，于蛊相反星克宫。白虎入宅火盗见，少男不利失物穷，堕胎痞肿风瘫败，已酉丑年月日凶。""杂犯忌歌"："白虎当头路怕人，斜飞横剑损双亲，少年孤寡寻常有，横事牵连惹祸因。龙山低小虎山高，怪石巉岩主火烧，故是人家多退散，新来居住必荣豪。"

龙虎成对出现。"何知经"："何知人家吊颈死？龙虎颈上有条路。""何知人家忤逆有？龙虎山斗或开口。""阳宅外形吉凶图说"："朱元龙虎四神全，男人富贵女人贤。官禄不求而自至，后代儿孙福远年。""内形篇"："造得门成要龙虎，龙虎可从门上装。""若见人家两直屋，必主钱财多不足。名为龙虎必齐直，退田少亡无衣禄。""定宅经"："风从四面来，有龙虎亦难久住。砂回一方聚，兼水朝实可安居。""杂犯忌歌"："龙虎不可一边高，突穴乘风祸要招，未满十年人已尽，斯时方见利如刀。"

"八方坑坎歌"道："寅低狼伤并虎咬，他乡外死甲上坑。""内形篇"："凡宅开车门不要见子午坤艮四方，子午为天地心，坤为自虎头，艮为鬼门，主疾病，损人口。""命前五神定局"："太岁在庚年，五虎遁起戊寅，卯上是己卯。如戊生人五神在卯，其年遁得己卯，即仓库神，主大利修

造。太岁丙辛年,五虎遁起庚寅。""移烟下火纳卦图诀定局":
"立秋节,尾火虎伤损六畜当火猴怕冲犯词讼公庭,处署山
甲到庚金不比卦,一年内阴人死,财散。如云白露爻房日
兔昂日鸡斗,子孙逃在外,死苦痛伤情。""杂犯忌歌":"龙
山低小虎山高,怪石巉岩主火烧,故是人家多退散,新来
居住必荣豪。"

综观诸本地理名著,宗旨就是天地人合一。个中合一,
就是利用天地、因借天地。在天借天时和天象,在地借山
水。把山水拟人化、资源化、对象化,利我者吉,害我者凶。
因山水利害科学内容较多,但不致于如此之玄。天象和天
时在前章已论,多属附会。无论山水和天象,按四个方位
建构四方为环境,中心为人居的四象(有时称四神)的方
法,是科学的,有利于交通、观视和审美。至于利用干支、
八卦所命名的众多方位,其利害关系、吉凶评判完全可以
用科学之法加以深究。诸多认知,皆古人文化并非科学体
系之语,不必拘泥和迷信。

第21章 园中四象

基于对天文四象、地理四象的界定之后，以模山范水为主要手法的造园，自然也应用四象理论。但是，园林也并非皆完全依四象之法，亦有诸变。

第1节 皇家园林四象

1. 八卦结合：御花园

御花园的主体建筑是钦安殿，其前是天一门，是朱雀位，院东西钟鼓亭是青龙和白虎，院后墙、院北的承光门、玄武楼和景山都是玄武。院外八方是按八卦布局，于是形成前朱雀、后玄武、左青龙、右白虎的四向架构。朱雀是池，则以玉带水代替。玄武是山，由玄武门（楼）和景山（玄武山）组成。左青龙是万春亭，右白虎是千秋亭。

摛藻堂构成小局，也有四象，青龙位是凝香亭，白虎位是耳室，前方水池朱雀，后方的城墙是玄武。位育斋与之相同格局，桥亭浮碧亭是案山。青龙位是方形供池，白虎位是玉粹亭，桥亭澄瑞亭是案山。如图 21-1 所示。

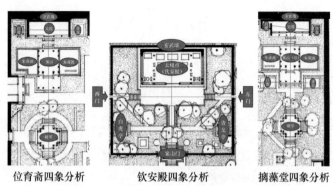

位育斋四象分析　　　　钦安殿四象分析　　　　摛藻堂四象分析

图 21-1　御花园格局图

2. 金城环绕：圆明园四宜书屋、廓然大公、廉溪乐处

圆明园是水园，以水划分空间。每个小局都被水系环绕。水系内又用山脉环绕。于是，形成环山和环水双重包围。这种格局也是藏风聚气的形式之一。四宜书屋四面被水流环绕，场地相当于一个小岛。岛内的南面为小山，相当于案山，而案山南面的水池就是朱雀。朱雀池上又有小岛，相当于朝山。建筑是一个四合院，也有四象之说。水系东、西、北三面各堆土山，分别是青龙、白虎和玄武。如图 21-2所示。

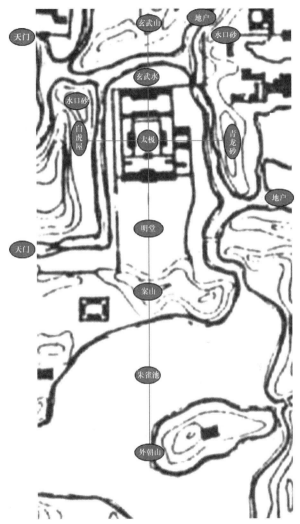

图 21-2 四宜书屋格局图

廓然大公东南方是水池，东、南、西、北四面水流。作为太极点的厅堂，北临水池，故水池就是玄武水，再跨过北部的环绕水（金城水）又有土山，即为玄武山。青龙山从东北艮位一直延伸到巽位，折而至丙位，白虎山从西北乾位一延伸到坤位，折面至丁位，形成近案、近案、远朝三重山。双重是合襟为案的做法，是为经曲。如图21-3所示。

濂溪乐处是双重水系和双重山系，构成双龙环绕，成为圆明园中最为经典的金城环绕格局。中心建筑左右出两翼为建筑的青龙白虎，主堂的有楼，为玄武楼。楼的东、西、北三向由土山半绕，形成太师椅格局，分别为青龙、白虎、玄武砂。北方隔外层水系还有外玄武砂、左辅砂（青龙砂）、右辅砂（白虎砂）、左护砂（青龙砂）、右护砂（白虎砂）。主堂前方以建筑为案山，有内外两重朱雀池。如图21-4所示。

3. 龙河虎路：画舫斋

画舫斋中心是工形水池。若以画舫斋为太极点，则前方水池为朱雀池，北方土山为玄武山，东院外水流为青龙水，西院外道路为白虎路。画舫斋东院古柯庭为青龙院，合五行的木之象。西院水院为虎院，合八卦的兑泽之象，院西小土山为虎山。院内水池东有龙殿，西有虎殿。如图21-5所示。

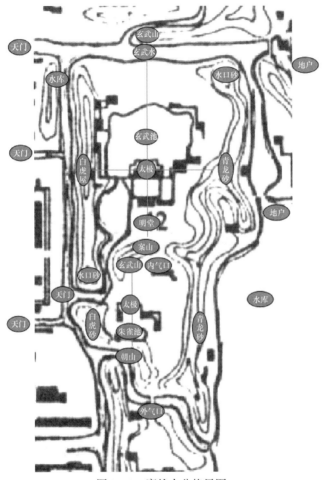

图 21-3 廊然大公格局图

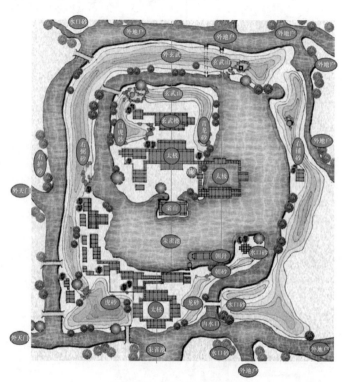

图 21-4　濂溪乐处格局图

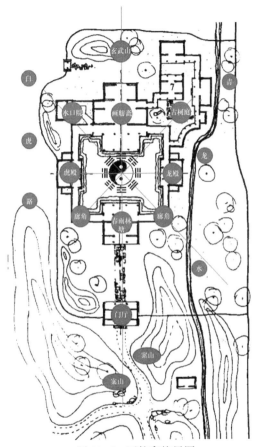

图 21-5　画舫斋格局图

4. 玄武朱雀：静心斋、见心斋

静心斋处于水中，单就水局来说，是金城环绕格局。

而从四象格局来看，东池东院和西池西院是龙虎。前池和南面的太液池都是朱雀池，典型的双重朱雀。太液池上的琼华岛是朝山。北面之池为玄武池，北面之山是玄武山。此园南朱雀和北玄武突出，是典型的受四象影响布局的园林。如图 21-6 所示。

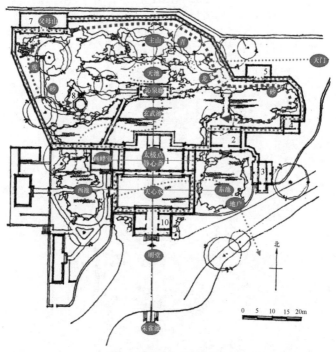

图 21-6 静心斋格局图

1—静心斋；2—抱素书屋；3—韵琴斋；4—焙茶坞；5—罨画轩；

6—沁泉廊；7—叠翠楼；8—枕峦亭；9—画峰室；10—园门

　　见心斋是地处山地的园林，利用山谷建园，是香山静宜园的园中园。园外面为龙虎之局。园左为山谷溪流，即青龙溪，园右为山道，即白虎路。园内自成朱雀和玄武构局。背后玄武山，山上构亭，以增玄武之势。前面朱雀池，池南构亭以为朝山之象。有意思的是，乾、坤、艮各为方亭、假山、楼阁，就连三个气口也在这三个方位上。如图 21-7 所示。

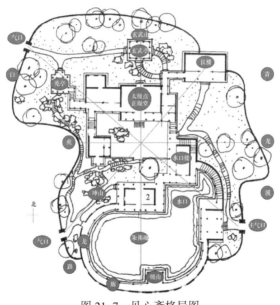

图 21-7　见心斋格局图

5. 四象齐备：惠山园

惠山园是谐趣园的前身，是乾隆建造的，体现了乾隆的本意。从格局来看，四象格局非常齐全。玄武山是在原来石山坡上用土堆积而成，绵延成东面青龙山，西面白虎山和南面朝山。朱雀池在园中。如图 21-8 所示。

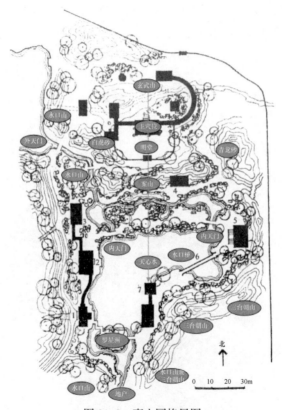

图 21-8　惠山园格局图

1—园门；2—澹碧斋；3—就云楼；4—墨妙轩；5—载时堂；

6—知鱼桥；7—水乐亭

6. 如封似闭：恭王府萃锦园

恭王府萃锦园不仅来龙完整，而且父母山依次生发、分支、延展玄武砂、青龙砂、白虎砂、朝砂，形成四象藏风聚气的场景。四面围砂，为显连续，豁口顶上用石梁连接。龙砂分两段，虎砂也分两段。主体建筑安善堂的东廊和东厢形成龙廊和龙厢，西廊和西厢形成龙廊和虎厢。南面朱雀池形状为蝙蝠形。如图 21-9 所示。

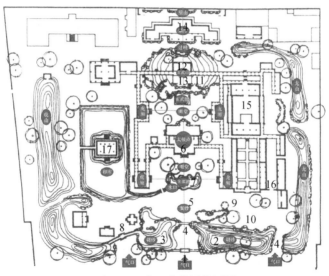

图 21-9　恭王府花园格局图

1—园门；2—垂青樾；3—翠云岭；4—曲径通幽；5—飞来石；6—安善堂；
7—蝠河；8—榆关；9—沁秋亭；10—蔌蔬圃；11—滴翠岩；12—绿天小隐；
13—邀胎；14—蝠厅；15—大戏楼；16—吟香醉月；17—观鱼台（诗画舫）

7.断续四象：醇亲王府花园

醇亲王深信堪舆，为自己墓园与堪舆师走遍西山，终于建成退潜别墅。他对此园可谓煞费苦心。醇亲王府花园是宅园，其格局与恭王府花园相似，父母山依次生发、分支、延展玄武砂、青龙砂、白虎砂、朝山砂，只是四砂之间未用石梁连续，显出断续状态，虽形成藏风聚气之局，显然不如恭王府严实。但是，此园用金城环绕之水，形成四面围合，南北分别为南湖和北湖，以图增强聚气效果，与圆明园相近。如图 21-10 所示。

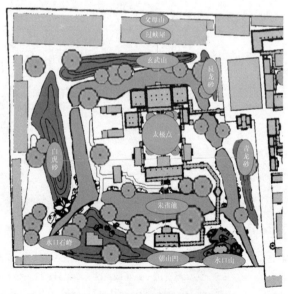

图 21-10　醇亲王府花园格局图

8. 缺少朱雀：礼王府花园

礼王府花园与恭王府和醇亲王府花园一样，是从主山发生玄武砂、青龙砂、白虎砂，但是没有朝山，然用入口门厅、围墙与龙砂和虎砂相连，形成藏风聚气的场所。围砂之内又构建主堂和厢房，形成内层藏风之局。北院不仅建构玄武楼，而有开凿玄武池，以示玄武的重要性。而朱雀池则不重视，当前格局中未见，从门厅前的场地大小来看，也难容朱雀池。如图 21-11 所示。

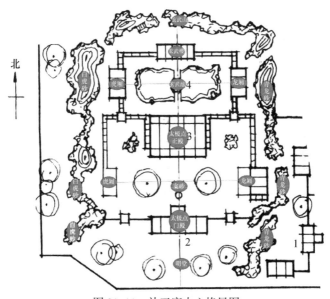

图 21-11　礼王府中心格局图

1—二门；2—园门；3—正厅；4—水池

9. 独立四象：朗润园

朗润园与醇亲王府花园相似，山水双重环绕，且藏风格局紧密。青龙、白虎、玄武和朝山都有若干山口构成。中岛又堆龙砂和虎砂，玄武位建楼。水系中的南面形成朱雀池。于是，四象虽复杂，理法仍清晰。如图 21-12 所示。

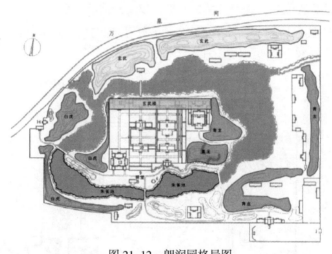

图 21-12　朗润园格局图

第 2 节　私家园林四象

1. 四象相离：拙政园

拙政园是明代园林，格局中四象齐备。玄武砂是在湖

中的三座岛，相当于水绕玄武之山，在《地理人子须知》
中明确为吉局。朱雀池在远香堂南。青龙砂是土山，上建
绣绮亭。白虎砂是黄石假山，低于青龙砂。朝山在朱雀池
南。于是形成四面围砂的格局，但与王府的围砂相比，显
然相距较远，若不是仔细观察，难以看出四象之局。如图
21-13 所示。

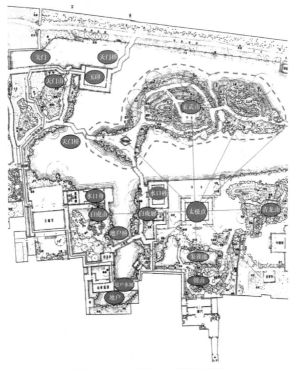

图 21-13　拙政园中部格局图

2. 青龙高于白虎：网师园

网师园不以堆山见长，四象格局特殊，青龙高于白虎的尺度无处不在。在住宅区，万卷堂是主堂，前院左厢房为青龙，右厢房为白虎，青龙高于白虎。堂后院有楼，以楼为玄武山。园林中部水池是看松读画轩的朱雀池。池东有黄石假山堆筑的龙砂，池西月到风来亭立于低矮的虎岗上面。池南为朝山。看松读画轩的北面，则是狭小的空间，立石峰以为玄武山。从轩内向南看，左边住宅侧立面高于右边的水廊，又符合青龙高白虎低的原则。如图 21-14 所示。

3. 多法并用：狮子林

狮子林以堆假山为特点，但是，在四象方面，并未采用一法，而是以建筑为主体（太极点），多法并用。在所有建筑前面都设朝山，奉行来朝为贵原则。指柏轩前有一小小水池即为朱雀池。轩北并未立石峰以为玄武，反而十分重视朝山。山上中轴两侧分别建亭台，以成龙虎之势（图 21-15）。在紫藤架处，现为空阔场地，推测原为建筑院落。建筑北面为玄武山和玄武湖，南面为朱雀池和朝山。东西之山分成龙虎之势（图 21-16）。而在住宅院落和水池边的荷花厅等处，其四象做法无一雷同。

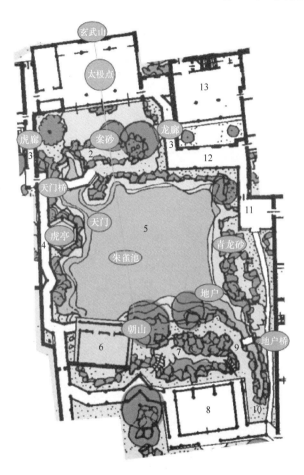

1—看松读画轩　2—白皮松花坛　3—曲廊　4—月到风来亭
5—水池　6—濯缨水阁　7—假山　8—小山丛桂轩　9—引静桥
10—水口　11—方亭　12—竹外一枝轩　13—集虚斋

图 21-14　网师园中部格局图

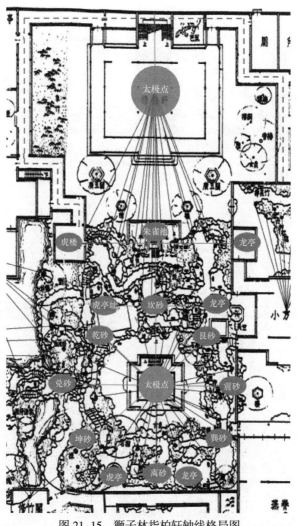

图 21-15 狮子林指柏轩轴线格局图

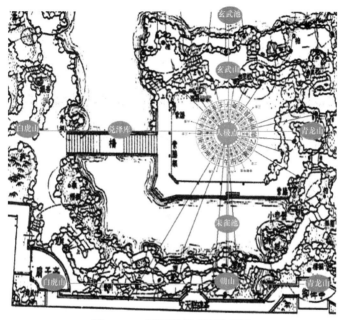

图 21-16　狮子林紫藤廊格局图

4. 朱雀朝山：艺圃

艺圃的四象格局看似以水池为中心，实际上博雅堂是主体建筑。堂南本无延光阁，为后续所增构，实则破坏了原来陆明堂与水明堂的直接过渡。水池为朱雀池。池南为朝山。龙虎之位并不堆山，只成院落或建筑。水口严谨，为苏地少见（图 21-17）。

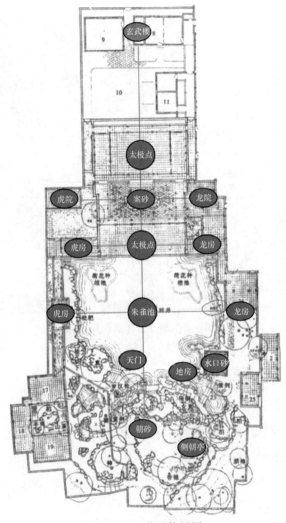

图 21-17　艺圃格局图

5. 玄武山对朝山：瞻园

瞻园南北假山是特色，形成主体建筑堂局的南北轴线。静妙堂是主堂。北假山和北池是玄武山和玄武池，南假山是朝山，南池是朱雀池。青龙为曲廊，白虎为土山（图21-18）。

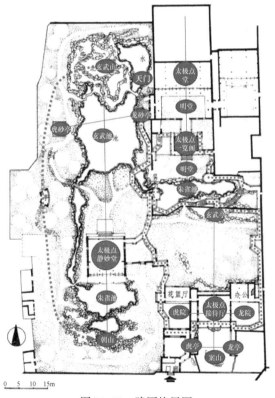

图 21-18　瞻园格局图

第 3 节　寺庙园林四象

1. 近四象：普陀宗乘之庙

普陀宗乘之庙位于承德狮子沟南，摹仿布达拉宫而建的藏式寺院。寺院围墙把来龙山和龙虎山圈在园内，形成园内有东西两条山沟的水系特点。于是玄武山、青龙山、青龙溪、白虎山、白虎溪齐备。园前一条小溪汇集二水，形成腰带水，更有南山以为朝山（图 21-19）。其实，承德外八庙大部分寺院是依山而建，背后的山就是玄武山，山下寺院前所对的山溪就是腰带水。虽不是朱雀池，有所欠缺，然而有利于排水，堪舆的界水聚气功能显然让位于快排的山涧。

2. 远四象：清音阁

清音阁是山地佛教寺院，位于三山夹两溪的山谷区域。寺院在来龙山坡上，左边青龙山和青龙江（黑龙江），右边白虎山和白虎江（白龙江）。两江距离很近，延伸几百米汇于一湖之中。此湖即为朱雀池（图 21-20）。

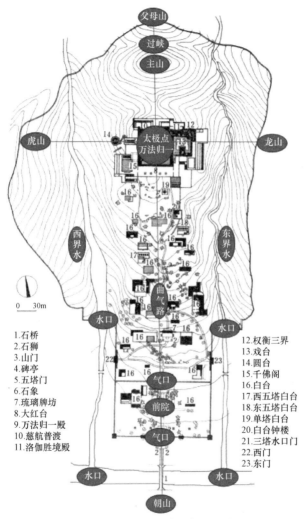

父母山

过峡

主山

虎山　　14　太极点
万法归一　　龙山

东界水

西界水

19

16

16

16

18

16

17

16

16

16

曲气路

16　　16

16

0　30m

水口　　16　　16　　水口

7

16

16

22　　16　　16　　23

气口

16

16

前院

气口

2　2

水口　　　　　　水口

1

朝山

1.石桥
2.石狮
3.山门
4.碑亭
5.五塔门
6.石象
7.琉璃牌坊
8.大红台
9.万法归一殿
10.慈航普渡
11.洛伽胜境殿

12.权衡三界
13.戏台
14.圆台
15.千佛阁
16.白台
17.西五塔白台
18.东五塔白台
19.单塔白台
20.白台钟楼
21.三塔水口门
22.西门
23.东门

图 21-19　普陀宗乘之庙格局图

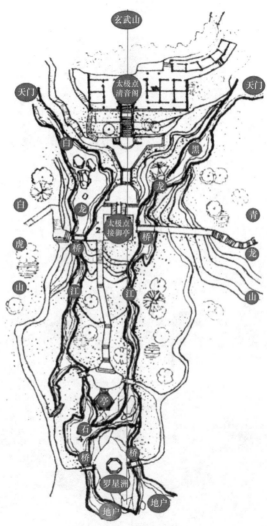

图 21-20　清音阁格局图

3. 倒坐四象：须弥灵境

须弥灵境是颐和园万寿山北、藏汉结合的佛教寺院，其坛城格局在佛教理论中有阐述。而坐南朝北显然与坐北朝南相悖，因为是佛教寺院的灵居环境，与人居环境的坐北朝南还有别。在无法达到人居条件时，坐南朝北是退而求其次的无奈之举。但四象的应用尽管一如既往，左青龙、右白虎、前朱雀、后玄武。如图 21-21 所示。

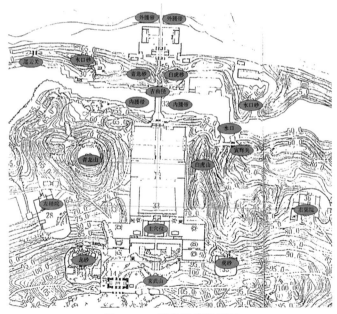

图 21-21　须弥灵境格局图

4. 玄武朱雀：大觉寺

北京西郊的大觉寺背靠大山，形成三条轴线。中轴四象齐全。以背山为玄武山，大雄宝殿前蓄方池为朱雀池。以左右厢房和曲廊为青龙和白虎。东轴线有玄武而龙虎朱雀不全，西轴线玄武和龙虎三全，独缺朱雀，以此显示中轴的重要地位。如图 21-22 所示。

5. 内四象：白云观云集园

白云观由道观部分和园林部分组成。道观在南部，园林在北部。道观中轴的建筑都是重要的建筑，如灵官殿、玉皇殿、老君堂三处，左右都有边续厢房护卫，合四象之青龙和白虎之象。在灵官殿前还有一个方形水池，显然是朱雀池。三清殿则四面围合庭院，青龙白虎之象明显。门楼象征案山，北面云集园成为玄武园。园林堆山以象征玄武山。山不高，只为意象。如图 21-23 所示。

6. 玄武朱雀：晋祠

晋祠一如大觉寺格局，依山岗蓄方池，于是形成玄武山和朱雀池的格局。又因为祠内有难老泉，是晋水之源，绕祠而过，又形成腰带水，其格局又胜于大觉寺。如图 21-24 所示。

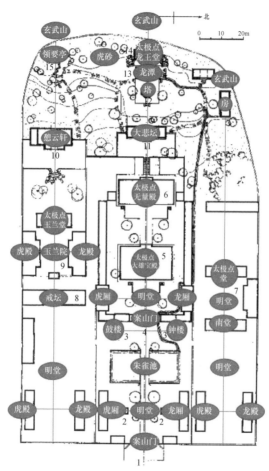

图21-22 大觉寺格局分析

1—山门；2—碑亭；3—钟鼓楼；4—天王殿；5—大雄宝殿；
6—无量寿佛殿；7—北玉兰院；8—戒坛；9—南玉兰院；10—憩云轩；
11—大悲坛；12—舍利塔；13—龙潭；14—龙工堂；15—领要亭

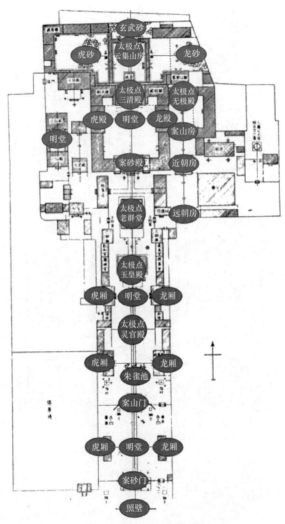

图 21-23　白云观格局图

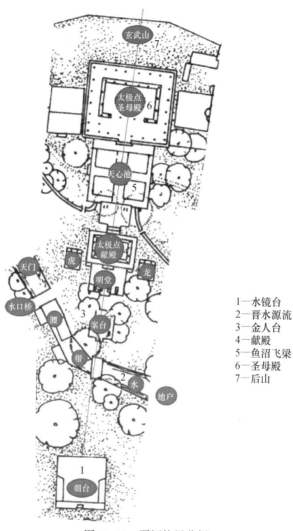

1—水镜台
2—晋水源流
3—金人台
4—献殿
5—鱼沼飞梁
6—圣母殿
7—后山

图21-24　晋祠格局分析

第4节 皇家陵园四象

1. 朱元璋孝陵

朱元璋的陵园孝陵是他亲自率诚意伯刘基、魏国公徐达、信国公汤和前往堪察后决定的。明末礼部侍郎蒋德璟曾对崇祯道："孝陵在钟山，古称龙蟠虎踞之地，最为形胜。其龙脉从茅山来，历燕冈、武岐、华山、白云峰、龙泉庵一喧至陵，可九十里。"

孝陵北面玄武砂为玩珠峰，南面朝砂为梅花峰，东面为龙砂，西为虎砂，可谓四神具备，风水宝地。见图21-25：明孝陵风水格局图（胡汉生《明代帝陵风水说》，2008年）。玄武山由北高峰、茅山、天保城三峰形成"个字落脉"的玄武之象。北高峰为孝陵的少祖山，玩珠峰为父母山，独龙阜为玩珠峰前延伸出来的岗阜，成为孝陵的胎息山，也称为主山。孝陵的宝城位于独龙阜的半山。

2. 朱棣长陵

北京明代十三陵四面围山。所谓青龙山和白虎山，是站在首陵观测。长陵的地师是江西的廖均卿。经过实地堪测之后，特为朱棣上奏折，称"四维趋伏，八极驱迎，青龙排班，白虎列位。太微天马尊于银汉之南，少府紫微起于关河之北"。四正指东南西北，四维指四角。北面三峰并起，其中中峰海拔达 759.2 米，是陵区最高峰，也是陵园少祖山。山前落脉时西折而前，其间有过峡，据此可见父母山和胎息山一前一后。少祖山成"三台"状，称为"廉贞火"的火形，即尖形；父母山和胎息山成"华盖"状，称为"贪狼木"的木形，即圆柱形。唐杨筠松《撼龙经》中道："火星要起廉贞位，生出贪狼由此势。若见火星动焰时，看他踪迹落何处。此龙不是录常贵，生出贪狼向亦奇。火星若起廉贞位，落处须寻一百里。中有贪狼小小峰，有时回顾火星宫。世人只道贪狼好，不识廉贞是祖宗。贪狼若非廉作祖，为官也不到三公。"胎息山比父母山低，合《葬书》"玄武垂头"之象。

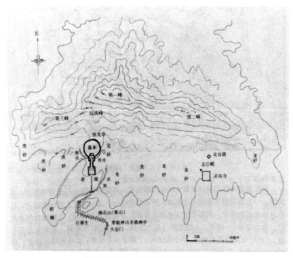

图 21-25　明孝陵格局图

　　长陵东面蟒山，走势连绵不断，形成青龙蜿蜒之象。陵园西面的虎峪山，虽落势雄伟，却宛如猛虎温顺的蹲伏，构成白虎驯服之象。故廖均卿用"青龙奇特，白虎恭降"。胡汉生把长陵朱雀位以山概括，因为陵区之水不在南方，而在东南的巽位。朱雀山即正对长陵的近案和远朝。近案是北五空桥东南面的岗阜。远朝是七空桥东南正对长陵的圆顶"天寿灵山"，今称宝山。两小山正合《葬书》"朱雀翔舞"之势。如图21-26所示。（胡汉生，明代帝陵风水）

图 21-26　明长陵龙穴砂水图

3. 乾隆裕陵

清东陵除了孝陵的龙虎砂山自然天成外，其他帝陵的左右龙砂和虎砂，或多或少有所培补。有人问：地宫宝顶所在已在阳坡上，为何还有培补？因为堪舆学认为地宫需要有玄武之靠，青龙白虎和朱雀之卫。但玄武易得，龙虎难得。一区要葬多位皇帝，除首陵龙砂虎砂符合条件外，其他都难符合。不符合之处主要是长度不够和高度不够。因为从门殿到宝顶常常经过两至三个院落。故左右龙砂虎砂不够长和不够高之时，则以土培补。

乾隆裕陵是清东陵的第三个帝陵，其自然形局的四象自然远逊于高祖福临的孝陵和祖父康熙的景陵。在庭院外的龙虎之砂，一半是培补而成。南面的案山，水口处的砂山，更是培补而成。在案山与门殿之间的外明堂，汇集左右龙须沟的水，成为朱雀池。山上和庭院之水是经停蓄而从水口流出。如图 21-27 所示。

图 21-27　裕陵朱雀池

第22章　园林相度相地
考证与合局

相度指观察天地和事物的外表形态，度量人居场所宜居、宜业、宜修、宜览、宜游的适宜性，用于皇家较多，是清朝钦天监的主要工作，其工作人员称为相度师、官、员。相地是《园冶》中提出的观察用地类型是否适宜造园的工种和流程，与建筑的卜筑相伴相生。无论是相度还是相地，都是明清历代堪舆、风水、地理、择地的正式称谓。

大部分学者都认为相地之术只用于规划和建筑，不涉园林。艺术和典故是园林文化的基石，堪舆却被排除在外。实际上，《园冶》的相地篇只触及相地术的基础部分，未触及术法本体，皇家相度才是真正的相地，然而，民间园林规划设计也并非如《园冶》所说，实际可谓是百家齐放、百家争鸣。为了便于论述，本文统一使用《园冶》相地一词，皇家专用相度一词。

形势与理气被俗称为相地两大门派，其实不然，准确地说是两个方面。两者并非截然分开，而是并行并用于同一著作、同一个人和同一个项目之中。各门各派以至各个操作者都兼俱形势和理气，只是特长不同而已。每一个项目都是先用形势勘察，然后用理气细分，这可以《大清嘉庆会典》中的记载为依据："凡营建、兴工、迎吻、诸日时，皆择吉，若出师按奇门开注方向日时，必考其宜忌，择地亦如之，择地之术，以地势之起伏，视其气之行，以地势之迥绕，视其气之止。建都邑，山河之包络，营宫室，验旺相之居，临至其精微之旨，尤致详于龙穴砂水，龙者地之生气。龙止则为穴，穴之所坐为主山，龙之所起为祖山。辨龙于祖山，辨穴于主山。穴左右前方，高者为砂，下者为水。龙真穴正，砂环水向，是为吉壤，形家之要，大概如此，若五行九曜察山之性情，八卦九宫推地之运气，又余事矣。"可以说形势是定性的人居环境理论，理气是定量的理论。

形势与理气之间所用方法和手段是不尽相同的。明初名儒王祎《青岩丛录》曾经明确述及这两大流派在地域和义理上的最主要区别："后世言地理之术者分为二宗。一曰宗庙之法，始于闽中，其源甚远，及宋王伋乃大行；其为说，主于星卦，阳山阳向，阴山阴向，不相乖错，纯取五星（行）八卦以定生克之理；其学浙闽传之，而今用之者鲜。一曰江西之法，肇于赣人杨筠松、曾文遄，及赖大有、谢之逸之辈，尤精其学；其为说，主于形势，原其所起，即其所止，以定位向，专注龙、穴、砂、水之相配，其他拘忌，在所不论；其学盛行于今，大江南北，无不遵之。"事实上，形势宗同理气宗比较，前者以其丰富的实践理性的成分和明显的科学及美学价值，一直"行于士大夫中间"，所以流行应用较广，也因此得以成为主流，对传统建筑的影响也更直接、更深刻。如明清两代，形势宗就曾为皇家倚重，以至于都城、宫苑、陵寝等建设，殆皆"以形势为宗"。（王其亨《风水：中国古代建筑的环境观》）

从唐代开始，理气门派发展出众多派别，流行者有：八宅（八卦）派、三合风水（天星法）、杨公开门放水法、玄空飞星派等。理气宗因拘忌既多，迷信尤著，自汉代迄今，曾经屡屡遭到激烈批判，甚至在宋代依循其"五音姓利"之说经营皇陵的时候，竟引发诸多非议。但即使如此，也不能回避其对中国传统建筑，尤其是传统民居等世俗性建筑的影响。典型如明清北京的四合院，实际就多是遵照缘自"星土""星卦"的"福元""大游年""穿宫九星"以及"截路分房"等理气宗的方法布局的。离开这些方法，则不能解释四合院的布局规律，例如为什么如果东南开门，厕所则必设置在西南隅等。（引自王其亨《风水：中国古代建筑的环境观》）。

民间相地之术的传承自成系统，以著作为基础，师徒口口相传，理论结合实践，互研互论，并有各自固定的服务区域。清代皇家设置钦天监，专设相度师（员），培训传承相地之术，为皇家工程服务。民间与皇家亦有交流，在清代皇家档案中也常出现有钦天监官员或皇家选调民间相度官为皇家陵寝选址或者前往皇家宫苑中查看地相格局。

第1节　钦天监参与皇家宫苑工程总述

钦天监是清代中央机构之一。《大清会典》（"乾隆朝"卷八十六）中记录了其职能为："凡相度风水遇大工营建，委官相阴阳、定方向，诹吉与兴工。"其下设部门有天文科、时宪科、漏刻科等，其中漏刻科承担着皇家园林工程的"候时诹日择地之事"（《大清会典》"嘉庆朝"卷六十四及"光绪朝"卷七十七），即选择营建吉利的时间点（候时）和空间点（择方），见表22-1。

表 22-1　钦天监分科治事情况表（根据《大清五朝会典》整理）

下设部门		职能
常设	漏刻科	诹时日、相阴阳、卜营建、辨禁忌
	天文科	观天象
	时宪科	掌握节气、制定时宪书
其他	回回科	用回回法推算之度
	助教厅	教授算学，为钦天监输送人才
	主 簿	掌管物品、图书以及钦天监官生的升补

所谓相度，"相"是指现场考察，"度"指测量尺度和方位，涉及园林工程的过程有规划选址、功能定位、方位确定、朝向选择、数术运用、形态设计、色彩搭配、吉凶判定等。

钦天监漏刻科与皇家园林的关系，在《大清五朝会典》中就有相关记录，如《康熙会典》之卷一百六十一以及《雍正会典》之卷二百四十六中，均有"凡遇，山陵及宫室营建公务，题看风水官并候时官前往。凡祭祀吉庆，与造诸典礼吉期，具由本监选择或具题或行文移送"这样的职能记录。相类似的，还有《乾隆会典》卷八十六中记载的："凡相度风水遇大工营建委官相阴阳定方向，诹吉与兴工"。凡是皇家营建事务，派相度官前往现场查勘，相度阴阳确定朝向。凡遇到皇家庆典，派钦天监官员选择吉期。可见钦天监与皇家园林的合作，主要体现在择方和候时两个方面。《嘉庆会典》卷六十二："凡营建，题派相度官前往，皆相其阴阳，别其宜忌，疏闻以候。旨营建所候时官、相度官，由监派往，事竣，赏责有差"，更明确了相度与择时的分工，对于工作成果也有了要求，竣工后将根据工作成果进行赏罚。《光绪会典》卷七十七："凡营建则择吉，有工处所由工部暨勘估大臣行知本监，择其宜忌"，对于钦天监的工作任务，更明确了与工部之间的联系。由于清代钦天监分科治事的原因，在钦天监下设分科中，与皇家园林有关的是漏刻科。会典中也有关于漏刻科职掌营建工程的相关记载，如《康熙会典》与《雍正会典》中："凡遇修建山陵，该相度官，加衔加俸，给赏有差。凡遇兴造宫殿，执事官员，各有红花给赏"，明确了钦天监中承担营建工程相度与择时工作的是漏刻科。《嘉庆会典》中的记录就更加详细："凡营建、兴工、迎吻、诸日时，皆择吉，若出师按奇门开注方向日时，必考其宜忌，择地亦如之，择地之术，以地势之起伏，视其气之行，以地势之迴绕，视其气之止。建都邑，山河之包络，营宫室，验旺相之居，临至其精微之旨，尤致详于龙穴砂水，龙者地之生气。龙止则为穴，穴之所坐为主山，龙之所起为祖山。辨龙于祖山，辨穴于主山。穴左右前方，高者为砂，下者为水。龙真穴正，砂环水向，是为吉壤，形家之要，大概如此，若五行九曜察山之性情，八卦九宫推地之运气，又余事矣。"这段话对于钦天监漏刻科的传统设计方法进行了说明，即以形势派为主，参合理气派，与钦天监漏刻科著作《钦天监地理醒世切要辨论》中所表达的重形势轻理气相吻合。

经统计，钦天监漏刻科参与的清代皇家园林包括大内御苑、行宫御苑、离宫御苑、陵寝等诸多类型，表22-2是部分整理资料（注：择日奏折略去）。

表 22-2　漏刻科参与清代皇家园林工程相度表

（资料来源于中国第一历史档案馆，周娉倩制）

园林类型	责任部门/人	奏折题名	时间
大内御苑	管志宁	钦天监题本—8-0579 风水	雍正五年四月二十八日
	总管内务府	带领洪文澜相看前星门事	乾隆五年六月十七日
	内阁	奉上谕京城内外水道	乾隆七年七月十四日
		奉吉御史乌尔衮保奏宣武门外墙根	嘉庆十九年四月初十日
		奉上谕前派曹振镛穆克登额查估正阳门	嘉庆二十四年十一月十七日
		奉旨着派和宁另行选带钦天监官一员前往德胜门外	嘉庆二十四年十二月十三日
	常起	奏为遵旨会同钦天监勘估德胜门西北角月墙拆修工程事	嘉庆二十四年十二月十三日
	李唐	奏为查看养心殿方向添安装修事	同治十二年七月二十九日
	钦天监	咨查应修乾清宫等处岁修工程南北房间应行揭瓦头停挑换望板等项活计南北方位自忌兴修事致内务府	光绪八年九月初五日
	营造司	慈宁宫花园东西井亭本年方向不宜修事	光绪十一年九月初二日

续表

园林类型	责任部门/人	奏折题名	时间
行宫及离宫御苑	热河总管	上谕本日据祥绍荨奏请修热河园	嘉庆二十四年十二月初二日
	总理工程处	黄新庄半壁店秋澜村良各庄应修工程事	嘉庆二十四年十二月十四日
	弘善	奏为黄新庄等处行宫应行粘修处所情形事	嘉庆二十五年十月十八日
	延煦	奏为遵办避暑山庄绥成殿供奉穆宗毅皇帝圣容要工请饬钦天监选择吉期事	光绪四年二月初一日
		呈看得乐寿堂风水清单	光绪年
		呈看得颐和园万寿山风水清单	光绪年
		呈看得颐和园添盖看戏楼风水清单	光绪年
		呈看得万寿山安寝宫风水清单	光绪年
陵寝	工部尚书孙塔	题为大修盛京福陵昭陵请降旨钦天监风水官查勘地形事	顺治十六年九月十二日
	盛京将军富俊	奏请派员带钦天监官勘定永陵方向安设鹿角等事	嘉庆十一年七月二十四
	崇纶	奏为公主园寝亦应择地建立拣派员带领京师附近地方相度地址事	同治五年八月十一日
	总管内务府	带领通晓堪舆之人于京师附近地方相度荣安固伦公主园寝地址事	光绪元年三月二十八日
	奕谅	奏请将补授钦天监右监副杜春芳仍留任普祥峪万年吉地工程处监修事	光绪三年十一月十五日
	钦天监	为再行详查定东陵奉安方位应请旨传风水官李唐斟酌办法开具说贴事致军机处容呈	光绪七年六月二十四日

若将皇家园林按照营建程序分类，钦天监则参与以下阶段，如图 22-1 所示。

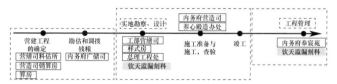

图 22-1　清代皇家营建工程程序简化图（周娉倩绘）

如果钦天监负责的园林工程项目还处于营建阶段，则其参与到的是实地勘察设计阶段的规划、选址、测方位等工作；若接受的项目已完工，则钦天监参与的是工程管理阶段，其中合局勘测也属于对工程的维护。官员管志宁就曾于雍正年间对紫禁城庭院门位进行合局。

第 2 节　皇家园林奏折考证与图解

1. 紫禁城庭院奏折考

管志宁（生卒年月不详，字一士，号远堂，江西瑞金日东乡湖陂村人），清代钦天监漏刻科官员之一，同时兼任礼部主客司员外郎，著有《地理糟粕》一书。因其精通天文、地理以及推算节气历法，于雍正元年（1723 年）被召征进京（当时雍正皇帝为了选择万年吉地，在全国招纳地理之士），后多次为皇家陵寝的选择提供专业意见，被派往易州

（今河北易县）、遵化等处相度吉壤，受到皇家的青睐。

雍正五年（1727年）四月二十八日，管志宁呈上紫禁城各庭院门位相度的奏折，内容包括了从午门至坤宁宫中轴线上各庭院、御花园及东、西两侧各庭院的门位吉凶评价。这是继雍正二年（1724年）潼关卫廪膳生员张尚忠为圆明园查看地理方位之后的一次更大的宫苑规划理论校验工作。从这两次工作可以发现，雍正皇帝对明代以来钦天监的工作还是持谨慎态度，希望再一次判断和确认皇家宫苑选址及规划的合理性。

现将管志宁所呈关于紫禁城各庭院门位相度的奏折全文摘录如下：

管志宁谨看得，午门子午向。立在门下，不能远收山川大势，然长盛之象于此已见。太和门、太和殿，自门亘殿气势壮澜，万象森罗。中和殿、保和殿，详番二殿恍若有太和元气含蓄色象之内………乾清门，明堂气象光明正大，左右配合停匀。左景运门，在乙字。右隆宗门，在庚字。乾清宫，明堂气象愈光明愈正大，左右配合亦停匀。东西两暖阁，气色温和。日精门，在巳初。月华门，在永未。弘德殿，色象旺盛，内外相符。凤彩门，在坤字，弘德殿下盘。昭仁殿，色象亦内外相符。龙光门，在巽字，昭仁殿下盘。交泰殿，色象旺盛。坤宁宫，色象亦旺盛。景和门，在辰字。隆福门，在庚字。（东暖殿、西暖殿）二殿，气色鲜明。永祥门，在辰字。曾瑞门，在庚字。坤宁门、左基化门，在乙字，右端则门，在酉字。

钦安殿，殿内外树木奇古苍秀，气色之旺、气运之盛于此可卜。天一门，门外气色与殿内相符。琼苑东门，在辰字，琼苑西门，在庚字。绛雪轩，坐在卯向正酉，轩内气色幽深元远。万春亭、浮碧亭二亭位置天然。堆秀山、御景亭，四面详观形势，得长安之胜，气运协禹年之和。顺贞门内承光门、左集福门，在辛字，右延和门，在甲字，在承光门下盘。养性斋，坐正酉向正卯，气色亦幽深元远。千秋亭、澄瑞亭与东边两亭相称。位育斋，得中和之气。延晖阁，气势与御景亭相称。四神祠亦位置得宜。

养心门，气象正大，气色旺盛，上吉。遵义门，在卯字，上吉。养心殿，气象丰厚，重叠气色愈加旺盛。内右门，在丙字，近光右门，在癸字。永寿宫、左咸和门，在卯字，右纯祐门，在庚字。启祥宫、左极门在乙字。右启祥门，在未字。翊坤宫、翊坤门、左广生门，在乙字，右崇禧门，在酉字。长春宫长春门、左敷华门，在乙字，右绥祉门，在酉字。四宫气色亦平稳。西五所内房，气色俱佳，外门平稳，大概相同。惟四所门外右手，略带直硬，砂头兼些雄昂，墙角亦兼尖射，作一影壁遮避更无妨碍。咸福宫咸福门，气色光润。左咸宁门，在乙字，右永庆门，在酉字。储秀宫储秀门、左大成门，在乙字，右长泰门，在庚字，气色与咸福宫相符。惇本殿，殿内一望满眼都是滞气。毓庆宫前后滞且晦，毓庆宫东书房，大门在庚字，气象不甚吉利。景仁宫景仁门、左景耀门，在乙方，右咸和门，在酉字，气象平稳。延禧宫延禧门、左昭华门，在乙字，右凝祥门，在酉字，气象平稳。永和宫、永和门、左仁泽门，在乙字，右德阳门，在酉字，气象平正，气色和平。钟粹宫钟粹门、左迎瑞门，在乙字，右大成左门，在酉字，气象平正，气色和平。千婴门上吉，景阳宫景阳门、左衍福门，在乙字，右昌祺门，在酉字，气象端正，气色内温润，外和平。东五所，头所平平，二所气色带生气，三所气象紧密，四所颇不整齐，五所气象整齐，气色深温。天穹宝殿、天穹门、钦昊门，在庚字，殿前气象广大，气色光辉。宁寿门、左角门，在未字，右角门，在卯字，门前气象平和。宁寿宫、左翼门，在辰字，右翼门，在申字，气象内外相和，后殿气色深厚。东四所，平稳。西四所，平正。景福宫，气象和平，后殿气色深广。花园，幽而静。后三所：中所气色平和，东所气色平稳，西所气色整齐，后所内气色不甚佳。四连房，右房门在丙字，好内门，在乙字亦好，左房内门，在庚字，外门，在坤字，俱平平。东边毛楼，气色带凶，门宜改西南未字，拆去南面小墙一带铺台级便得平稳。慈宁门、慈宁宫，内外俱整齐宽舒，后殿佛堂亦宽畅。永庆宫，内外俱平稳，花园咸若馆、临溪亭，气象光明舒畅，中正殿平和。造办处东门，左正西向，正东明堂好，白虎略紧退些更妙。南门子午正向，门口墙改作影壁，移去大石，白虎小房门宜开向后更吉。南熏殿大门，左正西向正卯，平稳，门内板墙板房拆改，收拾整齐便吉。南熏殿正子午门，在殿宫内，明堂平正，内书房，气色洁净。西长房，门内外俱平正，兆祥所，内外气色紧密圆满。雍正五年四月二十八日，管志宁。

——中国第一历史档案馆藏"钦天监题本"之"8-0579风水"卷

从管志宁的奏折判词中可以看出，他运用了"三吉六秀"（三吉方和六秀位，对应的是艮、巽、酉、丙、辛、丁六方，三吉包括于六秀之中，即艮、巽、酉）的相度方法。我国自古以来就有将星象与地理相对应的概念。古人认为天星是有吉凶的，由此与之对应的大地方位也就有了吉凶之分。《易经》云："天垂象，见吉凶。"汉代张衡提出"纵星步列，体生于地，精成于天。列居错峙，各有所属。在野象物，在朝向官，在人象事"（司马迁《史记·天官书》，中华书局，1963），进一步推进了象天法地的思想。到了唐代，《步天歌》中将天象划分为三垣二十八宿（三垣，即紫薇垣、太微垣、天市垣；二十八宿，即东方青龙、北方玄武、西方白虎、南方朱雀各七星宿）。南宋学者郑樵所著《通志·天文略》中《天文略》二卷是以《步天歌》为蓝本并收纳诸家史志，记录了三官、二十八宿等星座及星官所属内容称："此本只传灵台，不传人间，术家秘之。"意即《步天歌》只在钦天监中流传，不向民间流传。至宋代，赖文俊（生于宋徽宗年间，北宋国师，号称"先知山人"，精通堪舆理论和技术）将其与二十四山方位结合，演绎出更周密的二十四天星盘，作为评判龙砂穴水吉凶的理论参考。对于管志宁奏折中描述的门位，各门所在二十四山方位和吉凶论断，可见表22-3、图22-2、表22-4、图22-3、表22-5、图22-4。

表22–3　清代紫禁城中路庭院门位吉凶对应表

庭院	立极点	院门	方位	吉凶
乾清宫	乾清门	景运门	乙	平
		隆宗门	庚	凶
	乾清宫	日精门	巳	吉
		月华门	未	凶
	弘德殿	凤彩门	坤	平
	昭仁殿	龙光门	巽	吉
坤宁宫	坤宁宫前明堂	景和门	辰	凶
		隆福门	庚	凶
		永祥门	辰	凶
		曾瑞门	庚	凶
	坤宁宫后月台	基化门	乙	平
		端则门	酉	吉
御花园	天一门	琼苑东门	辰	凶
		琼苑西门	庚	凶
	承光门	集福门	辛	吉
		廷和门	甲	凶

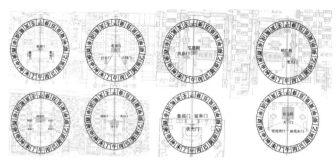

图 22-2　紫禁城中路各庭院门位吉凶（周娉倩绘）

表 22-4　清代紫禁城西路庭院门位吉凶对应表

宫殿	建筑名称	方位	吉凶
养心殿	养心门		
	遵义门	卯	平
	内右门	丙	吉
	近光右门	癸	平
永寿宫	咸和门	卯	平
	纯祐门	庚	凶
启祥宫	左极门	乙	平
	右启祥门	未	凶
翊坤宫	左广生门	乙	平
	右崇禧门	酉	吉
长春宫	长春门		
	左敷华门	乙	平
	右绥祉门	酉	吉

宫殿	建筑名称	方位	吉凶
咸福宫	咸福门		
	左咸宁门	乙	平
	右永庆门	酉	吉
	左大成门	乙	平
	右长泰门	庚	凶

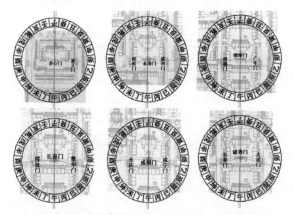

图 22-3　紫禁城西路各庭院门位吉凶（周娉倩绘）

表 22-5　清代紫禁城东路庭院门位吉凶对应表

庭院	立极点	院门	方位	吉凶
景仁宫	景仁门	景耀门	乙	平
		咸和门	酉	吉
延禧宫	延禧门	昭华门	乙	平
		凝祥门	酉	吉

续表

庭院	立极点	院门	方位	吉凶
永和宫	永和门	仁泽门	乙	平
		德阳门	酉	吉
钟粹宫	钟粹门	迎瑞门	乙	平
		大成左门	酉	吉
景阳宫	景阳门	衍福门	乙	平
		昌祺门	酉	吉
天穹宝殿	天穹门	钦昊门	庚	凶
宁寿宫		左翼门	辰	凶
		右翼门	申	平
		右房门	丙	吉
		好内门	乙	平
		左房内门	庚	凶
		外门	坤	平

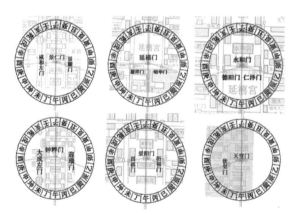

图 22-4　紫禁城东路各庭院门位吉凶（周娉倩绘）

由此可见，管志宁奏折中的相度结论与二十四山方位吉凶判定基本吻合。此外，管志宁的奏折中还涉及了部分关于庭院的其他形势派描述，见表22-6。

表22-6　紫禁城各庭院形势派描述汇总

分区	位置	描述	关键词
中路	午门	长盛之象	盛衰概貌
	太和门	气势壮澜，万象森罗	气势强弱
	中和殿、保和殿	恍若有太和元气含蓄色象之内	元气、含蓄
	乾清门	气象光明正大	气象、光明、正大
	乾清宫	气象愈光明愈正大，左右配合亦停匀	气象、光明、正大
	弘德殿	色象旺盛，内外相符	色象、旺盛、相符
	昭仁殿	色象亦内外相符	色象、相符
	交泰殿	色象旺盛	色象、旺盛
	坤宁宫	色象亦旺盛	色象、旺盛
	钦安殿	殿内外树木奇古苍秀，气色之旺、气运之盛于此可卜	树木、奇古、苍秀、气色、气运、旺盛
	天一门	门外气色与殿内相符	内外相符
	绛雪轩	气色幽深元远	气色、深远
	万春亭、浮碧亭	位置天然	天然
	堆秀山、御景亭	四面详观形势，得长安之胜，气运协禹年之和	形势、气运、长安、和谐
	养性斋	气色亦幽深元远	气色、深远
	千秋亭、澄瑞亭	与东边两亭相称	相称
	位育斋	得中和之气	中和、气
	延晖阁	气势与御景亭相称	气势、相称
	四神祠	位置得宜	位置、得宜
	花园	幽而静	幽静

续表

分区	位置	描述	关键词
西路	养心门	气象正大，气色旺盛，上吉	气象、气色、正大、旺盛
	养心殿	气象丰厚，重叠气色愈加旺盛	气象、丰厚、气色、旺盛
	永寿宫，翊坤宫，长春宫	四宫气色亦平稳	气色、平稳
	西五所	气色俱佳，外门平稳，大概相同	气色、佳、门、平稳
	四所门外右侧	略带直硬，砂头兼些雄昂，墙角亦兼尖射，作一影壁遮避更无妨碍	直硬、雄昂、墙角、尖射
	西四所	平正	平稳
	咸福宫	气色光润	气色、光润
	储秀宫	气色与咸福宫相符	气色、相符
	慈宁门	内外俱整齐宽舒，后殿佛堂亦宽畅	整齐、宽舒、宽畅
	咸若馆、临溪亭	气象光明舒畅	气象、光明、舒畅
	造办处东门	白虎略紧退些更妙	白虎、紧退、妙
	南门	门口墙改作影壁，移去大石，白虎小房门宜开向后更吉	改墙、改门、移石
	南熏殿大门	平稳，门内板墙板房拆改，收拾整齐便吉	平稳、拆墙、整齐、吉
	南熏殿正子午门	明堂平正，气色洁净	明堂、平正、气色、洁净
	西长房	门内外俱平正	门、平正

续表

分区	位置	描述	关键词
东路	景仁宫	气象平稳	平象、平稳
	延禧宫	气象平稳	气象、平稳
	永和宫	气象平正，气色和平	气象、平正、气色、和平
	钟粹宫	气象平正，气色和平	气象、平正、气色、和平
	千婴门	上吉	吉
	景阳宫	气象端正，气色内温润，外和平	气象、端正、气色、温润、和平
	东五所	头所平平，二所气色带生气，三所气象紧密，四所颇不整齐，五所气象整齐，气色深温。	气色、生气、气象、紧密、整齐、深温
	天穹宝殿	殿前气象广大，气色光辉。	气象、广大、气色、光辉
	惇本殿	殿内一望满眼都是滞气	滞气
	宁寿门	门前气象平和	气象、平和
	宁寿宫	气象内外相和，后殿气色深厚	气象、相和、气色、深厚
	中正殿	平和	平和
	东边毛楼	气色带凶，门宜改西南未字，拆去南面小墙一带铺台级便得平稳	气色、凶、未字、平稳

　　管志宁在描述紫禁城诸门诸景时多用"气色""气象""气势""气运"等语汇。气象分气形和气色，但经常气象与气色混用；气象也指气度，即气厚与气薄，以厚为吉，以薄为凶；以通为美，以滞为凶；气势以壮阔为吉，以狭

猛为凶；气运以旺盛为吉，以衰弱为凶。当然，气象和气色的吉凶也有不同的语汇。

形容"吉"的语汇有：长盛、状澜、光明正大、旺盛、得宜、丰厚、光润，舒畅。形容"平"的语汇有：平稳、和平、整齐、平正、平和、深厚、深广、平平、中和。形容"凶"的语汇有：直硬、滞气、晦、带凶等。

由此可知，管志宁对院门的吉凶判断，一方面运用罗盘判定方位，另一方面观其形、定其势，而且不仅看一座建筑的形势，而是结合前后左右整个小环境即以庭院为单位进行分析，如文中常常提到的"相符""相称""内外相和"，表明景物与环境的协调性。文中又提出"内外俱平稳""内外俱整齐宽舒"，表明空间的关系上是有内院与外院、室内与室外之分，注重内外协调平衡。而影响到管志宁对吉凶论断的主要方法包括以下几个方面。

首先是院门所在庭院环境的整体性，包括与周边建筑的搭配、庭院之间建筑的和谐等，如在分析御花园的千秋亭和澄瑞亭时，就言"与东边两亭相称"即万春亭和浮碧亭；又如延晖阁和御景亭相称等。

其次是院门所属建筑单体的形势，包括建筑构造和形势上的诸多细节，如管志宁在描述四所门外右侧的时候，认为此处"略带直硬，砂头兼些雄昂，墙角亦兼尖射。"尖锐，直硬等形势在古代均被认为是不好的形势，因此是凶象，而圆满、平正等形势就是吉利的。

而实际上，许多语汇的确是形容空间特点的，如空间的正与斜上，以正为吉，于是有平正、平稳、端正之语；空间的尺度上以广为美，于是有广大、深广；空间的边界上圆满；空间布置上的紧密、整齐；空间深度的幽静、幽深、元远；空间明暗上的以光辉和光润为美，以晦暗为凶；空间舒适度上的以宽舒、舒畅为吉，以拥挤、堵塞为凶。

第三是建筑单体的位置，一方面是殿、院门等建筑及建筑要素在二十四山所处的位置，如东边毛楼，认为"门宜改西南未字"，这样才与周边环境取得"平稳"之势。另一方面是建筑单体所在位置的微调，如认为造办处东门为白虎位，应该"略紧退些更妙"。

第四是建筑的周边环境，院门、殿等建筑周边的植物、构筑等也对管志宁的评判有很大的影响，如对御花园钦安殿，其言"殿内外树木奇古苍秀，气色之旺，气运之盛于此可卜"，即认为周边的繁茂的树木就可以证明此处气运旺盛。又有南熏殿大门，管志宁认为"门内板墙板房拆改，收拾整齐变为吉"，即院门附近的环境整洁与否影响对建筑的吉凶判断。而在构筑方面，管志宁也有论述，如南门，他认为门口的墙体应改为影壁，移去大石，即影壁更利于建筑的藏风聚气，而石头效果差些。

除此之外还有一些细节的分析也值得推敲，管志宁在奏折中对部分门位改造提出了具体建议："造办处东门左正西向，正东明堂好白虎略紧退些更妙。南门子午正向，门口墙改作影壁，移去大石，白虎小房门宜开向后更吉。"其中"白虎"一词是漏刻科运用"四象"比附园林要素的方法来判断吉凶。《葬书》中云："砂以左为青龙，右为白虎，前为朱雀，后为玄武。玄武垂头，朱雀翔舞，青龙蜿蜒，白虎顺俯，形势反此，法当破死。"奏折中提到"正东明堂好，白虎略紧退些更妙"，意即白虎位建筑应该退后一些更好，正符合《葬书》中"白虎顺俯"的要求。管志宁还提议移去造办处南门的大石，并将西面（白虎对应西面）小房门打开，使该方位保持开阔的状态，即门向屋内开，古人认为从入户大门进来的气为吉，迎祥和之气，因此由外向内开门为吉。毕竟管志宁是在建成之后对庭院门和景进行评价，是否整个钦天监都持同样的看法未知，是否改造也未知，也算是依据固有理论进行形势和格局的合局评价。

2. 颐和园相度考

三大干龙起源于昆仑山脉，一路向东，其中北龙的分支就有太行山、燕山，到北京为其止。而"三山五园"所处在的位置正是西山环抱的穴位所在，西山作为"真龙"的余脉，是上等的"来龙"山脉，再加上地势低洼，水量充沛，其山水位置符合"负阴抱阳"的骨架关系，是藏风聚气的宝地，又因为其位于紫禁城西北方，正好是"乾"卦的位置，于是倍受皇家的青睐，又与乾隆年号巧合，于是，更受乾隆所重。然而单看清漪园的基地，其环境却不是很理想，瓮山与西湖虽然大体符合背山面水的山水格局，但是西湖之于瓮山却是"无情水"，是下等的对应方式，山与水无法交融，不符合阴阳调和的原则。好在清漪园的营建过程涉及相度官员参与的格局调整，最后弥补了清漪园基地的瑕疵，且对园内布局产生了更好的影响（图 22-5）。

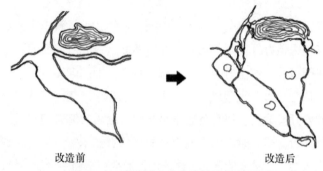

改造前   改造后

图 22-5   清漪园山水改造前后格局图

（周娉倩根据周维权《中国古典园林史》绘制）

在基地改建的过程中，首先是针对瓮山和西湖。瓮山原本是一座秃山，营建初期对其进行了绿化修护，为的是提升龙脉的生气。对西湖，则是开挖和疏通，将湖面向东北部延伸至瓮山南麓，西北部引水，并在瓮山北侧开挖后湖，将水与圆明园接通。这样一来，瓮山与西湖就形成山环水绕、负阴抱阳的山水格局。整个清漪园主体建筑背倚瓮山这个强有力的靠山，面朝西湖，成为了藏风聚气的堪舆宝地。除了初建时整体山水大关系的调整，在重建时也涉及园林要素的调整，如光绪年间为颐和园万寿山勘测折：

> 呈看得颐和园万寿风水清单谨看得：颐和园，万寿山峦头耸拔，岭岸清奇，其气自乾亥分，擘由坎入首，係子位午向兼壬丙三分，以牌楼为头层，延年金星生，宫门二层文曲水星生，二宫门三层贪狼木星生，排云殿四层廉贞火星生，德晖殿五层巨门土星。后山佛香阁为延年高大吉星主向，湖水由乾方绕抱出丙方，绣漪桥借库而消丙方，廊如亭在三吉六秀方东北转轮藏，西北宝云阁，为辅弼二星拱照，德晖殿主殿内外两局均属全吉，兼之水净砂明，尽收两大钟灵之秀，山环气绕，可助万年福寿之绵，五星相生众美毕具，洵可谓极佳之境也。

此说帖（指奏折）重点分析了颐和园万寿山的龙脉来源、前山建筑群之内局形势以及前山前湖之外局形势三个部分，而其中主要应用的堪舆理论从说贴中的堪舆词汇可判断为二十四山双山、八宅理论、三合理论，以下进行分析。

首先对于龙脉来源，龙从"乾亥"方向来，即西北山脉来龙结作于万寿山，万寿山前后呈现南北向，即龙脉从壬子癸入首，由八卦纳甲可知，壬子癸纳坎卦，符合原文"由坎入首"的说法。再看分金，为兼向，即"子位（亦称山，表来的方向）午向（表朝的方向）兼壬丙三分"（图22-6）。

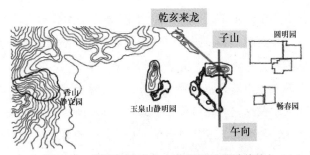

图 22-6 颐和园来龙方向分析图（周娉倩绘）

再看前山主建筑群，为进深重叠的宅院组合建筑，且到最高层一共有六层，因此属于阳宅四格局（四格局是指阳宅所属的"静、动、变、化"四格局，其中宅院进深只有一层房屋的为"静宅"；有二层至五层房屋的为"动宅"，中间由腰房或门墙分隔；有六至十层房屋的为"变宅"；有十一至十五层房屋的为"化宅"）中的"变宅"，因此不能用传统的大游年歌决来确定房屋格局，而是需要用穿宫九星法来确定宅内进深方向的星位吉凶及相应形势。

对于"变宅"，先根据宅门伏位排布九星，确定第一层星位，前山建筑群的第一层星位即牌楼所在，然后依五行相生关系顺次推出其他星位，吉方宜建高大房屋。

先定第一星位，前文可知山体为子山午向，由八卦纳甲可知为坐坎向离，离位为延年，延年五行为金，因此一层牌楼位排延年金星，根据五行相生，二层宫门排六煞水（六煞在九星中即为文曲），三层二宫门排生气木星（即贪狼木星），四层排云殿排五鬼火星（即廉贞火星），五层德晖殿排天医土星（即巨门土星），最后再排六层佛香阁，土生金，因此同样为延年金星，且延年为吉星，因此可建造高大建筑，符合原文所说"佛香阁为延年高大吉星主向"（图 22-7）。同样其他各层也符合原文所配星体。

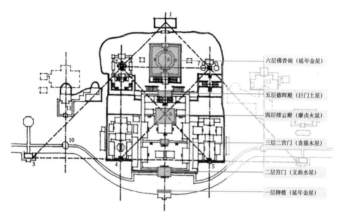

图 22-7 颐和园前山建筑群方位吉凶分析图（作者自绘）

最后定前山前湖格局，先看水体，由西北流入，东南流出，即原文所说"湖水由乾方绕抱出丙方"，根据三合水法可以知道，子山午向为四大局中火局的正旺向，而丙向双山属丙午，却是四大局水局的墓库（库指储存某一气类或要素的地方），因此颐和园的三合水法不属于正库，而属于旺向借库，而绣漪桥位于颐和园出水口丙午方位，符合原文所说"绣漪桥借库而消丙方"（图 22-8）。

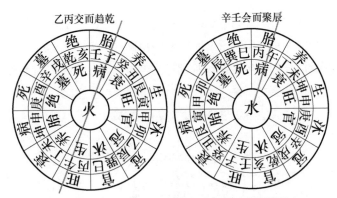

图 22-8 颐和园前山前湖借库分析图（周娉倩绘）

以排云殿为太极点，可以测得廓如亭在二十四山的巽方，是三吉六秀的六秀方之一（六秀方位为艮、丙、兑、丁、巽、辛），属于吉方。再从形势论，转轮藏和宝云阁位于佛香阁左右两侧，根据北斗九星理论，两者均呈现左辅、右弼之格局，即原文所讲"东北转轮藏，西北宝云阁，为辅弼二星拱照"，如图 22-9 所示。

可以从"万寿山峦头耸拔，岭岸清奇，其气自乾亥分，擘由坎入首係子位午向兼壬丙三分"推测出颐和园的龙脉挺拔，主建筑群的朝向为子位午向偏壬丙三分。"以牌楼为头层，延年金星生，宫门二层文曲水星生，二宫门三层贪狼木星生，排云殿四层廉贞火星生，德晖殿五层巨门土星后山。佛香阁为延年高大吉星主向"，可见相度人员在定方位时用的是五行和九星来判断宫殿建筑所属的星体格局和

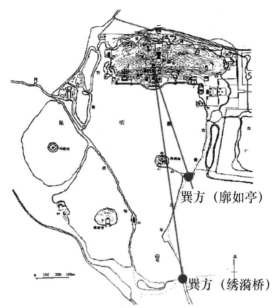

巽方（廊如亭）

巽方（绣漪桥）

图 22-9　以排云殿为立极点分析廊如亭、绣漪桥方位图
（周娉倩根据周维权《中国古典园林史》底图绘制）

五行属性。"湖水由乾方绕抱出丙方,绣漪桥借库而消丙方",
同样用的是三合水法。"廊如亭在三吉六秀方,东北转轮藏,
西北宝云阁,为辅弼二星拱照,德晖殿主殿内外两局均属
全吉,兼之水净砂明,尽收两大钟灵之秀,山环气绕可助
万年福寿之绵,五星相生,众美毕具,洵可谓极佳之境也",
利用翻卦判断建筑是否合三吉六秀方位, 以及九星方位。
最后一句中"五星相生"这个关键字, 可以判断主建筑还
运用了五星相生来搭配设计, 五星理论本质上是五行生克

理论。总的来说，相地人员在确定朝向的过程中，是形势与理气的综合考虑。

万寿山之建筑的方位朝向折：

呈看得万寿山安寝宫风水清单，看得：万寿山安寝宫宜在德晖殿为至吉，排云殿为次吉，均宜在西进间迎巽方生气吉，乐寿堂安寝宫宜在西进间迎巽方生气吉。

本帖的目的是为慈禧选建寝宫的位置，有三处备选方位，分别是万寿山的德晖殿、排云殿和乐寿堂这三间，根据前文说帖所用的穿宫九星可以看得万寿山的德晖殿相比较排云殿更为吉利，也是文中所说的至吉和次吉之别。

再单独看每个院落，德晖殿、排云殿以及乐寿堂均为子山午向，即坐坎向离，即为坎宅，根据八宅理论，将伏位排于坎位，顺时针排其他七星，即乾方为六煞星，兑方为祸害星，坤方为绝命星，离方为延年星，巽方为生气星，震方为天医星，艮为五鬼星，如图 22-10 所示。

生气	延年	绝命
天医	坎宅	祸害
五鬼	伏位	六煞

图 22-10　穿宫九星图（周娉倩绘）

因此可知，东南方巽方为生气位，符合奏折中所说的"迎巽方生气吉"，又知道巽方为东南生气来方，所以寝宫宜在西进间，与奏折所描述完全相符。

颐和园勘估乐寿堂也有相度折：

呈看得乐寿堂风水清单，谨看得：乐寿堂係子位午向兼壬丙三分，以宫门为头层延年金星生，乐寿堂三捲前层文曲水星生，中层贪狼木星生，后层廉贞火星生，鉴殿门土星面前湖水由西北绕抱，归丁方借库而消，为五星全借至吉之格也。

由于坐向与中央建筑群同，因此乐寿堂的穿宫九星排列也与其相同，但乐寿堂为五层结构，因此一层宫门为延年金星，二层乐寿堂前为文曲水星，三层为贪狼木星，乐寿堂后为四层廉贞火星，最后鉴殿门为巨门土星。主殿乐寿堂处于贪狼木星，即为生气最吉之处（图 22-11）。

同样看得乐寿堂前水归于丁方，子山午向为火局正旺向，而丁方为双山丁未，是木局墓库，因此同样为借库，符合原文"归丁方借库而消"。

"子位午向兼壬丙三分"，可见乐寿堂与主建筑群朝向相同。同样的，"延年金星生""贪狼木星生"，也是通过五行和九星来判断建筑的五行属性和星体格局，为相地时是形势派和理气派的综合考虑又加了一层佐证。

颐和园增建戏楼亦有奏折：

五层 鉴殿门 巨门土星生
四层 乐寿堂后层 廉贞火星生
三层 乐寿堂中层 贪狼木星生
二层 乐寿堂前层 文曲水星生

一层 宫门 延年金星生

图 22-11　乐寿堂方位吉凶分析

（周娉倩绘，底图引自夏成钢《湖山品题》）

　　呈看得颐和园添盖看戏楼风水清单，谨看得：颐和园添盖看戏楼，戏楼宜在宜春堂为之吉，係在乐寿堂卯乙为贪狼吉星，得位仍宜用子位午向兼壬丙三分以南，群房中间大门为头层延年金星生，戏楼二层破军金星生，三层文曲水星生，四层左辅木星生，看戏楼五层贪狼木星木入坎宫，吉星主向復生照殿，六层廉贞火星生，垂花门七层禄存土星，东游廊便门宜开在东南巽方，西游廊便门宜开在西北乾方卦，得既济之象为全璧之吉也。

　　如图22-12所示可以看出，建议颐和园戏楼"宜在宜春堂为之吉，係在乐寿堂卯乙为贪狼吉星，得位仍宜用子位午向兼壬丙三分以南，群房中间大门为头层延年金星生"，同样是建筑与九星的搭配关系，确定了戏楼的方位朝向。以及东游廊便门"宜开在东南巽方"，西游廊便门"宜开在西北乾方卦"，参与了园内建筑的开门定向。更有通过奏折中"延年金星""破军金星""文曲水星""左辅木星"等堪舆词汇，可以推测出在相地过程中运用了八宅游年盘判断吉凶。

图22-12　以乐寿堂为立极点之戏楼方位

（周娉倩绘，底图引自夏成钢《湖山品题》）

从以上四则清宫档案可知，皇家相度所用的传统设计工具有罗盘。作者在此基础之上，引发了对罗盘相度其他建筑的位置关系的联想，有待查证更多的史料来支撑。

首先，以佛香阁为立极点，测得寅辉城关在艮位，文昌阁在辰位。佛香阁原为延寿塔，盖到八层时，乾隆一道圣旨，延寿塔拆改为三层佛香阁，关于拆塔原因众说纷纭，有说是景观规划原因，也有认为是结构问题，乾隆二十三年（1758年）写的"志过"诗中，更是暗示"天意明示我"，其实应是塔位压镇了乾位来龙，乾位又是乾隆的年号。无论如何，延寿寺作为宝塔，具有镇煞作用，是险要之地。太极点是不会立在佛香阁的。

再以排云殿为立极点（图22-13左），测得文昌阁位于辰位，辰虽不是二十四山正巽位，却是八卦的巽卦。文昌代表文化和名望，在古天文图中位于东南方巽卦位。文昌位有洛书八卦固定之位，洛书东南为巽卦宫位，为河图先天兑卦位。兑卦代表后天西方白虎，统领天界二十八宿的西方七宿。西方七宿第一宿为"奎宿"，为魁宿，意为科举入仕。先天为体，后天为用。

以须弥灵境为立极点测得寅辉城关（图22-13右），地处东北，位于寅位，由八卦纳甲可知，丑艮寅纳艮卦，代表山，寓意与寅辉城关位于城关要塞之处相符。

"云照兑泽"是乾隆给南湖岛月波楼题的匾额，其中兑是八卦的西方，泽是它的象。若兑位只是指昆明湖为大泽，

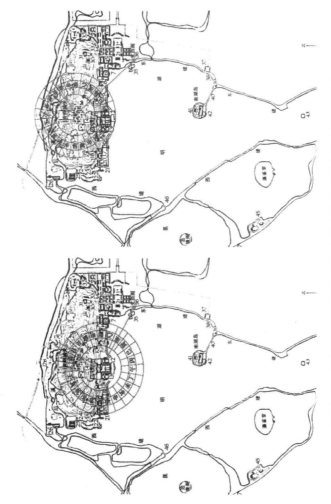

图 22-13　以须弥灵境及排云殿为太极点的文昌阁方位（周娉倩绘）

则太极点应在东宫区的勤政殿。若兑是指月波楼，则正兑位的太极点应在龙王庙的后罩楼云香阁，偏兑位的太极点应在龙王庙的正殿（图 22-14）。

3. 圆明园相度考

在康熙四十六年（1707 年）三月二十日"胤祉奏请指定建房地折"中对圆明园周遭环境进行了大致的描述，对此地评价为"地亦清净，无一坟冢"，这是史料中关于圆明园周边环境描述的最早记载。在《世宗皇帝御制圆明园记》中，雍正对圆明园的内外环境进行了更为翔实的描述，"林皋清淑，波淀渟泓，因高就深，傍山依水，相度地宜，构结亭榭，取天然之趣，省工役之烦。槛花堤树，不灌溉而滋荣；巢鸟池鱼，乐飞潜而自集。盖以其地形爽垲，土壤丰嘉，百汇易以蕃昌，宅居于兹安吉也。"文中就提到相度，相度之后，认为地宜，于是"宅居于兹安吉也"。

在雍正二年（1724 年），圆明园刚刚开工没多久，两个来自民间的堪舆师张钟子和张尚忠受命进入圆明园实地勘察，并写下了《山东德平县知县张钟子等查看圆明园风水启》这份奏折，奏折全文如下：

新授山东济南府德平县知县张钟子、潼关卫廪膳生员张尚忠叩启：

圆明园内外具查清楚，外边来龙甚旺，内边山水按九州爻象，按九宫处处合法，敬细陈于后。

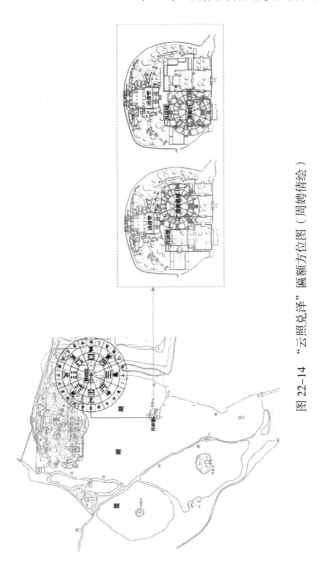

图 22-14　"云照兑泽"匾额方位图（周娉倩绘）

论外形：自西北亥龙入首，水归东南，乃辛壬会而聚辰之局，为北干正派，此形势之最胜者。

论山水：据《赤霆经》云：「天下山脉发于昆仑，以西北为首，东南为尾，幽冀为左臂，川蜀为右臂，豫、兖、青、徐为腹，黄河为大肠，江淮为膀胱，此天下之大势」园内山起于西北，高卑大小，曲折婉转，俱趣东南巽地；水自西南丁字流入，向北转东，复从亥壬入园，会诸水东注大海，又自大海折而向南，流出东南巽地，亦是西北为首，东南为尾，九州四海俱包罗于其内矣。」

论爻象：正殿居中央，以建皇极八方拱向。正北立自鸣钟楼，楼高三丈，以应一白水星；西北乾地建佛楼，以应六白金星；东北艮方台榭楼阁系天市垣，以应八白土星，此三白之居北方也。正南九紫建立宫门，取向明出治之意。第一层大宫门系延年金星，玉石桥北二宫门系六煞水星，大殿系贪狼吉星，以理事殿任何佐之，木火相生，此九紫之居正南也。西南坤位房虽多，不宜高，以应土星；东南巽地乃文章之府，建立高楼以应太微，此二黑四绿分列九紫之左右也。正东震方田畴稻畦，且东接大海汪洋以润之，以应青阳发生之气，辛方树灯杆，巽纳辛以应天乙、太乙，庚方建平台，土来生金，此七赤三碧之所以得位也。

八卦以河图为体，取用则从洛书，戴九履一，左三右七，二四为肩，六八为足，皇极居中，八方朝供，《洪范》九范，实出乎此，此园内爻象具按九宫布列，岂敢妄议增减。

禄马贵人：禄马贵人原系形家小数，然按之亦无不合，水归东南巽地，山起西北乾方，乾纳甲，巽纳辛，以辛为马，以甲为禄，以丁癸为贵人。辛有灯杆，甲有大海，丁癸有来水，禄马贵人同步玉阶，上合天星，下包地轴，清宁位育，永巩皇图。（引自《清代档案史料——圆明园》六－七）

《德平县志》中载"张钟子于雍正二年上任德平县知县，同年卒于官"，从中可推断出奏折的成文年份。《清代档案史料——圆明园》一书中雍正二年正月十八日《允禄等传谕著都虞司委员采办圆明园木植》一文记载，雍正二年正月即开始采办"圆明园所用柁梁大树"，可见对圆明园扩建的规划应当是早于张钟子奏折一文的成文时间的。有钦天监的官方相度官，为何还要再请民间堪舆师？因为此年正值雍正为父守制出关，可以破土建设，于是开始扩建，可能是雍正想双向认证堪舆理论，从中也说明民间与官方在理论方面存在一定的差异性。然而，结果却是民间与官方高度的一致性，雍正也因此消除了疑虑。

张钟子也是当时的地方官员，对于官场也十分了解，他的看法当与钦天监不能相悖，否则，会造成重大的争论以至事故。最后其提交的奏折从外形、山水、爻象、禄马贵人等四个方面对圆明园后湖区域的格局进行了评价，有学者认为此文是"圆明园总体规划、布局之纲要"，然而笔者在对张钟子奏折的研究中发现，文中所提到的"正北立自鸣钟楼、西北乾地建佛楼、东北艮方台榭楼阁、正南九紫建立宫门、西南坤位房虽多、正东震方田畴稻畦"等描述与康熙年间便成建成的"涧阁、梧桐院等景点相符",而且据《圆明园样式雷图档综合研究》中对康熙末年圆明园的兴建范围的考证,张钟子奏折一文中所提到的各处景点除宫门外均位于这一范围之内(图22-15)。

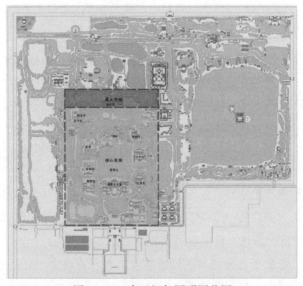

图22-15 雍正初年圆明园范围

(引自张凤梧《圆明园样式雷图档综合研究》)

"论爻象"篇断语"此园内爻象具按九宫布列,岂敢妄议增减",禄马贵人篇断语"禄马贵人原系形家小数,然按之亦无不合"表明：张钟子对布局并未提出改建的建议，只是一次合局的分析而已。奏折上亦未见雍正批示，在雍正朝上谕档中也未发现相关内容，因此，皇帝征召两位相度官查看圆明园格局的目的变得扑朔迷离：第一可能是当面陈奏，未予御批；第二可能是一贯由钦天监主持的工作，担心钦天监官员各执一词，于是雍正想让民间高人予以完善；第三是从地方官员中选人勘察皇家工程地相格局本是传统，然多见于陵寝，宫苑和园林较少；第四张钟子才上任知县就前往京城参与圆明园工程。

以往研究仅限于奏折说辞与园中景点对位分析，而对于为何采用这样的对位手法呈现出这样的各方对各景的关系，尚无定论。在赵春兰《从圆明园风水启说开去》及姜贝《圆明园规划布局及其结构研究》中，仅列出了各方对位表格；孟彤《从圆明园的九宫格局看皇家园林营造理念》一文则认为"说开去"一文中的正殿之说是错误的，真正的正殿应当是正大光明殿。鉴于诸多对奏折解读的不透彻、互相矛盾的现象，笔者在此对奏折中用到的所有专业词汇进行解释，并解读、考证圆明园内外格局。

张钟子查验的是圆明园最原始区域，福海、长春园及绮春园都晚于上奏时间，那么笔者在本书中着重探究圆明园区域与奏折描述之间的联系。

关于太极点。奏折中采用了不同的方位描述，有后天八卦、二十四山等不同的体系，不同篇章的太极点的位置不同。如"论外形"篇之"自西北亥龙入首，水归东南";"论山水"篇之"园内山起于西北，高卑大小，曲折婉转，俱趣东南巽地；水自西南丁字流入，向北转东，复从亥壬入园，会诸水东注大海，又自大海折而向南，流出东南巽地";"论爻象"篇之"正殿居中央，以建皇极八方拱向、正北立自鸣钟楼、西北乾地建佛楼、东北艮方台榭楼阁系天市垣、正南九紫建立宫门、西南坤位房虽多、东南巽地乃文章之府、正东震方田畴稻畦、辛方树灯杆、庚方建平台";"禄马贵人"篇之"水归东南巽地，山起西北乾方、辛有灯杆，甲有大海，丁癸有来水"，因此分别对不同太极点进行验证。

"论外形"篇描述的是外部的山水形势，山脉方位是"西北亥龙入首"，水的方向是"水归东南"，太极点较模糊，也相当于概述。据张凤梧《圆明园样式雷图档综合研究》考证，位于全园西北角最高处的紫碧山房，在赐园时期并未包含在园内，属于园外"西北亥龙入首"处。

园内太极点可能有三处，即后湖中心、九州清晏、正大光明殿。以后湖中心为太极点，则紫碧山房并不在亥位；以九州清晏及正大光明殿为太极点，则紫碧山房皆处亥位，此时正大光明殿尚处于建设中（张凤梧考证正大光明殿建成于雍正三年，晚于上奏时间），且其东南位并无水流，故确定太极点便是九州清晏的中心，如图22-16、图22-17所示。

图 22-16　从左到右依次为以后湖中心、九州清晏中心、
正大光明殿为中心验证"外形篇"太极点

（苗哺雨改绘自 Google Earth）

图 22-17　从左到右依次为以后湖中心、九州清晏中心、
正大光明殿为中心验证"爻象篇"太极点

（苗哺雨改绘自 Google Earth）

　　"论山水"篇是对内部山水走势的评判，山自西北起，
又往东南巽位去，水自西南丁位流入园中；又向北行进之
后，于月地云居景区北部转而向东流，绕日天琳宇岛一周
后开始向东南流入园内，从"亥、壬"双水口进入园中，
向东流入大海之后，又由东南"趣"（义为去）往巽位流出
园中，正是因为当时西北亥壬位属园外，而这个位置又是
来水口天门的吉位，才有意识地让水从南到北走很长一段

距离。同时根据地图方位对位分析，可以再次明确当时丁位不是后来乾隆登基后改建的水口园——藻园。再从"亥、壬"双水口反推太极点，可知只有九州清晏中心。因为它的奏折还有一个限制条件："水归东南巽地"，九州清晏前方的前湖正好有水流向东南方。

"论爻象"篇的方位描述更多，开篇便说"正殿居中央"，可知太极点是正殿，此时已建成"南所"三大殿"圆明园殿—奉三无私殿—九州清晏殿"，在建的为正大光明殿。后文又描述"正南九紫建立宫门，取向明出治之意。第一层大宫门系延年金星，玉石桥北二宫门系六煞水星，大殿系贪狼吉星，以理事殿任何佐之，木火相生，此九紫之居正南也。"可见在中心"正殿"的南部有"大殿"，有"理事殿"在其左右，此"大殿"写的是正大光明殿，位于"正殿"南部，且有配套的左右厢房作为理事之用，相当于各部值房。至于为何九州清晏会被称为正殿，而正大光明殿却被称为大殿，似乎不合逻辑。细考发现，九州清晏内的主殿有三座，其中前殿圆明园殿因为恭悬康熙皇帝御书"圆明园"匾，被视为圆明园正殿，因此九州清晏景区的圆明园殿中心成为太极点是顺理成章。

"禄马贵人"篇的太极点较为明确，奏折中的方位描述为"水归东南巽地，山起西北乾方，乾纳甲，巽纳辛，以辛为马，以甲为禄，以丁癸为贵人。辛有灯杆，甲有大海，丁癸有来水"。将该篇与山水篇、爻象篇进行对比发现，山、水的方位都是相同的描述，甚至"灯杆"这一特殊物体的方位也是相同的，"论爻象"篇为"辛方树灯杆"，本篇为"辛有灯杆"，可见本篇与"论爻象"篇的太极点是相同的。

两位相度官在外形、山水、爻象、禄马贵人等四个方面进行了分析评价，其中"外形"对应的是择址过程，"山水"对应形势派的环境观理论，"爻象"部分采用了以八卦为基础的紫白九星及洛书九宫法，"禄马贵人"则是传统的理气派中的一个分支。

"论外形"篇探讨了圆明园的选址立基。"*自西北亥龙入首，水归东南，乃辛壬会而聚辰之局，为北干正派，此形势之最胜者*"。一般只有红线范围之外的山脉才称为龙，此处所述山龙正是圆明园西北的西山余脉。北京西山正是我国三大干龙之北干龙的一处结穴之地，因此说此地龙脉是北干正派。如图 22-18 所示。

在"论山水"篇引汉代张子房《赤霆经》之文，对园内水的走向进行了分析。圆明园的水主要源于玉泉山水系下的昆明湖，由西南角（丁字）的藻园附近流入园中。因藻园至安佑宫沿宫墙内侧一带地形南高北低，标高相差近一米，故水入园后向北流。至"月地云居"处，分为南北两支一南侧东流注入"万方安和"湖面而汇于前后湖；北侧一支则环绕瑞应宫、"濂溪乐处"、"柳浪闻莺"向东流去。由于此处地势西高东低，虽经十弯八曲，水流仍一律由西向东。至"廊然大公"、"平湖秋月"景区附近，流入福海；继而从福海再分出若干细流向南，流出东南巽地，总体正好应合九州之大势。

图 22-18　园内山龙及水龙入首图（符合"西北亥龙入首""水自西南丁字流入，向北转东，复从亥壬入园"的描述）

（苗哺雨改绘自 Google Earth）

"论爻象"篇则是从文化意义及地相格局上进行了综合的合局分析，这其中可以剥离出两套方法，一是《尚书·洪范》中所载"天地之大法"，在数量上以后湖沿岸的九岛环列态势应和"洪范九畴"（图 22-19），建立八方朝拱以护卫皇极。

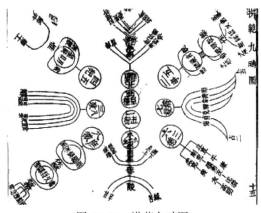

图 22-19　洪范九畴图

（引自《尚书·洪范》）

一是以河图洛书为根本的八卦体系进行的爻象对位，在中央正殿的"正北、西北、东北、正南、西南、东南、正东"等七个正方位的建筑物分别用紫白九星体系找到了对应关系，在正西方位时，则分了为辛、庚两个方位，可知相度官在查看对位关系时，所用的是二十四山体系（图 22-20）。

图 22-20　二十四山与洛书对位图（引自《紫白诀》）

　　紫白九星属于理气派理论玄空飞星分支,《紫白诀》是玄空飞星理论的重要组成部分, 如"建钟楼于煞地, 不特亢旱常遭"、"造高塔于火宫, 须知生旺难拘"等与奏折中"正北立自鸣钟楼"等描述十分契合。

　　同时, 此处紫白九星理论未采用三元九运飞星的推算手法, 仅以元旦盘为基础, 对后湖沿岸各景进行合局分析。若按玄空飞星进行完整合局, 应当以圆明园建造时间为当运进行紫白九星飞星分析。圆明园的具体开始营造时间尚不明确, 但最早见于史料记载的是康熙四十六年 (1707年) 胤禛开始选址, 至雍正初年 (公元 1723 年) 圆明园开始扩建, 此年在三元九运中属于上元二运, 应当以二黑土星入中宫进行分析, 但实际张钟子却是以五黄土星居中宫 (图 22-21)。元旦盘即是玄空飞星理论中最原始的洛书九宫格局, 以五黄入中宫, 其余九星按洛书方位依次排列, 按照中元五运 (五黄居中宫) 的九星旺衰进行分析 (图 22-22)。

　　与前文所述九宫格局不同的是, 九州清晏岛是中心, 是太极点, 即是五黄土星所在的位置, 周边环绕八个景点, 正如奏折所说"以建皇极八方拱向"。后湖沿岸九岛环列的九州意向仅仅只是数术上的吉数, "八方拱向"是以正殿为中心的八个方位的建筑或景点。

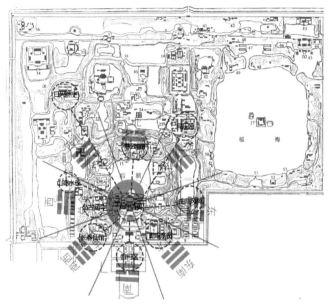

图 22-21　张钟子奏折所描述的九州清晏八方对位图（苗哺雨绘）

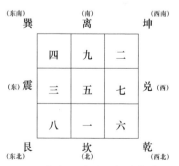

图 22-22　玄空飞星元旦盘（苗哺雨绘）

"正北立自鸣钟楼"指慈云普护的钟楼,《日下旧闻考》载"有楼三层,刻漏钟表在焉",清代建筑层高大多在三米到四米之间,符合"楼高三丈"的描述。依《紫白诀》,在元旦盘中一白水星后天八卦居坎,即正北。在五黄土星居中宫时,一白水星为煞星,水旺成煞,古人认为会导致瘟疫,当以尖顶钟楼或高塔镇之,因为尖顶代表火形,即以火克水。

"西北乾地建佛楼",佛楼即是日天琳宇景区,雍正二年(1724年)《活计档》载其已落成。当五黄入主中宫时,六白金星为吉星,在吉位设置相应的催发吉气场所是最常见的手法,佛寺为人天对话之所,是吉祥的建筑,故称之为"应"。

"东北艮方台榭楼阁系天市垣"为碧桐书院或同乐园,在赐园时期便有名为"梧桐院"的碧桐书院已经成景,但作为皇帝读书之处的建筑群并无高楼,形制也较为单一,只有同乐园建筑形制多样,戏台、戏楼等建筑符合"台榭楼阁"的描述。据《活计档》载,同乐园于雍正四年(1726年)建成,故推断此时同乐园可能主体已经建成,正处于装修阶段。奏折之"天市垣"为星象之一,为古天文学"三垣"之一。三垣分别为紫微垣、太微垣及天市垣。紫微垣位于北天中央,象征皇帝皇宫,太微垣位于紫微垣东北,天市垣位于紫微垣东南。东南成东北的原因可能是天地镜像造成的,故奏折用"应"字描述。八白土星在紫白九星体系中,专管钱财出入,天市垣象征天上的繁华街市,二者对应。

"正南九紫建立宫门，取向明出之意。第一层大宫门系延年金星，玉石桥北二宫门系六煞水星，大殿系贪狼吉星，以理事殿任何佐之，木火相生，此九紫之居正南也。"文中运用穿宫九星法对从大宫门到正大光明殿这一序列空间进行了合局分析。从大宫门至正大光明殿为两进院落左右对称布局。此说专论多进"动宅"，中轴线上各层房屋的高卑大小形势如下：第一层延年武曲星（吉星）即上吉之地。宽大的月台之上，大宫门面阔五间，卷棚歇山顶，气势宏伟。第二层为六煞文曲（凶星）水星，次凶之地，在玉石桥以北建有二宫门即出入贤良门，较之大宫门要低矮得多。第三层生气贪狼（吉星）木星，又是上吉之地。在高约1.3米的宽大月台之上，正大光明殿东西长40米，南北宽约27米，面阔七间，为单檐歇山卷棚灰顶建筑，东西另有配殿各五间，建成后一直作为圆明园正殿，可见形制之高尊。按五行相生关系，正好为金生水、水生木之序。加之朝宫整体处于离位属九紫火星，取"9"——木之亡数而有"木火相生，此九紫之居正南也。"如此高低安排也符合此学说中吉位宜建高楼催发生旺之气，凶位当设置较为低矮的建筑以避免凶气上行。

"西南坤位房虽多，不宜高"，在紫白九星中西南为二黑土星，二黑为凶星，故"不宜高"。此方位对应为长春仙馆，从四十景图中可见，此处并无高大建筑出现。

"东南巽地乃文章之府，建高楼以应太微"，太微星在三垣中位于紫微垣下之东北方，镜像而投射在地上则是位于九州清晏的东南方，且太微垣在三垣中属于"天子之廷"。在方位上，九州清晏的东南方位有勤政亲贤和洞天深处两处景区，勤政亲贤是皇帝在圆明园中处理日常政务的办公场所，功能上与"太微垣"的文化象征意义正相符合。四绿木星在《九星断略》中为文曲星所在之地。

"正东震方田畴稻畦"，九州清晏正东为镂月开云及曲院风荷景区。镂月开云在赐园时已建成，当时名牡丹台，康熙、雍正、乾隆三位皇帝于此同赏牡丹。符合田畴稻畦的只能是更东且同位的曲院风荷景区，这也符合"东接大海"的描述。由此可见在乾隆扩建之前，曲院风荷景区应当是具备农事功能的。"以应青阳发生之气"指的是福海中的水滋润田地如同春天的生长之气笼罩一般，"青阳"在《尔雅·释天》中有记载"春为青阳"，有利于农田作物的生长。

"辛方树灯杆"按二十四山方位，立九州清晏景区的主殿奉三无私殿为太极点，则山高水长景区正落于辛方，若立九州清晏殿作为太极点，则辛方有坦坦荡荡及山高水长两处景区。"灯杆"一物目前暂无史料显示在圆明园中有特殊指代，但是山高水长在雍正时期称为引见楼，是皇帝接见国内外使臣以及在每年灯会时期观看烟花表演的地方，而坦坦荡荡则是用来观赏金鱼的景点，因此从功能指代物上来看，辛方的指代物很有可能为山高水长景区。"巽纳辛以应天乙、太乙"，则是指八卦中的巽卦纳天干中的辛，在此以巽卦来对应"天乙贵人",天乙贵人又称太乙贵人,在星象中位于紫微垣之阊阖门外,同样与中心太极点之紫微垣成对应关系。

"庚方建平台",无论是以奉三无私殿还是以九州清晏殿为太极点,庚方都是有两处景区,茹古涵今和藻园,由于史料缺失,在两处景点均不能确定有无文中所描述的"平台"存在。"土来生金"则是按五行生克中土生金的说法,平台为平顶,按砂法五行划分可将其视为土形砂,是为土生金。

对以上"论爻象"篇方位与圆明园景点平面布局对位分析进行总结,得出如下表格(表22-7)。

表 22-7 "论爻象"篇方位与景点对位关系(苗哺雨制)

方位	对应景点及文中描述	名称	形态	功能	文献	年代
中央	正殿居中央	九洲清晏	两进院落,三大殿	政务、居住、读书	《日下旧闻考》《一代名园圆明园》	康熙至乾隆年间
正北(坎)	正北立自鸣钟楼	慈云普护之钟楼	三层六角形平面	祭神礼佛	《日下旧闻考》《圆明园百景图志》	雍正三年
西北(乾)	西北乾地建佛楼	日天琳宇	东西两组建筑群	祭神礼佛	《圆明园百景图志》	雍正二年
东北(艮)	东北艮方台榭楼阁系天市垣	同乐园、买卖街	街道式建筑群组	市集、宴饮	《圆明园百景图志》	雍正六年

方位		对应景点及文中描述	名称	形态	功能	文献	年代
正南(离)		正南九紫建立宫门	大宫门及正大光明殿区域	前庭虚敞,层层递进,左右对称	政务、朝会、宴请、贺寿、殿试	《日下旧闻考》《一代名园圆明园》	雍正三年
西南(坤)		西南坤位房虽多,不宜高;	长春仙馆	庭院组群,一层	居住、读书、宴饮	《日下旧闻考》	雍正年间
东南(巽)		东南巽地乃文章之府,建立高楼以应太微	勤政亲贤	院落组群,有高楼	政务、读书	《日下旧闻考》	雍正三年
正东(震)		正东震方田畴稻畦	曲院风荷	院落组群,湖面田地	游赏	《日下旧闻考》	不祥
正西(兑)	辛	辛方树灯杆	坦坦荡荡	平坦开朗,堆山低小,建筑小矮	观鱼、游赏	《日下旧闻考》《一代名园圆明园》	雍正年间
	庚	庚方建平台	茹古涵今	两进庭院,规整端庄,回廊、平座、露台	读书讲学、观赏	《日下旧闻考》《一代名园圆明园》	乾隆四年

　　相度官在整个"论爻象"篇对圆明园当时的整体格局与洛书九宫配合后天八卦的爻象进行了对位分析,将八卦衍生而出的理论或其他相关理论也运用到了分析中来,由

八卦推及其本体，也就是洛书九宫，在洛书九宫的基础上采用了紫白九星、三垣、纳甲、穿宫九星、二十四山方位等理论，对圆明园进行了一次十分全面的分析。由此得出"此园内爻象具按九宫布列，岂敢妄议增减"的结论，是上吉之地。

"禄马贵人"篇之原文为："禄马贵人原系形家小数，然按之亦无不合，水归东南巽地，山起西北乾方，乾纳甲，巽纳辛以辛，为马以甲，为禄以丁，癸为贵人，辛有灯杆，甲有大海，丁癸有来水，禄马贵人同步玉阶，上合天星，下包地轴，清宁位育，永巩皇图。"中国第一历史档案馆在整理本篇奏折并编入《清代档案史料——圆明园》一书时，断句有误，致使诸多研究者产生一定误读。赵春兰《从圆明园风水启说开去》一文中便直接引用了原文，并评价为附会之言；孟彤《从圆明园的九宫格局看皇家园林营造理念》也是仅仅引用了原文，未予解读。为避免后续的学者研究中出现同样的错误，特在此勘误。首先根据纳甲理论，"乾纳甲"、"巽纳辛"才应该是正确的，因为无论是格局理论还是命理理论中均不存在"巽纳辛以辛"的说法。前两句标点更正后，后文应当更正为："以辛为马，以甲为禄，以丁癸为贵人"，因为此句与后文"辛有灯杆，甲有大海，丁癸有来水"是完全对应关系：以灯杆应马位，以大海应禄位，以丁癸两处来水应贵人位。

因此"禄马贵人"篇正确的断句应当为：禄马贵人原

系形家小数，然按之亦无不合，水归东南巽地，山起西北乾方，乾纳甲，巽纳辛，以辛为马，以甲为禄，以丁癸为贵人。辛有灯杆，甲有大海，丁癸有来水，禄马贵人同步玉阶，上合天星，下包地轴，清宁位育，永巩皇图。

从以上断语可见，"山起西北乾方"指的是九洲景区龙脉入首之处，"水归东南巽地"则是指水流去向即全园水口所在方位。前文提到园内山脉为"西北亥龙入首"，二十四山中戌、乾、亥三山属乾宫，因此在这里可以推断相度官是以龙脉入首八卦方位纳甲而取禄，以水口所在八卦方位纳甲而取马，又以丁、癸二山为贵人方。在对应的四个方位分别有山水及对应灯杆等物，是为禄、马、贵人皆有相应之物，因此为吉。

现今流传的禄马贵人取禄、马、贵人之法各有不同。《罗经顶门针》中记载了"起禄诀""起马诀"以及"起阴阳贵人诀"，其中起禄诀为十天干取禄，起马诀三合四大局取马，起贵人诀则同样为十天干寻贵。在三合派名著《地理五诀》中对阴宅选址理论中寻禄、马、贵人进行了阐述，是从来龙座山入手，定太极点，以座山的二十四山方位查找对应的禄、马、贵人是否合局。两书之法均与张钟子奏纳甲取禄、马、贵人之法完全不同。

综上，"论外形"篇主要运用三合理论对圆明园之龙水相配进行了分析，验证了圆明园"辛壬会而聚辰"的上好外部格局。"论山水"篇则运用了形势派理论对圆明园内部山水走势进行了研究，并评判其为"九州四海俱包罗于其内"之上好形势。"论爻象"篇则大量运用了理气派理论，以八卦配合九宫与河图洛书作为基底，再结合紫白九星、三垣、纳甲、穿宫九星、二十四山方位等理论，得出"此园内爻象具按九宫布列，岂敢妄议增减"的结论。而"禄马贵人"篇则存在很大的附会可能，对于其确切流派目前并不能准确考证，因此本书在此不予过多分析，仅对文中分析方法之基底——九宫理论，结合广为流传的三合、玄空二理论对圆明园内部地相格局进行合局研究。一份奏折，所用理论竟如此之多，令人叹为观止。

第 3 节　私家造园名著 《园冶》相地篇考

《园冶》是明代末年的江南造园家计成的造园名著。园林属于兴造，涉及地理相度之事。明清时卜宅之术名地理，持《易经》为体，借道家之说，言必阴阳八卦、形势理气、八宅玄空。计成在《园冶》之中，不仅创造了一个卜宅新词，称为相地，与卜筑一词合用于全文。相反，《园冶》通篇竟不涉用《易经》、八卦、吉凶之词，只涉及气、阴阳、朝南、藏风等形势派科学术语。与相地有关的"基"字达 33处，有名词"基"如基形、基地、基势、宅基、园基、基局，以及厅堂基、楼阁基、门楼基、书房基、亭榭基、廊房基、假山基，有动词"基"如立基、开基、定基。相地、卜筑为与立基、定基、开基同时的一个文化行为。

卜筑是通过占卜以确定建筑选址，相地是通过现场观察以确定建设基地和周边的地形地貌。相比之下，卜筑带有迷信色彩，相地纯粹是科学性工作。相地包括园址的现场踏勘，环境和自然条件的评价，地形、地势和造景构图关系的设想，内容和意境的规划性考虑，直至基址的选择确定。相地是一个工程程序性动词，而地相则是专指地形地貌的名词。由此可见，计成是一个科学工作者。

1. 相地

在计成的眼里，相地只不过是把地分成六类：山林地、城市地、村庄地、郊野地、傍宅地和江湖地。阴阳之术，在分类叙述之中。从六类地形成园林形式来说，山林地的园林为山地园林，城市地的园林称城市园林，村庄园林可谓水口园，郊野园林就称其名，傍宅园林称为宅园。

相地的"相"字全文用到 22 处，多为相互之义。与相地或地相有关的只有五处："故凡造作，必先相地立基"，"相地"篇中有"相地合宜，构园得体"，在"立基"篇中，有"选向非拘宅相，安门须合厅方"，在"书房基"篇中有"如另筑，先相基形"。而相石是与相地平行的行为，但是，有关相石的两处"理者相石皴纹，仿古人笔意"，"峰石一块者，相形何状，选合峰纹石，令匠凿笋眼为座，理宜上大下小，立之可观"，皆无关堪舆禁忌。

"兴造论"中有"故凡造作，必先相地立基，然后定其间进，量其广狭，随曲合方，是在主者，能妙于得体合宜，未可拘率。"其"量其广狭，随曲合方"与《阳宅十书》的计广狭、判吉凶存在标准的错位。在"立基"篇中"选向非拘宅相，安门须合厅方。"堪舆中，相地应在最开始阶段，之后是定宅向和门向，与本身宅相和朝向的宅相都有很大的关系，宅主常用五行生克之法规避对面宅相，力求做到不被它克，而克它或生我。而对于对方宅相的角煞、柱煞、冲煞则尤为讲究。在"书房基"篇中道："书房之基，立于园林者，无拘内外，择偏僻处，随便通园，令游人莫知有此。内构斋、馆、房、室，借外景，自然幽雅，深得山林之趣。如另筑，先相基形：方、圆、长、扁、广、阔、曲、狭，势如前厅堂基余半间中，自然深奥。或楼或屋，或廊或榭，按基形式，临机应变而立。"按《阳宅十书》，基形以正方形为吉，以梯形为凶，显然《园冶》基形则不予理睬。

"相地"篇中"相地"被认为是与相度最接近的一词，然仅有一段："园基不拘方向，地势自有高低；涉门成趣，得景随形，或傍山林，欲通河沼。探奇近郭，远来往之通衢；选胜落村，藉参差之深树。村庄眺野，城市便家。新筑易乎开基，只可栽杨移竹；旧园妙于翻造，自然古木繁花。如方如圆，似偏似曲；如长弯而环璧，似偏阔以铺云。高方欲就亭台，低凹可开池沼；卜筑贵从水面，立基先究源头，疏源之去由，察水之来历。临溪越地，虚阁堪支；夹巷借天，浮廊可度。倘嵌他人之胜，有一线相通，非为间绝，借景偏宜；若对邻氏之花，绝几分消息；可以招呼，收春无尽。架桥通隔水，别馆堪图；聚石叠围墙，居山可拟。多年树木，碍筑檐垣；让一步可以立根，研数桠不妨封顶。斯谓雕栋飞楹构易，荫槐挺玉成难。相地合宜，构园得体。"

"园基不拘方向"与专注理向的术法相左。"涉门成趣"源于陶渊明《归去来兮辞》的"园日涉以成趣，门虽设而常关。"南朝画家宗炳说"山水质而有趣灵"，说明园门是求趣，不求吉向。"得景随形"的景是园林的核心内容，无景不成园，景是园的基础。但是景的来源有若干，"或傍山林"指的就是山林地。"探奇近郭"就是指城市地，城市也叫城郭。"如方如圆，似偏似曲"表明方基和圆基都可成园基，偏无妨，曲也无妨。但是曲要"长弯而环璧"，这就是抱绕原则，以宅为基，山水环绕如璧如弯月。"高方欲就亭台，低凹可开池沼"，就是指减少土方，因地制宜，因势利导，即"巧于因借"的"因"。

"卜筑贵从水面"是郭璞《葬书》"风水之法，得水为上，藏风次之"的运用。江南几乎所有园林都有用水，而且水处于园林的中心，恰在太极点位。环池布景，景以池心为参照，所谓的东、西、南、北皆以池中心为参考。典型如网师园，青龙在池东，白虎在池西，玄武在轩北，池面堆山。然若太极点立于池心，虽可作为四象之参照，但此太极点的意义并没有池北建筑太极点有实用价值。但是，计成也未说是否用罗盘卜筑，从行文未言及太极可推测，他持形势之说，以园林堆山理水筑就山形水势，不用罗盘。

"立基先究源头""疏源之去由，察水之来历"，就是讲究水口却不言水口。《杨公开门放水经》专营放水，《地理五诀》等书亦有专门的水口方向。罗盘之天盘就是用于纳水，地盘用于格龙，人盘就是用于消砂的（各派或用一或用二）。苏州所有园林的水口之来去基本上是西北来水，东南去水，正合地理之布法。为何西北来和东南去，从易经来说，是乾位高，巽位低，其根本来源是中国地形地貌的西北高东南低，所谓山高不过西北，水低不过东南。来水口称为天门，去水口称为地户。谚云："进山看水口，入穴看明堂。"进入山地园林区域，水口为第一肉眼观察的对象。进入住宅，明堂（庭院）为第一观察对象，最为重要。庭院是园林的最小单元，水口是园林的基础条件。水口做法讲究关拦，希望水来无影去无踪，以合水象财运之说。留园的水口做法堪称一绝，来水于西北廊墙交界之处。水口不仅为一口，从进水到入池约十米，有四道桥作为关拦。第一道是廊为交通，第二道至第四道都是石板桥，距离如此之近，何用四架石梁？显然是合地理之关拦关锁之意。

2. 借景

"倘嵌他人之胜，有一线相通，非为间绝，借景偏宜。"

若能开辟一条视觉通道，借景于"他人之胜"，此为"偏宜"。借景是《园冶》的首创也是其精华。借景就是不要费钱费力造景，只要筑观点即可。观点之法，以楼、台、山为上。

借景是计成的发明与重点，在"兴造论"两段中以一段篇幅论之。"园林巧于因借，精在体宜，愈非匠作可为，亦非主人所能自主者，须求得人，当要节用。因者：随基势之高下，体形之端正，碍木删桠，泉流石注，互相借资；宜亭斯亭，宜榭斯榭，不妨偏径，顿置婉转，斯谓'精而合宜'者也。借者：园虽别内外，得景则无拘远近，晴峦耸秀，绀宇凌空，极目所至，俗则屏之，嘉则收之，不分町疃，尽为烟景，斯所谓'巧而得体'者也。体、宜、因、借，匪得其人，兼之惜费，则前工并弃，既有后起之输、云，何传于世？予亦恐浸失其源，聊绘式于后，为好事者公焉。"

"巧于因借，精在体宜"，从此成为《园冶》园林布局之主旨。巧指人工构思之巧和制作工艺之巧，与拙相对。精是指材料和产品的制作精细，与粗、陋、差相对。因景和借景指园林现场踏勘后就定下的原则。因景是因就红线范围内的景，借景是借红线范围外的景。一内一外，绝无费资力造。精在形体的得宜，而不在乎高、大、壮、丽。因者，"随基势之高下，形体之端正""碍木删桠""泉流石注""互相借资"，可删枝丫，可用泉水，称为"借"本地之"资源"。于是"宜亭斯亭，宜榭斯榭""不妨偏径""顿置婉转"，园路偏和转是好，可曲径通幽，此为"精而合宜"。

借景"无拘远近，晴峦耸秀，绀宇凌空，极目所至，俗则屏之，嘉则收之"，此为"巧而得体"。

借景是地理朝向法则之朝美原则。美即美景。几乎中国所有建筑，在朝美上是统一的，只不过美的原则不同而已。有朝笔架山、文峰山、华盖峰、腰带水之说，皆是附会之愿景而已。虽无科学依据，然于居者心理有极大暗示作用，现代称为心理疗法。故历代地理书在朝山的形上大做文章，命名了众多以天星、官相、富相的吉利名字，尽量避免职业中的下九流之形，如僧帽，当然避带角带柱的可能伤人的隐患，更称之为煞，于是煞风景成为民间俗语。

当然，关于借景，又有专篇于最后。取全文如下。

构园无格，借景有因。切要四时，何关八宅。林皋延竚相，缘竹树萧森；城市喧卑，必择居邻闲逸。高原极望，远岫环屏，堂开淑气侵人，门引春流到泽。嫣红艳紫，欣逢花里神仙；乐圣称贤，足并山中宰相。《闲居》曾赋，"芳草"应怜；扫径护兰芽，分香幽室；卷帘邀燕子，闲剪轻风。片片飞花，丝丝眠柳。寒生料峭，高架秋千，兴适清偏，怡情丘壑。顿开尘外想，拟人画中行。林阴初出莺歌，山曲忽闻樵唱，风生林樾，境入羲皇。幽人即韵于松寮，逸士弹琴于篁里。红衣新浴，碧玉轻敲。看竹溪湾，观鱼濠上。山容蔼蔼，行云故落凭栏；水面鳞鳞，爽气觉来欹枕。南轩寄傲，北牖虚阴。半窗碧隐蕉桐，环堵翠延萝薜。俯流玩月，坐石品泉。苎衣不耐凉新，池荷香绾；梧叶忽惊秋落，虫草鸣幽。湖平无际之浮光，山媚可餐之秀色。寓目一行白鹭，醉颜几阵丹枫。眺远高台，搔首青天那可问；凭虚敞阁，举杯明月自相邀。冉冉天香，悠悠桂子。但觉篱残菊晚，应探岭暖梅先。少系杖头，招携邻曲。恍来临月美人，却卧雪庐高士。云冥黯黯，木叶萧萧。风鸦几树夕阳，寒雁数声残月。书窗梦醒，孤影遥吟；锦幛偎红，六花呈瑞。樽兴若过刿曲，扫烹果胜党家。冷韵堪赓，清名可并；花殊不谢，景摘偏新。因借无由，触情俱是。夫借景，林园之最要者也。如远借，邻借，仰借，俯借，应时而借。然物情所逗，目寄心期，似意在笔先，庶几描写之尽哉。

　　文中明确说明了"借景有因"，但不是"八宅"，而是"四时"。八宅派是民间最为流行的地理理气门派，但是，在江苏一派，明清流行的不是八宅派，而是产生于明初的玄空飞星派。经研究生肖倩用诸派验证拙政园，只有玄空飞星派合局。故此处之"何关八宅"意有三，其一，计成了解卜筑相地之说，知道当时理气门派之说，也知道有八宅、玄空、三元、三合之说，更知道形势与理气之说。其二，计成从造园与建宅相比，形势论比理气论更为重要，源于形势论的堆山理水才是重要的，故说"无关八宅"。其三，指根本不关理气门派之事，与具体的八宅派无关，但是否与玄空飞星有关，则未可知。的确，他对玄空飞星不了解。

　　地理分形势派和理气派，八宅是理气派的代表，而山水是形势派内容。故可理解为借景和造景都是讲的形势。

形势者，山形水势、花草树木、奇石屋宇也。从《园冶》全文而看，重在因、借、精、宜四字，而不在于地理之事，把地理之事，演化为纯粹的形势营造。从因借二字上看，则与相地是一脉相承的，只有先相了地，才有所谓的因和借。但是，尽管计成如此重视景的形，《园冶》中多处提到基形、山形、石形、峰形、体形、形态，还有所谓的相形、随形之举，势有基势、地势、飞舞势、嵌空势、穿眼势、宛转势、险怪势、山峦势、一面势，还有借岩成势、依势而曲、随势捻军其麻柱、势如排列等，全文并没有一处把形与势合称或并称，更没有形势派最常见的四象：青龙、白虎、朱雀、玄武。文中也多处提到几案，却非堪舆之案山，文中也无一处提到案山。关于明清形势派常用的地理四科：龙、砂、穴、水，《园冶》中有提到但并非四科所指。全文用龙五次："龙头喷水""龙潭石""龙潭""青龙山石""青龙山"，非龙脉之说。全文竟不用一处砂字。用穴四处："穴麓""岩峦洞穴""穴深数丈""洞穴潜藏"，非指立基的太极点所在或建筑所在。由此可见，计成对于形势派也是不予理会的。

四时比八宅更重要。四时指四季，即春、夏、秋、冬。四季之景不仅有气象之流云、疏雨、冰凌、皑雪，也有以植物和动物为主的景物。园林的借景，高台是借远景，敞阁是借近景。远岫、丘壑、春流、水面、泉水、林樾、树木、六花、梧叶、池荷、桂子、虫鱼、白鹭，天上的云、雾、霭、烟、月、阳，以及地上的阴影，皆入眼帘。

园林之借景与《葬书》之"葬者,乘生气也"有相通之处,乘,即假借之意。从乘车与驾车、骑车相较可知,骑车驾车皆是骑驾者在前,乘座者在后。骑者用力把方向,乘者悠然不拘方向。"乘生气"就是假借生气。气有自然实体之空气,也有人体之气力气魄,更有玄学之神气。从科学出发的自然之气,分为生气和死气。生气指动物植物欣欣生荣的景象。园林之求一曰图幽,二曰图畅,三曰图趣,四曰品生。观生意指的就是观赏动植物之生气,即为品生。

3. 卜邻与卜筑

《园冶》用"卜"二处,皆在"园说"篇中。"萧寺可以卜邻,梵音到耳;远峰偏宜借景,秀色堪餐。"说明寺庙之邻,可以择为园林,既可借晨钟暮鼓,也可借远山秀色。"卜筑贵从水面,立基先究源头",前已述及。卜筑指择地建筑住宅,即定居之意。《梁书·外士传·刘訏》:"(刘訏)曾与族兄刘歊听讲於钟山诸寺,因共卜筑宋熙寺东涧,有终焉之志。"刘訏与刘歊两兄弟,在宋熙寺的东涧之处,因借自然之景,成为隐居之所。"终焉",即隐居终身也。唐孟浩然《冬至后过吴张二子檀溪别业》诗:"卜筑依自然,檀溪不更穿。"择址于自然之处,借自然水面,无需再穿池引流。《明史·唐顺之传》:"(唐顺之)卜筑阳羡山中,读书十餘年。"唐顺之择址筑居于阳羡山,隐居读书十余年。清赵翼《华峒》诗曰:"他年拟抽簪,卜筑於此寄。"抽簪,谓弃官引退。古时做官的人须束发整冠，用簪连冠于发，故称引退为"抽簪"。最早把卜用于择居的是周文王的祖先公刘。在《诗经·大雅·公刘》中有：

笃公刘，匪居匪康。乃埸乃疆，乃积乃仓；乃裹糇粮，于橐于囊。思辑用光，弓矢斯张；干戈戚扬，爰方启行。

笃公刘，于胥斯原。既庶既繁，既顺乃宣，而无永叹。陟则在巘，复降在原。何以舟之？维玉及瑶，鞞琫容刀。

笃公刘，逝彼百泉，瞻彼溥原；乃陟南冈，乃觏于京。京师之野，于时处处，于时庐旅，于时言言，于时语语。

笃公刘，于京斯依。跄跄济济，俾筵俾几。既登乃依，乃造其曹。执豕于牢，酌之用匏。食之饮之，君之宗之。

笃公刘，既溥既长，既景乃冈，相其阴阳，观其流泉。其军三单，度其隰原，彻田为粮。度其夕阳，豳居允荒。

笃公刘，于豳斯馆。涉渭为乱，取厉取锻，止基乃理，爰众爰有。夹其皇涧，溯其过涧。止旅乃密，芮鞫之即。

"既溥既长，既景乃冈，相其阴阳，观其流泉。"是中国择址法术之最早史料。景与影通假，即用日影观测法确定南北。正午时分，向阳为南，留影为北。南即阳，北即阴。阴阳之说用于卜筑以得阳为上，特名之负阴抱阳，负阴即背靠北面阴面，面向南面阳面。何以如此重要？万物生长靠太阳，太阳是能量之源，它可以催化植物叶片的光合作用，使无机物的碳和水两种物质，转化为有机质的碳氢化合物。纵令最先进的人类科技，至今仍难赋此任。阳是生命之原，故要相其阴阳。"观其流泉"说明自然的泉水，可以成为饮用之水。"得水为上"指的是饮用水。城市逐水而居也是此理。人要饮水，动物也要饮水，田园庄稼也要饮水，园林花木也要饮水。在如今工业社会，大部分工业也需用水。故水是人类生存的三大能源之一：一为太阳之能源，二为水源，三为空气之源。

在"立基"篇中道："凡园圃立基，定厅堂为主。先乎取景，妙在朝南，倘有乔木数株，仅就中庭一二。""先乎取景，妙在朝南"的景不是"既景乃冈"的景，而是景物的景。"妙在朝南"就是朝向太阳。有太阳，冬天可以保暖，有太阳可以杀菌，有太阳可以令皮肤合成维成素 D。

4.气

气源即人类呼吸的内容。因为气中含有氧气，它可以氧化人体有的化学物质。故藏风聚气也就成为卜筑之第三法则。因气无处不在，区别不显，略于含量。高山空气稀薄，气压低，含氧量低；海洋空气浓密，气压高，含氧量高。卜筑之围墙成院，就是怕风把所谓的吉气吹走。古代感冒称为风邪。风是气运动的结果。气是有利，氧气是有益，负氧离子更对身体健康有益。

植物的光合作用既可合成有机质，同时还放出氧气。这就说明，人体直接应用于呼吸的氧是可能通过植物合成。这就理解了为何园以花林为主，圃以蔬果为主的真正原因了。园林离开了林，其对人体有益的吉气就不可能产生，只能任凭自然之气，以及通过风从别处移来之气。这种他来之气，可能洁，可能秽，吉凶难测。而园林之花草树木，自生洁气，健康人本。

《园冶》中用气几处，但未用元气之语。"园说"篇中"紫气青霞，鹤声送来枕上"，紫气在地理之中，被望气派认为是贵气，故有紫气东来之说。在颐和园万寿山东北，有一城关，名"紫气东来""赤城霞起"。所谓东来，即早上太阳升起处，为一日之中阳气的开始之处。在星象学中，紫气也常和计都、罗睺、月孛及五曜合称九曜。《园冶》又有"清气觉来几席，凡尘顿远襟怀"，清气是《庄子》所提倡的养生之气，认为只有在自然环境和园林之中才有，故清气是被地理术最为看重之气，亦是现代科学之清洁之气，成为医疗养生和环境保护的核心语汇。《园冶》第三处言及气者于建筑之斋，道："斋较堂，惟气藏而致敛，有使人肃然斋敬之义。盖藏修密处之地，故式不宜敞显。"气于藏而敛，既地理第二法则藏风聚气也。"藏修密处""不宜敞显"，气藏修密处显而易被发现、易被破坏、易被风吹。第四处言气者，说灵璧石"有一种扁朴或成云气者，悬之室中为磬，《书》所谓'泗滨浮磬'是也。"灵璧其声如磬，其形成云。云生气绕，故自古名贵。最后一处言气者，在借景之处，"高原极望，远岫环屏，堂开淑气侵人，门引春流到泽。"淑气，一指温和之气。晋陆机《悲哉行》："蕙草饶淑气，时鸟多好音。"唐李世民《春日玄武门宴群臣》:"韶光开令序,淑气动芳年。驻辇华林侧,高宴柏梁前。"唐柳道伦《赋得春风扇微和》:"青阳初入律,淑气应春风。"唐杜审言《和晋陵陆丞早春游望》:"淑气催黄鸟,晴光转绿蘋。忽闻歌古调,归思欲沾巾。"宋朱淑真《冬至》诗:"黄钟应律好风吹,阴伏阳升淑气回。"宋石孝友《玉楼春·一阳不受群阴壅》:"湖山千里勤飞控。淑气冲融披水冻。笑携雨露洒民心,暗聚精神交帝梦。"《白雪遗音·马头调·消魂二月》:"消魂二月春光明媚,淑气阵阵催。"二指天地间神灵之气。《旧唐书·音乐志四》:"祥符淑气,庆集柔明。"明郑仲夔《耳新·蔼吉》:"劲骨干霄,品业兼擅,非钟川岳之淑气者不能。"

《诗经》言公刘相其阴阳,《园冶》亦言及"阴阳"。全文用"阳"字三处。第一处"古者之堂,自半已前,虚之为堂。堂者,当也。谓当正向阳之屋,以取堂堂高显之义。"堂是前面虚为门窗,以纳太阳。第二处是说英石产地,"英州含光、真阳县之间"。真阳县虽指县名,但可知亦源于真正的太阳。最后一处就是"借景"篇的"风鸦几树夕阳,寒雁数声残月。"夕阳与残月一样,虽已落退残之势,但仍可聊借以观,博其最后光暖余温。

《园冶》用"阴"字五处。"园说"中道:"梧阴匝地,槐荫当庭",指梧桐的阴影,可以成景。二是江湖地中,"漏层阴而藏阁,迎先月以登台。"通过树阴把阁隐藏起来。又道:"一派涵秋,重阴结夏。"夏天的标志就是酷阳与阴影,阳越强，阴越重，树影斑驳，故称"重阴结夏"。在"借景"篇中，还说："林阴初出莺歌，山曲忽闻樵唱，风生林樾，境入羲皇。""南轩寄傲，北牖虚阴。"林阴是夏天鸟禽棲栖之所，更是人类休闲之地。植树造林，上可生洁气，利康健，下可蔽阴凉，利心身。故园林中覆盖就是一个重要指标。绿地率指的是在地上植花草，植树荫其地，而人可用之。故林阴之用大矣。南轩为得阳而阳气盛，故可舒啸傲气。北窗为失阳而阴气盛，故人感虚。

在"池山"中言道："池上理山，园中第一胜也。""若大若小，更有妙境。就水点其步石，从巅架以飞梁。洞穴潜藏，穿岩径水。风峦飘渺，漏月招云。""莫言世上无仙，斯住世之瀛壶也。"水中堆岛，《地理人子须知》"论水形势"中称为卫身水："卫身水者，龙身奇异，忽于湖水中突起墩阜，结为形穴。穴之前后左右皆汪洋巨浸，如孤月沉江，江豚拜浪，莲花出水等类，皆以水为护卫。水既清澄，不溢不涸，以为养荫。"康熙之避暑山庄有三岛如灵芝之状；雍正的圆明园，几乎所有的园中园，都是环绕水系。乾隆之清漪园昆明湖中更是三个大岛和三个小岛。数量之三以合仙家蓬莱、方丈和瀛洲之说，又合卫身水之说。《地理五诀》中称为金城水，即如金属的腰带，紧紧环绕于城市和村落周边。成语之固若金汤，就是指城濠如金属打造，金即五行之金也。《地理五诀》道："金城之水最为奇，富贵双全世所稀。"拙政园中三岛位于远香堂之北，北为玄武，故称水绕玄武，富且贵相。

《地理人子须知》的"论乘生气"篇中道:"故原龙之起，察生气之来也；审穴之止，知生气之聚也。"在此龙指山，是气的来源；穴指庭院和建筑，是生气聚集之地，故人择于此而居之。"生气之来，有水以导之；生气之止，有水以界之。生气之聚，有砂以卫之，无风以散之。"水是引导生气的工具，同时，水也可以界止生气。生气要如何才能不散，就是靠四面的砂山来守卫，故大部分的园林有四象之说，取四象者如圆明园、恭王府花园、醇亲王府花园、朗润园等，取北面一山者如景山，取南面一山者，如江南庭院之山，取左右之山者亦多。"此察识生气之来、止、聚、散全余蕴矣。""上古至人，发明龙、穴、砂、水四字，无非教人生气而乘之，及气纳骨以荫所生，此造经生生无佃之妙，皆一生气之所流行而不息。""陶公云'生气则生生不绝'，谢氏所谓'生气之生，非死而言，乃生生不息'是也。""夫生生之气，如谷之种，粟之芽，在天为好生，在人为心，在性为仕，在地中为生气。""第不知风水之理，及造化生人物之妙用，必假灵于山川而后成。"从气论可知，古代地理之说，还是原于科学之气，尽管有所附会，也是心理好美向吉所致。

5. 四象与五诀

关于天象之青龙、白虎、朱雀、玄武称为四象。四象之作就是形势派的基本格局，故所有江南园林都讲四象，园林心池之东西南北，皆合四象者比比皆是。《园冶》中用龙五次："中曲水，古皆凿石槽，上置石龙头喷水者，斯费工类俗。""龙潭石：龙潭金陵下七十余里，地名七星观，至山口、仓头一带，皆产石数种，有露土者，有半埋者。""青龙山石：金陵青龙山，大圈大孔者，全用匠作凿取，做成峰石，只一面势者。"当然，明清园林中大量用筑墙为龙，构廊为龙，如拙政园用龙廊，有龙头龙尾；留园和陆羽祠用龙墙龙身；豫园以龙为身，龙头达九个之多，以龙腾为吉地，更有龙可引龙气之说。

《园冶》用虎字只在地名中说："苏州虎丘山，南京凤台门，贩花扎架，处处皆然。"全文并未用朱雀二字，只言及"雀巢可憎，积草如萝，祛之不尽，扣之则废，无可奈何者。"此地雀非四象之朱雀。另外，全文亦未用玄武二字。因玄武之玄指北方黑色，在九宫格中有北方玄堂与南方明堂相对之称谓。《园冶》只用玄字，如"轻身尚寄玄黄，具眼胡分青白。"显然，非玄武也。又曰："堂占太史，亭问草玄，非及云艺之台楼，且操般门之斤斧。""草玄"典出《汉书》，指淡于势利、潜心著述，玄亦非北方玄黑之说。

《地理五诀》以龙、砂、穴、水、向为要。《园冶》中关于龙如上述，砂未予采用，关于穴，文中运五次。"山林地"道："园地惟山林最胜，有高有凹，有曲有深，有峻而悬，有平而坦，自成天然之趣，不烦人事之工。入奥疏源，就低凿水，搜土开其穴麓，培山接以房廊。""掇山"道："岩、峦、洞、穴之莫穷，涧、壑、坡、矶之俨是；信足疑无别境，举头自有深情。""池山"道："就水点其步石，从巅架以飞梁；洞穴潜藏，穿岩径水；风峦飘渺，漏月招云；莫言世上无仙，斯住世之瀛壶也。""灵璧石"道："宿州灵璧县地名"磐山"，石产土中，岁久，穴深数丈。"

水字用处最多，达51处。"自序"道："环润皆佳山水"，"依水而上，构亭台错落池面，篆壑飞廊，想出意外。""园说"道："看山上个篮舆，问水拖条枋杖；斜飞堞雉，横跨长虹；不羡摩诘辋川，何数季伦金谷。""静扰一榻琴书，动涵半轮秋水，清气觉来几席，凡尘顿远襟怀；""相地"道："卜筑贵从水面，立基先究源头，疏源之去由，察水之来历。临溪越地，虚阁堪支；夹巷借天，浮廊可度。""架桥通隔水，别馆堪图。""山林地"道："入奥疏源，就低凿水，搜土开其穴麓，培山接以房廊。""城市地"道："架屋随基，浚水坚之石麓；""村庄地"道："凿水为濠，挑堤种柳；""郊野地"道："郊野择地，依乎平平冈坞，叠陇乔林，水浚通源，桥横跨水，去城不数里，而往来可以任意，若为快也。""开荒欲引长流，摘景全留杂树。搜根带水，理顽石而堪支；""江湖地"道："江干湖畔，深柳疏芦之际，略成小筑，足征大观也。悠悠烟水，澹澹云山；泛泛鱼舟，闲闲鸥鸟。漏层阴而藏阁，迎先月以登台。拍起云流，舻飞霞伫。何如缑岭，堪偕子晋吹箫；欲拟瑶池，若待穆王侍宴。寻闲是福，知享既仙。""立基"道:"疏水若为无尽，断处通桥；开林须酌有因，按时架屋。""楼阁基"道:"楼阁之基，依次序定在厅堂之后，何不立半山半水之间，有二层三层之说，下望上是楼，山半拟为平屋，更上一层，可穷千里目也。""亭榭基"道:"花间隐榭，水际安亭，斯园林而得致者。惟榭只隐花间，亭胡拘水际。""廊房基"道:"蹑山腰，落水面，任高低曲折，自然断续蜿蜒，园林中不可少斯一断境界。""假山基"道:"假山之基，约大半在水中立起。""屋宇"道:"槛外行云，镜中流水，洗山色之不去，送鹤声之自来。""榭"道:"榭者，藉也。藉景而成者也。或水边，或花畔，制亦随态。""廊"道:"或蟠山腰，或穷水际，通花渡壑，蜿蜒无尽，斯寤园之'篆云'也。""九架梁"道:"须用复水重椽，观之不知其所。""重椽"道:"凡屋隔分不仰顶，用重椽复水可观。""门窗"道:"修篁弄影，疑来隔水笙簧。""墙基"道:"如内花端、水次，夹径、环山之垣，或宜石宜砖，宜漏宜磨，各有所制。""冰裂地"道:"乱青版石，斗冰裂纹，宜于山堂、水坡、台端、亭际，见前风窗式，意随人活，砌法似无拘格，破方砖磨铺犹佳。""池山"道:"池上理山，园中第一胜也。若大若小，更有妙境。就水点其步石，从巅架以飞梁；洞穴潜藏，穿岩径水；风峦飘渺，漏月招云；莫言世上无仙，斯住世之瀛壶也。""山石池"道:"山石理池，予始创者。选版薄山石理之，少得窍不能盛水，须知'等分平衡法'可矣。凡理块石，俱将四边或三边压掇，若压两边，恐石平中有损。加压一边，即罅稍有丝缝，水不能注，虽做灰坚固，亦不能止，理当斟酌。""涧"道："假山以水为妙，倘高阜处不能注水，理涧壑无水，似少深意。""曲水"道："曲水，古皆凿石槽，上置石龙头喷水者，斯费工类俗，何不以理涧法，上理石泉，口如瀑布，亦可流觞，似得天然之趣。""瀑布"道："瀑布如峭壁山理也。先观有高楼檐水，可涧至墙顶作天沟，行壁山顶，留小坑，突出石口，泛漫而下，才如瀑布。不然，随流散漫不成，斯谓：'作雨观泉'之意。""选石"道："便宜出水，虽遥千里何妨；日计在人，就近一肩可矣。""太湖石"道："苏州府所属洞庭山，石产水涯，惟消夏湾者为最。""采人携锤錾入深水中，度奇巧取凿，贯以巨索，浮大舟，架而出之。""宜兴石"道："宜兴县张公洞、善卷寺一带山产石，便于竹林出水，有性坚，穿眼，险怪如太湖者。""宣石"道："或梅雨天瓦沟下水，冲尽土色。""湖口石"道："江州湖口，石有数种，或产水中，或产水际。""英石"道："英州含光、真阳县之间，石产溪水中，有数种"。"六合石子"道："六合县灵居岩，沙土中及水际，产玛瑙石子，颇细碎。""或置涧壑急流水处，自然清目。""借景"道："水面鳞鳞，爽气觉来欹枕。"

关于方向，理气派比形势派更为关注且更为精微，然而《园冶》中却未予详细阐述。文有用向九次。"相地"篇道："园基不拘方向，地势自有高低；涉门成趣，得景随形，或傍山林，欲通河沼。""城市地"道："市井不可园也；如园之，必向幽偏可筑，邻虽近俗，门掩无哗。"在"立基"中道："选向非拘宅相，安门须合厅方。"在"门楼基"道："园林屋宇，虽无方向，惟门楼基，要依厅堂方向，合宜则立。""屋宇"道："凡家宅住房，五间三间，循次第而造；惟园林书屋，一室半室，按时景为精。方向随宜，鸠工合见；家居必论，野筑惟因。虽厅堂俱一般，近台榭有别致。""堂"道："古者之堂，自半已前，虚之为堂。堂者，当也。谓当正向阳之屋，以取堂堂高显之义。""草架"道："草架，乃厅堂之必用者。凡屋添卷，用天沟，且费事不耐久，故以草架表里整齐。向前为厅，向后为楼，斯草架之妙用也，不可不知。"

第 4 节　私家园林合局与考证

　　江南官方建筑的建造有专门的相宅师，《地理五诀》和《阳宅三要》的作者赵九峰就是乾隆年间的相宅师。他在《阳宅三要》中有"看衙署论"一章专门来论述衙署风水："夫衙署大堂，为听政之所，临民之地，以大堂为主，宜正大高明[1]。"他认为阳宅中最重要的是门、主、灶三要素，只要三者关系处理合适，必能一切平安顺利。江南注重科第文运，认为官学建筑的堪舆形势对文脉以及仕途之路影响较大。如自阊门外的文昌阁太平天国时期被兵火焚毁后，

---

[1] 赵九峰，《阳宅三要》卷 1，《衙署看法》，陕西师范大学出版社，2011 年，第 177 页。

附近就鲜有仕第之家。在民宅的营建方面，不但包括择地选址、布局定向方面，还有开工的良辰吉日推断，堪舆尺法、准则等，相度官需要与匠师的密切合作才能完成。

私家园林关于四象和八卦的考量在前文多有论述，仅于理气诸派却一直是个迷，以至于学术界一直认为理气派未参与造园，凭的依据就是《园冶》的"何关八宅"四字，详见后文"艺圃与八宅"内容。关于理气派在私家园林中应用的问题，笔者课题组进行了十余年的合局研究。第一个案例就是苏州拙政园。合局门派为明清至今流行的所有门派。合局之处为全园的主体建筑远香堂和小景区的主体建筑。

1. 拙政园与玄空飞星

拙政园始建于明正德年间，经数次毁坏与变迁，现在的格局基本由清末所奠定。在明清间数次典型的演变过程中，江南堪舆文化已经发展得非常成熟并应用广泛。作为富贾或知识储备充分的文人，在营建宅园时极有可能受堪舆文化理念的影响。反过来若是拙政园在营建过程中曾有相度官的参与，必能在现有格局中找到些许痕迹。所以，笔者采用形势和理气两种方法对拙政园格局进行层层分析，以窥探堪舆理论对造园的影响。

除了皇家钦天监之外，明清时期地方阴阳官同样有一套严格的培训、选拔、管理制度，阴阳师也必须有"职业资格证"才可进行相地活动。皇家相地活动重形势，轻理气；

而民间在形势与理气同时考虑的基础上，甚至偏重理气法的使用。形势峦头法以唐代杨筠松为始祖，多沿袭其所传的理论，他所著《杨公开门放水经》专论阴阳宅中开门及放水水口的位置，可谓形、理兼论。而苏州地区雨水丰润，城市水网交错，排水必然是建造中较为重要的考虑方面，杨公放水法极可能被考虑在内。明代理气法中以八宅法和三合法传播最广、运用较多，到清代除了沿袭明代方法外又有所增加，在江苏地区数沈氏玄空法最为盛传。玄空理气源自晋郭璞《青囊经》，经唐代丘廷翰、杨筠松，宋吴克诚、吴景鸾的沿袭发展，经元末明初冷谦、目讲师，明末清初蒋大鸿，清范宜宾、朱小鹤、尹一勺、张心言，蔡岷山、章仲山等的丰富又得到全方位发展。江南地区玄空派主要又分为无常派、上虞派和苏州派三大流派，而这一带正是江南园林的中心地带。

　　本着全面、客观、辩证的态度，从拙政园当前格局入手，围绕拙政园的历史沿革与布局变化，采用同一历史时期最为流行方法对相应时期的园林营造格局进行分析。民间堪舆虽重理法，但无形的"气"亦难理顺，所以首先用官方一直沿用的形势派理论，分别从"寻龙、察砂、观水、点穴、定向"方面对拙政园大小形局进行逐一论证，分析其园内追求"藏风聚气"的具体方法，详见本书第22章园中四象相关内容。另外选择理气法中当时大范围内使用的八宅法和三合法，适用多水环境的杨公开门放水法，以及江苏地区盛传的玄空之法，分别进行论证并查看每种方法的合局情况。由此可直观地看出堪舆文化在拙政园中的运用情况，并借此实例以探求江南私家园林中传统设计文化的参与。

拙政园中部是全园的核心部分，八宅法和三合法验证并不合局，见肖倩《拙政园风水形势派理气派合局研究》一文。然而，当用玄空飞星派去验证之时，却是合局的，原因是苏州无锡常州地区，流行无常派，无常派系玄空飞星派的地方分支。

玄空飞星法认为人们的经营活动受天象影响，是根据九星来判断堪舆吉凶。洛书九数与八卦九宫综合起来构成紫白九星方位图（图22-23左）。在盘中，九星运行有两种方式，为顺飞和逆飞，分别按照盘中规定的"飞星轨迹"运行。顺飞为从中宫开始九星数字逐渐增大；逆飞是九星数字从中宫开始逐渐减小,最终算出相应的飞星盘（图22-23右）。

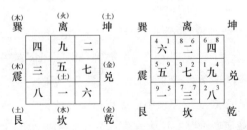

图22-23　紫白九星方位图和玄空飞星盘

（摘自余易《风水十三讲》）

玄空飞星盘如图 22-23 右所示，每宫内部均包括三个数字。星盘中的一二三……九，为运星即当运之星，即主要房屋建造（或大修）时间所处的运数，叫做当运数；左上阿拉伯数字为山星，房屋坐向所在的九星数入主中宫山星位置；右上阿拉伯数字是向星，房屋朝向所在的九星数入主中宫向星位置。九星与山水之间的关系为，山星当运见山为吉，水星当运见水为吉。

拙政园中部于光绪十三年（1887 年）进行最后一次修建，奠定了今日之格局。根据三元九运推算，1887 年为二运坤土（1884—1903 年），得运星盘如图 22-24 所示。玄空学中运星一律顺飞，远香堂为南北开门，同样需分为两种坐朝情况进行分别验证。

图 22-24　二运运星盘图（肖倩制）

当远香堂与宅坐朝一致为坐壬（北）向丙（南）时，山星盘 7 入主中宫。其中壬为坎卦的地元龙，七在后天八卦中为兑卦，兑卦的地元龙为庚，为阳，所以山星顺飞；同理向星盘 6 入主中宫，丙为离卦的地元龙，六在后天八卦中为乾卦，乾卦地元龙为戌，为阴，所以向星逆飞，得飞星盘如图 22-25 所示。因二为当运之星，即将飞临的三、四为生气之星，刚刚退去不久的一、九为退气之星，离开较久远的八、七为煞气之星，离开最久远的六、五为死气之星。从盘中可以看出乾兑为生气位，震巽为退气位，坎坤为煞气位，离艮为死气位。根据山星吉时宜见山，水星吉时宜见水，得各方位的理想山水布置及与现状合局情况见表 22-8。

图 22-25　中部飞行盘 1（肖倩制）

表 22-8　拙政园中部理想与现状合局情况表 1（肖倩制）

方位	理想山水	现状山水	是否合局
离	见山见水	有山有水	是
坤	见山	无山	否
坎	见山	有山	是
兑	见水	有水	是
艮	见水	有水	是
乾	不见水	有水	否
震	不见山	有山	否
巽	不见山	有山	否

由飞行盘判断离、坤、坎、兑、艮均有生旺之星 2、3、4 飞临, 山水峦头的配合可实现趋吉, 乾、震、巽三方均有 5、6 死煞星飞临, 在山水配合上要更好地避凶。山星向星 2 相聚于离位, 为双星会向局, 此方宜同时见山见水, 离位现有入口黄石假山、前有水池, 与理想局相合。西南坤为 4、9 组合, 四属木, 九属火, 木生火, 见山吉, 虽有小沧浪、听松风处稍高的建筑, 但未见真山, 略为可惜, 是为不合局。北方坎为 3、1 组合, 三属木, 一属水, 水生木, 见山吉, 北方有相连岛山, 为合局。西方兑为 9、4 组合, 九属火, 四属木, 木生火, 主"聪明后代", 宜布置较主要建筑, 此方有香洲、玉兰堂, 且见真水, 为合局。东北艮为 1、3 组合, 两者五行相生, 见水为吉, 认为合局。乾、震、巽在山水要素的显露方面均与理想状况向左, 皆为不合局。八方中任一方山水设置与堪舆理想格局相符合计 12.5% 合局率, 综合来看, 远香堂坐壬 (北) 向丙 (南) 时, 其八方的合局率为 50%。

当远香堂与宅坐朝一致为坐丙 (南) 向壬 (北) 时, 山星盘 6 入主中宫。其中丙为离卦的地元龙, 六在后天八卦中为乾卦, 乾卦的地元龙为戌, 为阴, 所以山星逆飞; 同理向星盘 7 入主中宫, 壬为坎卦的地元龙, 七在后天八卦中为兑卦, 兑卦地元龙为庚, 为阳, 所以向星顺飞, 得飞星盘如图 22-26 所示。同样乾兑为生气位, 震巽为退气位, 坎坤为煞气位, 离艮为死气位。根据山星吉时宜见山, 水星吉时宜见水，得各方位的理想山水布置及与现状合局情况见表22-9。

巽　　离　　坤

7 6 一	2 2 六	9 4 八
8 5 九	6 7 二	4 9 四
3 1 五	1 3 七	5 8 三

震（左）　　兑（右）

艮　　坎　　乾

图22-26　中部飞行盘2（肖倩制）

表22-9　拙政园中部理想与现状合局情况表2（肖倩制）

方位	理想山水	现状山水	是否合局
离	见山见水	有山有水	是
坤	见水	有水	是
坎	见水	有水	是
兑	见山	有山	是
艮	见山	有山	是
乾	不见山	有山（镇山）	是
震	不见水	无水	是
巽	不见水	无水	是

　　由飞行盘判断生旺星与死煞星飞临位置与前文同，在此不赘述。山星向星2同样相聚于离位，为双星会坐局，此方宜同时见山见水，为合局。西南坤为9、4组合，九属火，四属木，木生火，见水吉，此方为小沧浪水池汇聚

之处，是为合局。北方坎为 1、3 组合，一属水，三属木，水生木，见水吉，堂北有宽广的莲花池，为合局。西方兑为 4、9 组合，四属木，九属火，木生火，宜见山，香洲南盘卧虎山，是为合局。东北艮为 3、1 组合，两者五行相生，见山吉，为合局。西北乾为 5、8 组合，山星为凶，似不可见山。但当运为 2，构成一种特殊的局即七星打劫之局。七星打劫是山星、向星和运星组合为 1、4、7 或 2、5、8 或 3、6、9 中的一种，这时山、向星能够劫取运星的旺气，其中 1、4、7 组合旺文秀，2、5、8 组合旺财运，3、6、9 组合旺显贵。这里是 2、5、8 局，虽旺财运，但 5、8 实为凶局，需在此方有高大的物体进行镇压，所以此方的见山楼及附属的山高大坚实起镇煞之效，亦属合局。震、巽两方要避免出现真水，实际也并无水流过，为合局。综合来看，远香堂坐丙（南）向壬（北）时，其八方的合局率是为 100%。

考虑李秀成在居于拙政园期间曾在当时"吴园""书园"的基础上大肆修建，其中主要建筑见山楼、远香堂是当时存在的。李秀成于 1860 年占领苏州，修建拙政园时间范围在下元九运离火（1844—1863 年），运星一律顺飞，得运星盘如图 22-27 所示。下文同样将分别对远香堂两种坐朝进行论证。

图 22-27　九运运星盘图

（摘自余易《风水十三讲》）

当远香堂与宅坐朝一致为坐壬（北）向丙（南）时，山星盘5入主中宫。其中坐山壬为坎卦，对应运星数字五，五在后天八卦中为中宫，五黄不在二十四山之中，故以坐向阴阳判定飞星顺序。壬属坎卦地元龙为阳，故山星顺飞；同理向星盘4入主中宫，丙为离卦的地元龙，四在后天八卦中为巽卦，巽卦地元龙为辰，为阴，所以向星逆飞，得飞星盘如图22-28所示。因九为当运之星，即将飞临的一、二为生气之星，刚刚退去不久的八、七为退气之星，离开较久远的六、五为煞气之星，离开最久远的四、三为死气之星。从盘中可以看出乾、兑为生气位，震、巽为退气位，坎、坤为煞气位，离、艮为死气位。根据山星吉时宜见山，水星吉时宜见水，得各方位的理想山水布置及与现状合局情况见表22-10。

图 22-28　中部飞行盘 3（肖倩制）

表 22-10　中部理想与现状合局情况表 3（肖倩制）

方位	理想山水	现状山水	是否合局
离	见山见水	有山有水	是
坤	见山	无山	否
坎	见山	有山	是
兑	见水	有水	是
艮	见水	有水	是
乾	不见水	有水	否
震	不见山	有山	否
巽	不见山	有山	否

　　由飞行盘判断离、坤、坎、兑、艮均有生旺之星 9、1、2 飞临，山水峦头的配合可实现趋吉，乾、震、巽三方均有 3、4 死煞星飞临，在山水配合上要更好地避凶。山星向星 9 相聚于离位，为双星会向局，此方宜同时见山见水，离位现有入口黄石假山、前有水池，与理想局相合。西南坤为 2、7 组合，宜见山，二属土，七属金，土生金，见山

吉，虽有小沧浪、听松风处稍高的建筑，但未见真山，略
为不合局。北方坎为1、8组合，宜见山，一属水，八属土，
水克土，见山吉，北方有相连岛山，为合局。西方兑为7、
2组合，宜见水，七属金，二属土，土生金，此方有香洲、
玉兰堂，且见真水，为合局。东北艮为8、1组合，宜见
水，两者五行相克，见水为吉，认为合局。西北乾为6、3
组合，不宜见水，六属金，三属木，金克木，见水凶，乾
位有宽大水面及来水口，为不合局。东方震为3、6组合，
不宜见山，但现有土山一座，其上筑绣绮亭，更增凶极其
不合局。巽在山水要素的显露方面均与理想状况向左，亦
为不合局。综合来看，远香堂坐壬（北）向丙（南）时，
其八方的合局率为50%，无法说明其有考虑玄空飞星的
理念。

　　当远香堂与宅坐朝相反为坐丙（南）向壬（北）时，
山星盘4入主中宫。其中丙为离卦的地元龙，四在后天
八卦中为巽卦，巽卦的地元龙为辰，辰为阴，所以山星
逆飞；同理向星盘5入主中宫，根据向阴阳判断飞星
方向，壬为阳，所以向星顺飞，得飞星盘如图22-29所
示。同样乾兑为生气位，震巽为退气位，坎坤为煞气
位，离艮为死气位。根据山星吉时宜见山，水星吉时
宜见水，得各方位的理想山水布置及与现状合局情况见
表22-11。

图 22-29 中部飞行盘 4（肖倩制）

表 22-11 拙政园中部理想与现状合局情况表 4（肖倩制）

方位	理想山水	现状山水	是否合局
离	见山见水	有山有水	是
坤	见水	有水	是
坎	见水	有水	是
兑	见山	有山	是
艮	见山	有山	是
乾	不见山	有山（镇山）	是
震	不见水	无水	是
巽	不见水	无水	是

由飞行盘判断生旺星与死煞星飞临位置与前论同，在此不赘述。山星向星 2 同样相聚于离位，为双星会坐局，此方宜同时见山见水，为合局。西南坤为 7、2 组合，宜见水，七属金，二属土，两者五行相生，见水吉，为合局。北方坎为 8、1 组合，宜见水，八属土，一属水，五行相克，见水吉，北方有开阔湖面，为合局。西方兑为 2、7 组合，宜见山，二属土，七属金，五行相生，香洲旁假山虽矮小，

597

但贵现真山，为合局。东北艮为1、8组合，宜见山，两者五行相克，见山为吉，东北方有山，认为合局。西北乾为3、6组合，不宜见山，三属木，六属金，金克木，见山凶，但此时九当运，乾构成3、6、9的七星打劫之局，能够劫取运星旺气，主旺显贵，三六实为凶星飞临，乾位见山楼处顺势堆山，实为镇凶之作，为合局。震、巽位均不宜见水，现格局中无水，是为合局。综合来看，远香堂坐丙（南）向壬（北）时，其八方的合局率为100%。

综上所论，远香堂为坐壬（北）向丙（南）时，在适宜有山有水的吉位，基本满足山水的布置，但在凶位不适宜出现山水的位置同样有山水的出现，总合局率为50%，无法说明拙政园中部有运用玄空法的痕迹。远香堂为坐丙（南）向壬（北）时，完全与玄空法中趋吉避凶的理想山水布局一致，能够得出拙政园中部有极大可能运用玄空堪舆理论指导园林布局，惜无文字记载。

拙政园远香堂的坐朝方向既坐北朝南也坐南朝北，因为它就是四面厅。与之相近南北双池双山，东山西水西山的，没有一处。主体建筑坐北朝南带水池的如狮子林指柏轩和荷花厅、艺圃、网师园。主体建筑既坐北朝南也坐南朝北，但南面为庭院的就是留园涵碧山房和怡园藕香榭。但是，其他园林有待深入研究，不仅用诸派合局验证，最好是找到园主或其他文人的文献。

2. 艺圃与八宅

艺圃初名醉颖堂，为明代学宪袁祖庚于嘉靖年（1541年）所建，万历末年为文征明孙子文震孟所得，改名药圃。清顺治十七年（1660年），山东莱阳人姜埰购得，经改造，改名颐圃，又名敬亭山房。颐本六十四卦之一，可见与卦象渊源。在现有对艺圃的研究中，将1660—1696年称作姜埰时期。姜埰对艺圃的改建，奠定了此时期宅院格局。姜埰寓居此处时已有五十多岁，十三年后便撒手人寰。此后，次子姜实节接管了这座宅园，姜实节对艺圃的改建虽不如其父亲有名，但姜实节对艺圃景色构建成果实际超过了姜埰。故应当分时期来看待艺圃的格局。

姜埰自撰的《颐圃记》全文如下：

颐圃者，宪副袁公之故宅也。其地为姑苏城之西北偏距阊门不数百武。阛阓之冲，折而入杳冥之墟，地广十亩，屋宇绝少，荒烟废沿，疏柳杂木，不大可观，故吴中士大夫往往不乐居此，惟贩夫佣卒编草为室。由其道以达于门，居之，宜不知宪副何取而有之？其后再归相国文公，相国自为孝廉登巍科，陟翰苑，迄忤珰罢相归，忧乐歌哭于斯。两先生彪炳千秋，穷约不变，至今闻人墨士览故老之遗文，对旧燕之巢幕，未尝不望衡宇而唏嘘，瞩井臼而忾息也。

己亥之夏，鼍鼓不靖，余踉跄适吴，傲山塘之委巷，初不求承风访迹窈芳躅于两先生之末席。吾友芸斋周子，忽一日操券而至，于我乎处处。余谓凡天下之无所求而为之者，必天地之气之相感，以成其心志之合。宪副四十投簪，耽情禽鱼，此一地也，署曰"城市山林"。是非独不求仕宦也，亦不求必入山林。相国杜门扫轨，屏居莳植，亦此一地也，署曰"药圃"。是非独不求三公之荣也，亦不求平泉之乐。余既无以谢周子，则更署之曰"颐圃"。在《易》之《颐》：贞吉，自求口实。夫求诸已而不求于人，庶几两先生之无所求而为之者欤！闻之形家者言，八宅骊珠，次于离，当有文昌坐位，居者多贵而贫。相国每语人曰："吾生平，命骨地脉使然。"夫两先生之居其地也，无所求而为之，若夫处穷约，则两先生心志之所存也。余不敏，不逮两先生远甚，惟处穷约则一。凡余之无所求而为之者，岂亦命骨地脉，叶天地感召之气？然附两先生之后尘，以自见其心志，则余之幸也大？是为记。

　　"闻之形家者言，八宅骊珠，次于离，当有文昌坐位，居者多贵而贫。相国每语人曰：'吾生平，命骨地脉使然。'"这是姜埰携家人初入艺圃时写下的园记。姜埰用"自求口实"来提醒自己，此句正是《易经》颐卦的爻辞。文中提到"居者多贵而贫"，《颐圃记》又载："余踉跄适吴，僦山塘之委巷"，说明此时的姜家财力有限，无力兴造大量建筑物。直到十二年后，姜家后来的主厅堂——念祖堂才修建完毕，艺圃建筑物要远远少于汪琬《艺圃记》和《艺圃后记》中所描述"为堂为轩者各三，为楼为阁者各二，为斋为窝为居为廊为山房为池馆村砦亭台略彴者，又各居其一"的规模。

在《姜贞毅先生自著年谱》（以下皆称《年谱》）中记载："庚子年（1660 年）五十四岁，是年卜居苏州鱄诸里。荒园数亩，旧属文相国湛持别业，兵燹（xian）之余稍加修茸，署其庐曰东莱草堂，又曰敬亭山房，"故初入艺圃时，主厅堂应为靠东的东莱草堂而非后来居于正中位置的念祖堂（图 22-30）。

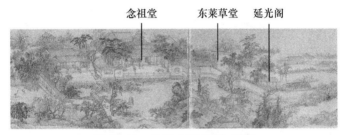

念祖堂　　　东莱草堂　延光阁

图 22-30　王翚《艺圃图》局部

（杨森改绘，底图引自姜埰《敬亭集》）

姜埰在《艺圃见襄阳翁题石诗云后复续短歌》写道："八宅骊珠旧所有，高见城北兼城西"，又在《园居杂咏八首》中提及："天伦看竹马，地脉坐骊珠。"并在旁用小字注解："形家言舍南二墩似珠。"骊珠的实体是原来就存在南面的两个土墩，其高度足以看见城市一角。姜埰反复提及"八宅骊珠"是为了强调自己继承了前两任园主袁祖庚和文震孟的精神和气节。此外，"文昌坐位"也正符合他以文人士大夫自居的心理。王翚的《艺圃图》所描绘的画面已不是姜氏艺圃初期的模样，但南边骊珠仍然可辨，在其之上，置有数石峰，其中便有最高者名垂云峰，如图 22-31 所示。

图 22-31　王翚《艺圃图》中骊珠
（引自姜垛《敬亭集》）

林源教授根据王辉《艺圃图》并综合现有研究资料复原的这一时期的平面图，虽然整体完成度很高，但仍有几处存在问题。汪琬《艺圃后记》描述："甫入门，而径有桐数十本，桐尽，得重屋三楹间，曰：'延光阁'。稍进，则曰'东莱草堂'，圃之主人延见宾客之所也。逾堂而右，曰'馎饦斋'，折而左，方池二亩许。"按照这个叙述逻辑，延光阁后方是东莱草堂，越过东莱草堂后，左折便能看见水池，右折为馎饦斋。从林源教授复原平面图（图 22-32）来看，显然无法完成这一路径，图上的东莱草堂已在念祖堂的东北方。根据刘敦桢所绘未被修复前的艺圃平面图（图 22-33）来看，七襄公所时期的世纪堂同样比念祖堂更加靠南。再看王翚的《艺圃图》，虽然文人画并非界画那样精准再现建筑物，但前后左右关系应当能表达清楚，画中东莱草堂至少也比念祖堂靠南。结合"八宅骊珠次于离，当有文昌坐位。"这句话，可以推测东莱草堂大致的位置。

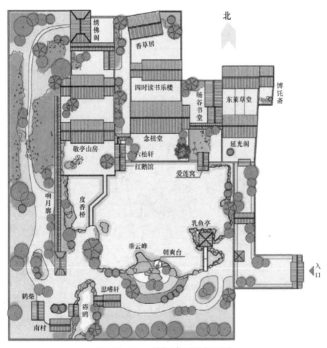

图 22-32　林源复原平面图

（引自林源《苏州艺圃营建考》）

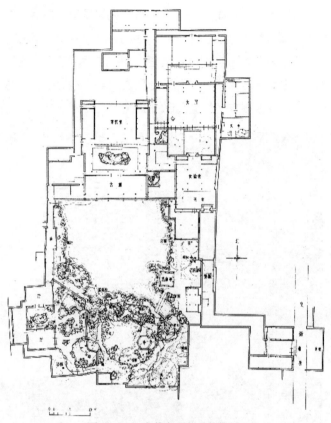

图 22-33 未修复前艺圃平面图

（引自刘敦桢《苏州古典园林》）

　　"骊珠次于离"，次的意思是顺序的下一位。而文昌位，在天文图中是东南方向，但是，《阳宅集成》载："《金文玉历》云：'坎山局纳戊，申上是文昌'。"此处的文昌在西南。

申在坤位上，坤位在离位旁，这才能解释骊珠次于离的含义。艺圃整体是为坎山，若以东莱草堂为中宫（太极点所在），骊珠在二十四山的申位上，则真实的东莱草堂的位置应如图 22-34 所示，这才符合《艺圃后记》中的描述以及《艺圃图》表现的位置关系。

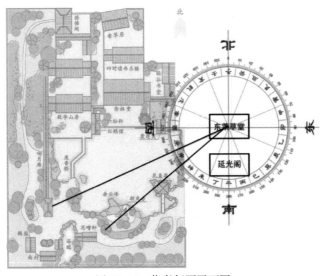

图 22-34　作者复原平面图

（杨森改绘，底图引自林源《苏州艺圃营建考》）

此外，如果东莱草堂更加靠南，才使得园门处于坎宅生气位（即东南巽位），符合八宅理论中生气位开门。

姜实节时期，癸丑年（1673 年）念祖堂建好，次年姜垛去世，长子姜安节离开苏州，艺圃的主人变成了次子姜实节。姜实节对艺圃进行了大规模的改造，并将生活重心转移到了住宅区的西南，即敬亭山房、六松轩、红鹅馆一带。通过《艺圃图》，原有东莱草堂一片区域基本被一笔带过，重点描绘的则是中部与西部。这需要回归当时的历史情景，王翚被姜实节请来绘制《艺圃图》的目的是记录艺圃当时的山水景色、雅致风光。《艺圃图》绘制的背后是王翚与姜实节、姜垛并未有过多关联。在强调画中景色时，重点应是姜实节所看重的地方。

从对建筑物的命名规律中能发现，姜垛对于其曾经有过重大经历的场所有独特的怀念与记忆，这从其自称为"敬亭山人""宣州老兵"可以看出。而姜实节的命名习惯则完全不同，多富有诗情画意。在《艺圃图》中，庭院、长廊站着许多并无特征的人物，这些人衬托着独坐于庭边小屋中读书的姜实节。那间小屋便是红鹅馆，也是画面中唯一有人在其中的建筑。吴绮记录过几次造访艺圃的经历，均以"红鹅馆"代称艺圃，如《红鹅馆小集赠陈素素较书》《红鹅馆纪事》等，可见红鹅馆是姜实节时常活动的场所。

根据《艺圃后记》："曰四时读书乐楼，曰香草居，则仲子之故塾也。"而姜实节原本居于住宅区北方，但后来搬到了西南敬亭山房、六松轩、红鹅馆一带（图22-35）。

姜实节读书生活处

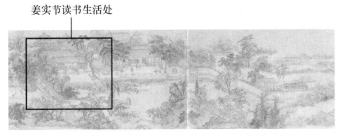

图 22-35　姜实节生活主要区域（王翚《艺圃图》）

从八宅理论上来分析，当艺圃在姜实节接手完成格局建设之后，以念祖堂为大格局的中宫，以敬亭山房、六松轩、红鹅馆一带为西南坤位，而姜实节生于 1647 年，坤命，正好相合（图 22-36）。

若以此时期的艺圃格局为基础，西南坤位的几栋建筑又能构成一个新的格局。在这个小格局中，敬亭山房作为主厅堂，而红鹅馆作为姜实节的书屋，依《阳宅集成》中的书屋理论，《阳宅秘旨》道："书屋以贪狼形为佳，余坐山与住屋同，房又以五鬼生气为最，其屋俱要带杀气。"餐霞道人曰："凡作书房，宜在本宅一白四绿方上，……如一白四绿方作书房，必要此屋体式特异于众，则应验愈灵。"书屋应在八宅中的五鬼位，且体势与其他建筑有异。以紫白飞星法来说，书屋应在一白四绿方（图 22-37）。

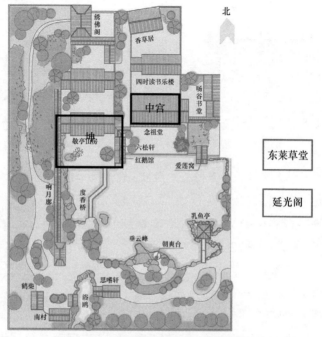

图 22-36　姜实节时期艺圃格局中宫与坤位

（杨森改绘，底图引自林源《苏州艺圃营建考》）

　　将敬亭山方作为西南小格局的中宫，以坤起大游年，五鬼落在巽方，即东南（图 22-38）。红鹅馆在敬亭山房的东南方，若将坤的洛书数二填入中宫飞星，则一白落在东南方，也是红鹅馆。且红鹅馆为东西短南北长，也与文献记载的"体式特异于众"相符合。

图 22-37　姜实节书房五鬼位置图示

（杨森改绘，底图引自林源《苏州艺圃营建考》）

图 22-38　坤入中一白位置图示（杨森绘）

　　前述的皇家园林案例和私家园林案例，表明古代园林建设与堪舆学紧密相关。尽管在儒道儒语境、文学语境、美学语境下，呈现了更多的文字记载，而作为古代营造必须经历的相度过程，因为理论复杂、晦涩难懂、争论不一、褒贬不一，文字记载较少，随着研究的深入，这方面的成果陆续浮出水面，还原了营造过程的真相。这些理论皆为文化之说，非科学之论，故今天已被作为糟粕完全抛弃。神秘理论在科学的旗帜之下退下神坛，在学术的研究中被剖析得淋漓尽致，无有死角。纵然没有这些理论的指导，今天的古典式园林亦不虽失秘境，却不失美感。

后 记

一个放牛娃的文化之旅

　　我对中国园林的研究主要集中在历史和文化两个方面。无论从哪个方面，最后都要走到同一个终点，那就是哲学。我是农民的儿子，是一个不折不扣的放牛娃。但是，耕读文化伴随着我的童年。我家阁楼是我父亲用生命换来的。当时还不到二十岁的他，在老宅上搭起阁楼，当年因村民出事而在族亲大会上被吊打。执行家族之法的是叔公。现在回想起来，我家阁楼正是整个古厝的西北位，即乾位，可能是族长听信了某地师的一面之词。这件事触发我更加努力地学习，以揭开文化的奥秘。

　　也就是这个阁楼，堆放了我家最宝贵的财产：书。我父亲虽不是官员也不是秀才，但是当地出了名的好读和好写的农民，似乎在村里显得尤为另类。他常常因为看书而误了农活，因为谈古而误了放鸭。鸭子跑到人家农田偷食而被当众指责，而他却笑笑赔礼，似乎有点孔乙己的劲儿。父亲的好学触使我家兄弟五人都好学习，大哥是第一批"文化大革命"后考上大学的村民。他对中国传统文化的热爱，使之被称为闽西才子。因为爱好发明而拥有二十余项专利，是当地有名的民间发明家。阁楼上的书有父亲买的，也有大哥二哥买的。时龄尚小的我，在阁楼中如饥似渴地阅读传统文化，徜徉在历史的天空。也跟随着父亲每年大年二十九写对联，大年三十贴春联。我把这个传统也教给我女儿，希望她能秉承中国传统的文化精髓。

　　我对中国传统文化的热爱从高中就开始了。《诗经》被我整本抄下来从头到尾背诵，大哥自制的二胡被我在乡野天空里拉出生命的乐章。在焚书祷告后背水一战，我这个放牛娃如愿跳出农门，考上大学，成为当时人们心目中的天之骄子。父亲在简陋的老宅里宴请了全村所有的男女老少。很长时间他和母亲走路带风，脑门带光，兴奋得差点摔倒。父亲卖了一头猪给我凑足了路费和学费，我背着行装，在邻居堂兄的护送下前往高校在福建的接站点漳州。

　　上大学前一天，大哥郑重地送给我三样东西：一只手表，希望我珍惜光阴；两本《古文观止》，要求我在大学四年内抄完，每月三篇，一篇给十元作为生活费；一套《辞源》，凡遇字难，打开它云雾自开。在大学四年的每个中午都是同学们呼呼午睡的时间，却是我用毛笔抄写《古文观止》时间。课余，我常常去图书馆阅读古今中外的名著，图书馆管理员成了我的至交。用现代诗写日记是我的习惯，当我读完诗词格律和抄写《古文观止》后，写律诗和写杂文成了我的爱好。我的杂文和诗词在校报崭露头角，渐成校报明星。三年级时我当选为绿苑文学社社长。

随着对传统文化的深入了解，《唐诗三百首》《宋诗三百首》《元曲一百首》被我整本背完。与我大哥开始谈词诗，大哥又送给我一本《词综》。因文字隽永而成了我的新爱，我开始整首整首背诵。其时，全国流行硬笔书法，于是，我又天天练习硬笔书法，尤爱行草。绿苑文学社还适时举办书法比赛。

我对音乐的爱好也没有停止步伐，带着初中就买的口琴天天在橡胶林中训练，同时，20世纪80年代流行的吉他打破了这一进程。新迷吉他的我，每晚熄灯时，还在走廊中弹奏古典乐章《阿尔罕不拉宫的回忆》。在博士阶段，音乐的崇洋被传统文化彻底打败，一次国乐会令我大开眼界。我开始向同班笛子高手崔勇博士学习吹箫。虽然功力不深，但许多经典名曲在学习的过程中渐渐被体悟。到天津大学头几年，我常常在晚上九点钟左右，沿着敬业湖畔吹箫。在北京宋庄设计建造的"一亩园"中就设有吹台，是专为音乐和舞蹈留下的空间。崔勇教授成为第一个在"一亩园"举办个人笛子独奏的音乐家。

在音乐声中，我陆续背完《三字经》《百家姓》《千字文》《龙文鞭影》《声律启蒙》《老子》，开始阅读《庄子》和《论语》，背诵《大学》和《中庸》，精读《文选》。在我读研究生的90年代初，全国流行易学、风水和建筑哲学，在图书馆借阅，在书摊抢购，成为国学的弄潮儿。父亲带着我拜访他的老朋友李日和先生。李是当地有名的地理先生，也是我父亲的至交。他把家传的手抄本秘籍展示给我。对易经有了初步了解后，我主动向硕士导师邓述平先生提出：毕业论文以堪舆为题，被经历过文字风雨的导师断然拒绝。倒是研究古建筑的路秉杰先生对我偏爱有加。记得博士入学考试中有一门考试课程就是"古代建筑文献"，我用文言文洋洋洒洒地写下一篇"论典雅"。之后四书五经二十四史《佛家十三经》系统地进入我的视野。

　　路秉杰先生的《日本园林》和《日本建筑》的课程，让我倍感中国文化的伟大。因迷恋日本枯山水而选择了日语二外。当我拜入路门时，我潜藏的传统文化基因，从小鹿乱撞，慢慢变成如鱼得水。在与崔勇、朱宇晖、周学鹰、文一峰等同学日常交流中，屡屡碰撞出灿烂的火花。博士论文《中日古典园林比较》是我第一次运用文化视角探索园林问题。我用一年时间研究日本地理、军事、政治，一年时间研究日本建筑，一年时间研究日本园林。三年就完成博士学论文并通过答辩，在九八届博士班中首开吉祥。在毕业论文中，我总结了中日园林的文化差异，中国园林重儒性、重互动、重欣欣向荣，从而园林成为凡地，而日本园林重佛性、重静赏、重和寂清静，从而园林成为圣地。

"仁山智水"是一个学者对中日园林关系的儒学论断。对日本园林儒家文化、道家文化和佛家文化的系统研究，让我学会用文化视野关照园林的方法。陈从周师祖的《说园》、王毅先生的《园林与文化》最先映入我的眼帘，而后是杨鸿勋、萧默、曹汛、曹林娣等名家的著作。文化大家的理论和方法如春风化雨，无声地为我的学术大厦添砖加瓦。当我来到天津大学后，王其亨教授的儒家文化研究进入我的视野。王教授对学术的执着也令人敬佩。他带领的团队引领了考据派的潮流。在认真阅读王老师指导的研究生论文之后，我从历代园林史的角度，总结了一篇论文《儒家眼中的园林》，全面阐述了园林与儒家理念的对应关系。

然而，学术界有些学者对道家文化的贬低，迫使我再次翻开《老子》和《庄子》，字斟句酌地研读。从原文入手的研究成果初次在《蓝天园林》上连载：老庄的生死观与园林、生死观与园林、朴素观与园林、旅游观与园林。在寻找历经八年研究《画论》美学技法时发现宗炳说的"山水以形媚道"正是中国山水园的道家依据。再深入研究，发现道家的天地人合一的世界观，就是中国人独特的人境图式。中国人从道家发展出来观道自然的方式，如澄怀观道，于是有了清漪园的澄观堂；如坐驰坐忘，于是有了忘飞亭、忘机亭；如心斋持戒，于是有了见心斋；如超越现实，于是有了梦蝶园、梦溪园。老子的尚阴图虚的观念，使得中国人把园林当成林中之谷，追求退思、愚谷。老子的见朴抱素的观念，使历代草堂成为文人竞相呈现的逆儒行为。道家追求养生长寿的目的，又把隐逸、无争、逍遥当成寻乐至乐的方式。在《蓝天园林》的道家文章发表之后，《中国园林》连载了我的两篇老庄园林观的文章。

在道家研究之后，道教园林进入我的视野。从道教协会的白云观开始，再到青城山、三清山、龙虎山等地，我发现这些道观都是借得天地山水间，营造五行八卦台。道教宫观园林充分利用老庄的天地人合一的哲学思想、阴阳五行八卦的易学思想、五花八门的神仙思想，在自然崇拜之上建构了以三清为主的神仙体系。青云圃、老君台、列子御风台、昆明黑龙潭成为道教最杰出的宫观园林。由道教求仙思想发育的仙台、仙楼、仙阁、仙洞、仙桥不仅在皇家园林，在私家园林中也比比皆是。仙人长生的追求，以在洞穴修炼为特征。这一修炼方式，在道教场所称为洞天福地，在园林场所则是岩山洞穴，对道家和道教的研究，总难避开自然崇拜。自然崇拜与三清体系的道教系统有天壤之别，与追求天地自然的道家也有显著的不同。身为闽西人，我对闽粤盛行的自然崇拜从小就有见识。我的第一个见解"岭南园林的龙凤崇拜"发表于《中国园林》上时，我还没有意识到它的系统性。直到进入北方，比照皇家园林的龙凤崇拜，曾经的龙凤观更上一层楼。之后对于各地龙柱龙头、龙生九子、鸱吻哺鸡、龙庙凤台的研究，发现龙文化和凤文化在全国的普遍性和在历史上的渊远性，远超我的想象，九龙壁、龙王庙、凤凰山、凤凰台不过是龙凤文化的缩影。土地庙、花神庙、城隍庙、汇万总春之庙，从民间走进皇家禁苑。再说一池三山，它本质上是神仙文化，称为蓬莱神话。悬圃也是神仙文化，称为昆仑神话。两种文化在中原汇合。尽管道教宫观也开辟了东海蓬莱神话与西天昆仑神话与园林的对话舞台，皇家园林和私家园林也不失时机地兼并了瑶池、天庭、悬圃的概念。最后壶中天地以麻雀虽小，五脏俱全的系统思维，发展出的壶天思想，在园林中占有一席之地，壶园、壶天、藤壶、萩壶等成为园林庭院的代称。

跟随母亲烧香拜佛，是我与众不同的童年生活。几乎每周一至二次的祭拜体验，使宗教思想在我幼小的心灵中生根发芽。在研究儒道之后，我的视野回望佛家。须弥山、坛城、禅宗、律宗等门派之别，以及它们与园林的结合，其方式法门是如此地百花齐放。有依坛城理论构建的须弥灵境，也有按禅宗理论构建的狮子林，更有按放生理论构建的放生池，还有按圣地圣迹模样命名的飞来峰、竹林精舍、祇园等。到了日本，各门派都趋向于在枯山水中得到统一和升华。

如此有趣的风景画面，一卷卷都令我大开眼界。在《儒家眼中的园林》之后，我整理了《道家眼中的园林》和《儒家眼中的园林》，发展成为我的研究生课程《中西园林历史与文化》的"三驾马车"。驾驶着这三驾马车，我在全国各地讲学，也不断地充实着儒道佛的文化内涵和园林案例。

园林易学的研究从个人层面来讲，从读研究生的1992年开始。从八卦六十四卦的背诵到建筑易学的认识是第一个阶段。我发现易学界亢亮、于希贤、刘大钧、王其亨、汉宝德等堪舆大牛们对园林易学是零提及，园林界陈从周、刘敦桢、杨鸿勋、汪菊渊、周维权等对园林易学也是零提及。直至今日，风景园林界依然认为"园林只有美学，没有易学"的也大有人在。易学雷区的危险性是客观存在的，但正是研究的盲区激起了我的全身心投入，凭借着初生牛犊不怕虎的放牛娃精神，深入虎穴。不入虎穴，焉得虎子？

抛开前人的转译论著，我认为应从历代堪舆名著开始。面对一本本玄奥理论和生疏的语汇，我想，与研究生们一起研究，花十年二十年在所不惜。从《葬书》中我发现了"得水为上，藏风次之""百尺为形，千尺为势"的原理；从《水龙经》中发现了五百多幅水系图典；从《地理五诀》中悟到堆山、理水、植栽、建筑、置石与龙、砂、穴、水、向的对应关系；从《地理人子须知》发现了历代名家评点。据此，我基本确立形势论在园林中广泛应用，具有不可忽视的科学性。

而最难的向法，也在我进入狮子林时，突然顿悟。我惊奇地发现，以穴位太极点为中心，所有景点都是向心布置。各门理论，不过是功能方位之法。研究生们投入研究后，皇家园林的格局迷团被破解，《易经》体系和象天法地的手法，是其普遍的表达。对私家园林的研究是从江南名园开始的，第一篇江南名园硕士论文"拙政园格局合局研究"刚刚落下帷幕，其格局不仅有形势派的四象和五诀，更有理气派的玄空飞星考量，最近发现艺圃园主姜埰明确记载运用八宅法，与《园冶》所载契合，真是令人兴奋不已。于是，我的《园林五要》和《中国古典园林格局分析》相继完稿，从形势角度解开景观遗产的奥秘。我还将撰写一部有关园林向法的著作，解开方位学之谜。古人思维，叹为观止！虽有偏颇，仍不失深邃。

随着园林易学体系的形成，一副儒、道、佛、易的四足宝鼎业已形成。十年前的园林儒道佛三足体系，被完善为四足体系，我鲜明地提出"园林哲学"之说。承蒙中国建材工业出版社编辑老师的关注，在"园冶杯"国际论坛之后来到天津大学，与我签订了《园林儒道佛》和《园林人物传》两书。去年，《园林儒道佛》更名"苑囿哲思"系列丛书，由《园儒》《园道》《园易》《园释》四本书构成。在更名之前结识吴祖光新凤霞之子吴欢先生，承其厚爱，得赐《园林儒道佛》墨宝，而今更名，重题书名。2019年5月在北京林业大学参加"中国风景园林史"研讨会，又得孟先生题词：苑囿哲思。近日，向彭先生汇报我的园林哲学体系之后，老先生大加赞赏，欣然提笔为本书写下序言。此书能得诸位先生的赞扬，得益于传统园林文化本身的魅力。能走到哲学层面，触及园林哲学的根本，是一个学者文化苦旅后的幸运。不避主流意识之嫌，不偏袒一方一面之词，坚持不懈，终成正果，有一种醍醐灌顶的快感和畅然。我也希望这一正果能尽快进入本科或研究生教材，让更多的年轻学子能够感受中华文化的深厚底蕴。

在本书即将出版之际，我首先要感谢我的父亲和大哥，是他们给了我童年的方向启蒙，是他们给了我传统文化的行囊。其次，我要感谢我的夫人，是她承担了家庭的重担，给了我夜以继日的平和环境和无微不至的诸多关怀。最后，我也要感谢与我朝夕相伴的研究生们，是他们坚定不移地跟随着我虎穴探险。大家的努力必将结出金灿灿的果实。这片苑囿，海阔凭鱼跃，天高任鸟飞。

刘庭风

2019 年 6 月 6 日于天津大学

作者简介

刘庭风，1967 年生，福建龙岩市人，本科毕业于华南热带作物学院，硕士、博士毕业于同济大学，博士后完成于天津大学。师从规划名师邓述平、古建专家路秉杰和建筑学院士彭一刚。现为天津大学建筑学院教授、博导，天津大学地相研究所所长，天津大学设计总院风景园林分院（前）副院长。2009—2011 年受中组部委派挂职担任内蒙古乌海市市长助理和规划局副局长。在天津大学建筑学院历任本、硕、博九门专业课主讲，主要从事古建筑、古园林研究，经常受邀在各大高校讲学。

主持过一百余项建筑、规划、园林项目，主要涉及乡镇规划、城市设计、古建筑及其保护、园林景观等，荣获一个国际奖项和八个省部级奖项。指导学生参加各种竞赛获奖，在"园冶杯"国际大学生设计竞赛中年年获奖，被评为优秀指导教师。

在社会团体兼职方面，兼任中国风景园林理论历史专委会副主任、教育部基金评审专家、天津市市政规划建筑项目评审专家、内蒙古乌海市规委会专家、中国风景园林学会"园冶杯"评委，同时任《中国园林》《园林》《人文园林》《建筑与文化》等杂志编委。

2014年被住房城乡建设部"艾景奖"组委会评为全国资深风景园林师，被亚洲城市建设学会评为十大杰出贡献人物。著作分为地域园林、古典园林、园林易学、画论园林观、园林哲学等五大系列，已出版《中日古典园林比较》《日本小庭园》《日本园林教程》《广东园林》《广州园林》《香港澳门海南广西园林》《福建台湾园林》《天津五大道洋房花园》《中国古园林之旅》《鹰眼胡杨心》《中国古典园林设计施工与移建》《中国园林年表初编》《内蒙古西部地区发展研究》（参编）《园释》《园儒》；另有《画论·景观·语言》《画论景观美学》《园道》《园易》即将出版。